산업현장 적용

Therory of Foot Care

발미용관리학

안선례 · 강근영 · 김영주 · 김은숙
송선영 · 엄형희 · 윤미선 · 이은우

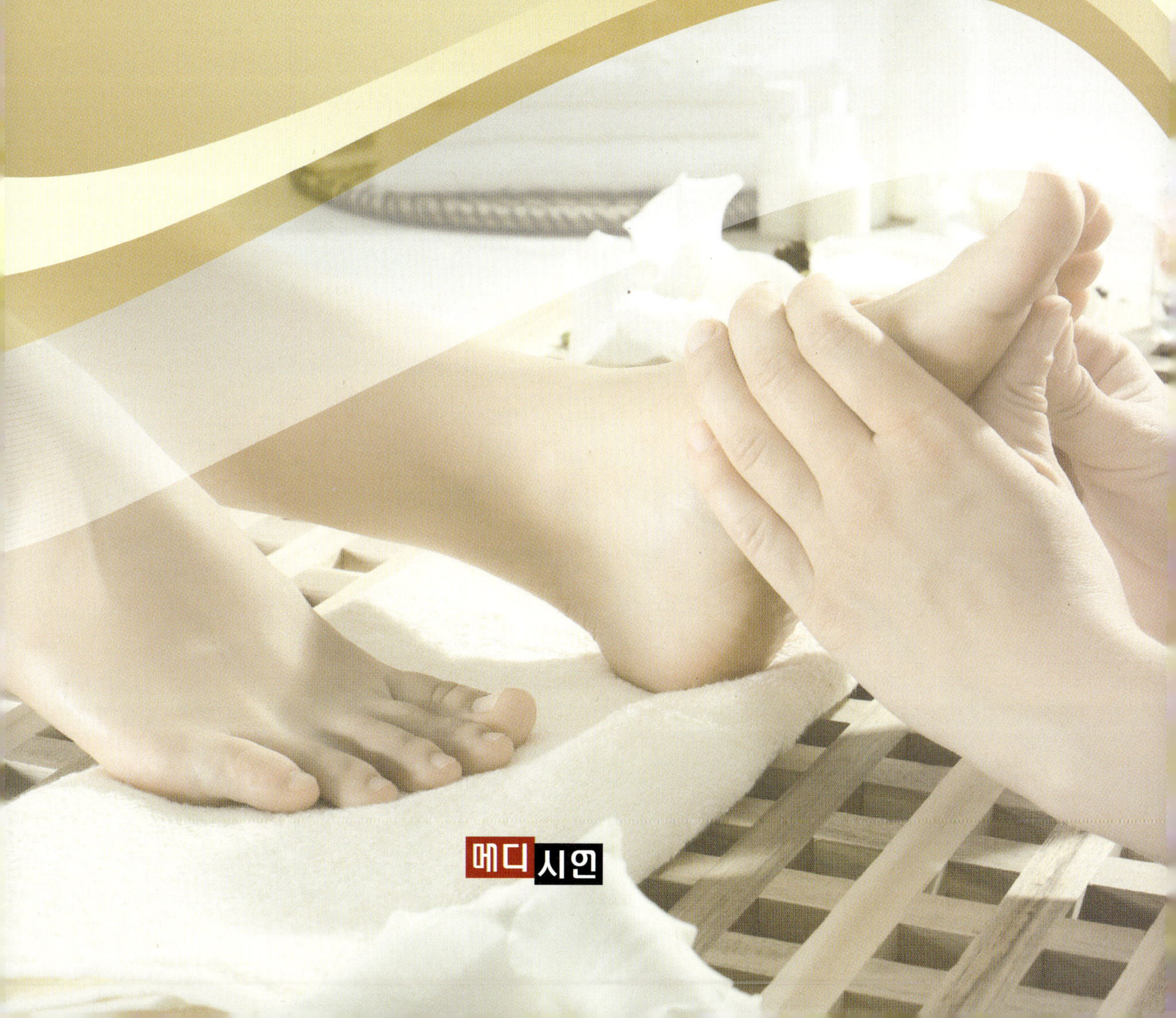

메디시인

머리말

1984년에 피부의 아름다움을 추구하며 시작한 피부미용분야는 10년 뒤 1994년부터 발 관리와 함께 미용의 꽃을 피워 왔습니다. 피부미용 관리실과 더불어 독립적으로 창업하는 발 관리실과 그에 따른 발 관리 산업은 자연요법으로서 질병 치료에 도움을 준다고 하여 급속도로 발전하고 전국적으로 확산이 되었습니다.

그러나 '질병치료'와 '마사지(massage)'라는 단어가 의료법 및 안마사법에 저촉되면서 발 관리실과 발 관리 산업은 오랫동안 많은 시련의 시간을 보내기도 했습니다.

그러한 과정을 겪으면서 발전된 발 관리는 현재 우리나라 대부분의 피부미용 관련 학과에서 학문 분야로 정착하여 발 관리의 이론과 실기를 가르치고 있습니다.

그 뿐만 아니라 발 관리 기술을 습득한 학생과 발 관리를 교육하는 지도자들은 발 관리 산업의 발전을 이루는 데에 그치지 않고 소외된 이들을 찾아가 자원봉사 활동을 함으로써 사회복지 분야에서 꼭 필요한 한 부분을 개척하였습니다.

현재는 지자체 사업으로 당뇨병 환자를 위한 발 관리사 양성교육을 하고 있으며, 클라이언트로 도움만 받던 장애우들이 '발 관리 지도사과정'을 수료하여 본인보다 더 심한 중증 장애인에게 발 관리를 해 주는 감동적인 일들이 일어나고 있습니다.

이 책은 미용계열 대학에서 발 관리를 처음 접하는 학생들이 쉽게 이해하고 습득하여 산업 현장에서 바로 수행할 수 있도록 교재로 만들었습니다.

실기편에 있어서는 사랑의 전화 사회복지재단 발 관리사 직업교육 과정에서 보급했던 '김수자 선생의 테크닉'과 천주교 신도들을 대상으로 병의 치료 목적으로 개발한 오약석 신부의 '약석 발 관리 테크닉'을 수록하였으며 '독일식 발 관리'부분은 필자가 독일 현지 헬무트 룩 발 관리 학교에 가서 습득한 내용을 수록하였습니다.

발 관리는 대체요법 중 가장 효과가 높은 자연요법입니다. 또한 사회복지 분야에 있어서 초고령 시대를 살고 있는 이 시대에 노인복지 영역에 훌륭한 도구로 사용되기도 합니다.

학교에서 학문적인 토대로 다져지고, 산업체에서 국가 경제와 국민 건강 관리에 도움을 줄 뿐 아니라 사회복지 현장에서 필요한 발 관리는 지속적으로 발전할 것입니다.

우리의 후배들이 인류의 문명과 함께 시작된 훌륭한 발 관리를 지속적으로 발전시키고 계승시켜 주시기를 바랍니다.

기해년 원단에

저자 대표

차 례

Contents

실기편

Chapter 4 정맥 매뉴얼 테크닉

Chapter 5 발 반사요법

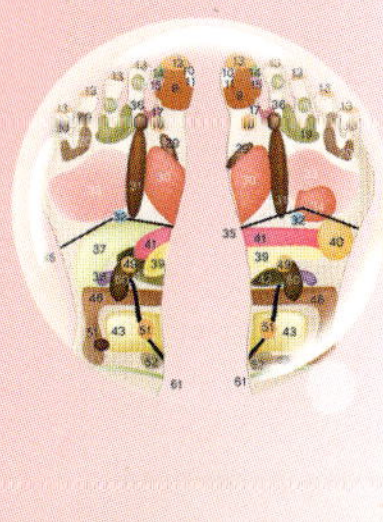

Chapter 6 독일식 발 관리(푸스플레게)

Chapter 7 실제적인 발 관리

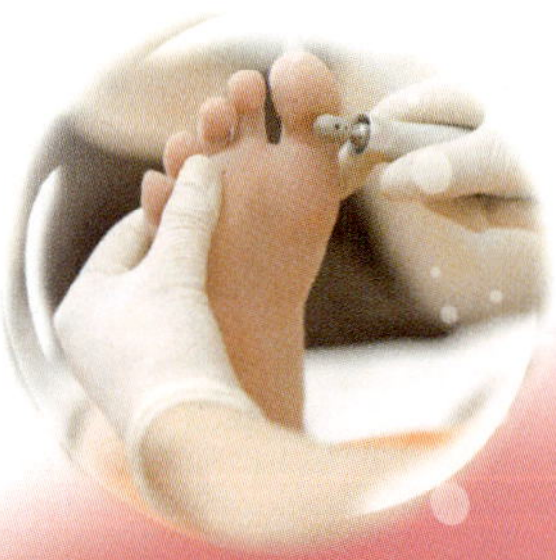

Chapter 8 발과 건강

Chapter 1 발 관리 개론

- 발 관리 역사
- 발 관리의 3대영역
- 발과 경락
- 발 관리가 필요한 이유

Chapter 1

발 관리 개론

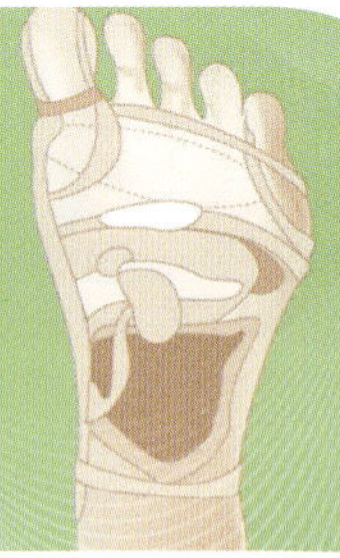

직립보행을 하는 인간의 몸은 지구의 중력에 의해 노폐물들이 발에 쌓일 수 밖에 없다. 인류의 시작은 맨발 생활이었고 생활 구조는 단순하였으며 몸은 건강하였다.

그들은 생활 속에서 독충이나 지열 및 땅의 한기로부터 발을 보호해야 할 필요성을 느끼게 되면서 동물의 가죽으로 발을 감싸 보호하면서 신발 형태로 발전시켰다.

우리나라의 경우 짚신은 발바닥이 땅에 닿으면서 짚신의 매듭과 자갈에 의해 발바닥에 있는 반사구마다 자극이 되어 발에 반사작용이 이루어졌고, 풀을 밟고 지나가는 동안 풀과 섞여있는 허브의 약리작용에 의해 자연적으로 아로마 요법의 효과까지 있었다.

그러나 문명이 발달함에 따라 가죽신을 신게 되면서 발은 신발 안에 갇히게 되었고 시멘트 길을 걷게 되면서 발 반사작용은 더 이상 자연적으로 이루어지지 않았다.

또한 급속도로 발전하는 현대사회에서 사람들은 과중한 업무와 스트레스로 인해 건강에 위협을 받고 있으며 국민소득이 높아지면서 과잉 영양으로 인한 비만이 늘고 몸 안에는 독소가 쌓여 축적된 노폐물은 몸의 가장 아래에 있는 발에 쌓이게 되었다.

몸의 균형이 깨지면서 현대인들은 웰빙(Wellbing) 시대를 열었고 “자연으로 돌아가자”라는 의식이 점점 확대되어 갔다. 질병의 치료를 화학적 방법이 아닌 자연적인 요법을 이용한 건강 회복을 위하여 여러 가지 방법도 강구하게 되었다.

우리가 보통 적용하는 대체요법들은 보통 500여 가지가 되는 데 그 중 발 반사요법은 10대 자연요법에 들어갈 정도로 좋은 요법이다.

발 반사요법은 또한 사람의 면역력을 증강시키는 세로토닌 호르몬을 분비시킨다. 현대인들은 여러 가지 스트레스에 노출되어 있는 데 발 반사요법은 스트레스를 완화 시켜 주는 뇌의 호르몬과도 관련성이 있다.

우리가 뇌를 만질 수는 없지만 엄지발가락에 있는 뇌하수체 반사구를 자극함으로써 마음을 건강하고 행복하게 해주는 세로토닌을 분비시켜 질병을 이길 수가 있다.

이렇듯 발 관리는 사람을 행복하게 해주는 최고의 건강관리법이라 할 수 있다.

Section 1 발 관리 역사

1. 이집트(Egypt)의 발 관리 역사

기원전 2330년경에 세워진 이집트 잉크마호르(Ankhmahor) 피라미드의 벽화에는 아픈 사람 앞에 앉아 발을 만지면서 발 반사요법을 수행하는 모습이 새겨져 있다. 아픈 사람은 왕족이고 발을 만지는 사람은 의사로 추정되고 있다.

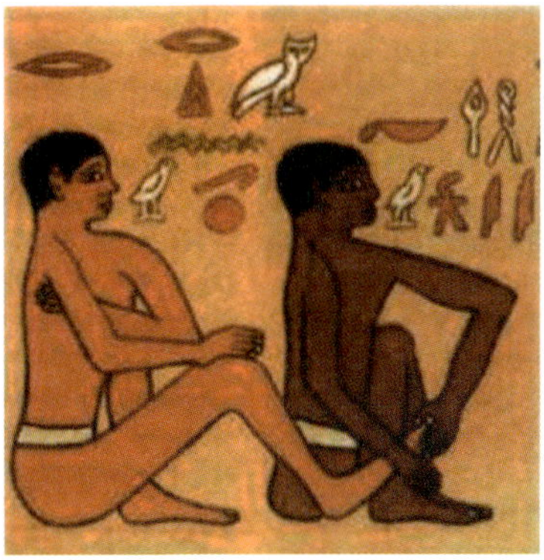

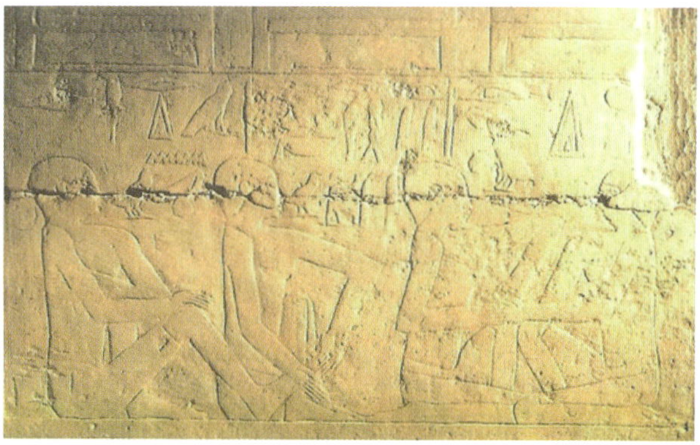

그림 1-1 이집트 앙크마호르(Ankhmahor) 피라미드의 벽화

2. 중국(China)의 발 관리 역사

중국에서는 병을 치료할 때 발 반사요법과 침술이 같이 활용되었다. 발 반사요법은 주로 몸의 순환을 돕기 위해 몸의 기운을 원활히 돕고자 하는데 사용되었고 침술은 병에 대한 문제를 해결하기 위하여 문제 부위에 침을 놓아 치료하였다. 대표적인 침술관련 인체모형은 1017년 의사였던 왕웨이(Wang Wei)의 인체 모형에 침술 부위를 표시한 것이다. 발 반사요법과 관련된 내용은 중국 고대 의학저서인 '황제내경(皇帝內經)'의 '소녀편'이 있다.

기록되어 있는 관지법(觀趾法) 혹은 족심도(足心道)에서는 발의 경혈점을 자극하여 그 반사자극으로 치료 효과를 얻는 방법이 기록되어 있다. '난경(難經)'이나 '영추(靈樞)' '해론편(咳論篇)'에는 기혈을 잘 운행시키면 음양을 영위하고 근골을 습윤케 하여 내장을 매끄럽게 한다는 기록이 있다.

중국에서 5,000년 동안 민간요법으로 전수되어 내려온 관지법(觀趾法) 혹은 족심도(足心道)는 현대에 와서 일본이나 한국에서 발 관리에 관심 있는 사람들이 중국에 가서 족심도를 습득한 후 본국으로 돌아와 발 반사요법을 보급하는 계기가 되었다. 1997년에는 중국의 황무성 박사팀이 사회복지법인 '사랑의 전화' 초청으로 한국에 와서 족심도의 발 관리 방법과 88개 반사구 도표를 소개하기도 하였다.

그림 1-2 중국 민간 발 관리요법의 시술장면

3. 인도의 발 관리

BC 544년경 탄생하여 470년까지 살았던 석가모니(고타마 싯다르타)를 기리기 위해 그 당시에 불교신자들이 돌에 발 반사구를 새겨놓은 불족적(佛足跡)이 일본에서 발견되었다.

그림 1-3 일본에서 발견된 불족적

4. 이스라엘 히브리 민족의 세족식

기독교의 시작이 된 예수는 이스라엘에서 태어나 성경의 말씀을 가르치며 본인이 인류를 구원하기 위해 오신 메시아임을 증거하였으나 성경에 예언된 대로 유대인에 의해 '유대인의 왕'이라는 죄목으로 십자가에서 처형당하고 3일 만에 부활하셨다. 예수는 처형당하기 전날 제자 12명과 최후의 만찬을 하는 자리에서 서로 사랑하고 용서하며 이웃을 섬기라는 교훈을 담아 예수를 배반한 제자의 발까지 씻기셨다.

카톨릭 평화신문 제 1475호에 실린 "성경에서 입맞춤의 의미는 무엇인가?"에 실린 내용을 보면 발에 입맞춤을 하는 것은 친밀감과 존경의 표시이기도 하고 화해와 용서의 의미로 사용되기도 했다고 기록되어 있다. 또한 프란치스코 교황은 어떤 지역을 방문할 때는 제일 먼저 그 지역에서 가장 소외된 곳을 방문하여 세족식을 행하고 그들의 발에 입을 맞추었다. (KBS 1. '세계는 지금'에 방영됨. http://blog. koreadaily.com)

현재 기독교 및 천주교와 무관한 다른 단체에서도 예수의 교훈을 본받고 그 뜻을 기리기 위해 교육과정에서 세족식(洗足式)을 행하기도 한다.

그림 1-4 사회적으로 소외된 이의 발을 씻긴 후 발에 입 맞추는 프란치스코 교황
출처 : 발췌 http://blog. koreadaily.com

5. 영국의 발 관리 역사

(1) 헨리 헤드(Henry Head)

반사요법의 과학적 근거는 1890년대에 헨리 헤드 경(Sir Henry Head)이 런던에서 연구한 신경학적 연구에 토대를 두고 있다. 1898년 피부의 특정부위가 내부 장기나 특정한 척수신경과 연결되어 있음을 발견하였고, 발바닥을 자극하면 방광에 자극이 전달될 수 있다고 발표했다.

(2) 찰스 세링턴(Charles Sherington)

영국의 찰스 세링턴 경(Sir Charles Sherington)은 영국 옥스퍼드의 물리학자였으며, 뇌와 연결된 신경이 몸의 각 부위에서 신호를 전달하여 신체 기능을 조절하고 있음을 밝혔다. 그는 이러한 사실을 1906년 The Integrative Action of the Nervous System(신경계의 통합기능)을 집필하여 공개하였다.

6. 독일의 발 관리 역사

(1) 의사 알폰스 코르넬리우스(Alfons Cornelius)

1902년 독일 의사인 알폰스 크리넬리우스(Dr. Alfons Cornelius)는 학계에 발표한 논문인 'Pressure points, the origin and significance(지압점의 의미와 중요성)'를 발표하였다. 환자들이 고통을 호소하는 부위에 대해 시술자들이 좀 더 관심을 가지면 통증이 사라지고 건강증진에 도움이 될 것이라고 했다. 피부 반사구에 대한 마사지를 적용한 예로 볼 수 있다.

(2) 헬무트 룩(Hellmut Ruck) 발 관리 전문학교

"헬무트룩 발 관리 학교"는 70년 이상의 전통을 가지고 있는 2년 과정의 발 관리 전문 학교이다. 지금은 헬무트 룩(Hellmut Ruck) 2세 교장이 운영하고 있다. 현재 우리나라의 강경호 박사가 헬무트 룩 학교와 기술교류를 하고 있다.

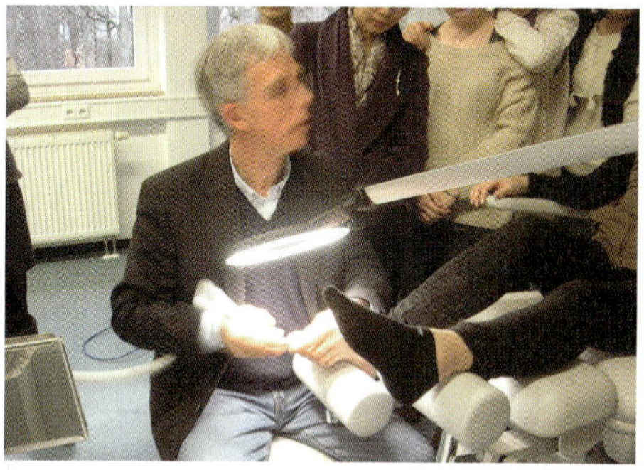

그림 1-5 독일 헬무트 룩 발 관리 전문학교와 교장 헬무트 룩 2세

7. 미국의 발 관리 역사

(1) 의사 윌리엄 피츠제럴드(Dr. William Hope Fitzgerald, 1872~1924)

이비인후과 외과 의사인 윌리엄 피츠제럴드(Dr. William Fitzgerald)는 1897년 당시에 마취제 없이 수술하면서 이비인후과 영역과 신체의 다른 부위와 연관성으로 인해 마취 효과가 있다는 것을 발견하게 되었다.

그는 환자들을 치료하면서 환자의 통증과 환자의 신체반응에 대해 연구하였고 반사영역이 신체 여러 부분의 영역으로 구성되어 있음을 발견하였다. 인체에 100개의 수직 반사영역이 있는 것을 연구하여 1917년에 '가정에서 통증을 가라 앉힌다'는 내용을 담은 '존 테라피' Zone therapy 책을 이완 바우어 Eawn F, Bowers 박사와 함께 출판하였다.

윌리엄 피츠제럴드는 손과 발을 포함한 몸의 각 부위에 일정한 압력을 가하면 다른 부위 통증이 감소하게 됨을 알게 되었으며 이를 활용하여 치료법에 활용을 하였다.

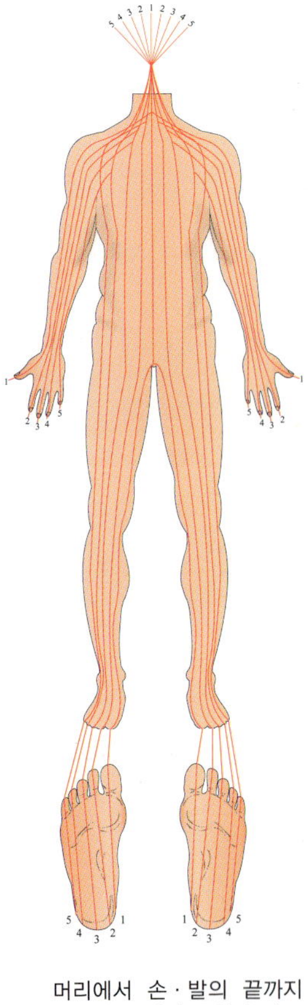

머리에서 손 · 발의 끝까지 수직으로 구분한 10개의 구역과, 손 · 발에 특정 반사점이 있다.

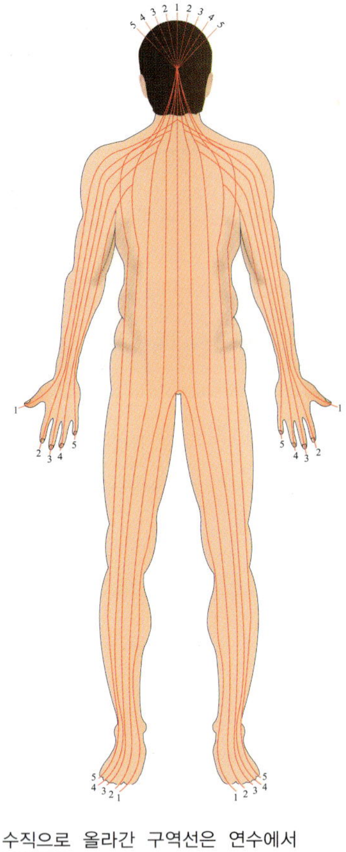

수직으로 올라간 구역선은 연수에서 교차한다.

그림 1-6 윌리엄 피츠제럴드의 신경반사구역

(2) 유니스 잉햄(Eunice Ingham)

조 라일리 박사의 조수였던 유니스 잉햄(Eunice Ingham)은 물리치료사였다. 그녀는 우리가 알고 있는 반사요법의 창시자로서 발바닥에 압력을 가하여 몸의 다른 부위를 자극하거나 치료하는 방법을 발견하였고, 발바닥의 자극 반사에 관한 세부적인 도해를 만들었다. 1938년 Stories the feet can tell(발이 전하는 건강이야기)와 1963년 Stories the feet have told(발과 건강)이라는 책을 집필하였다.

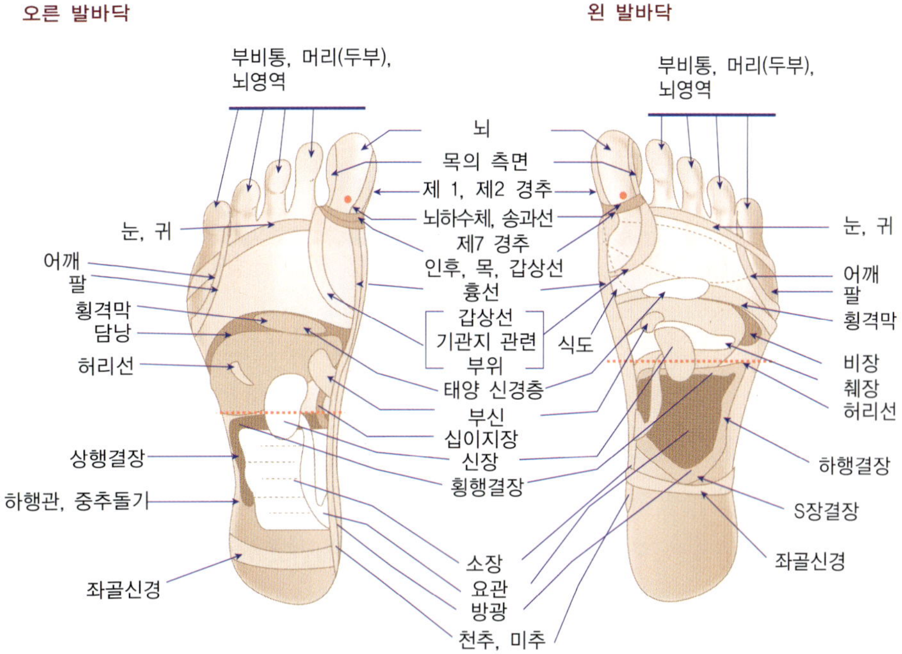

그림 1-7 잉햄(Ingham)의 오리지널 발 반사요법 도해

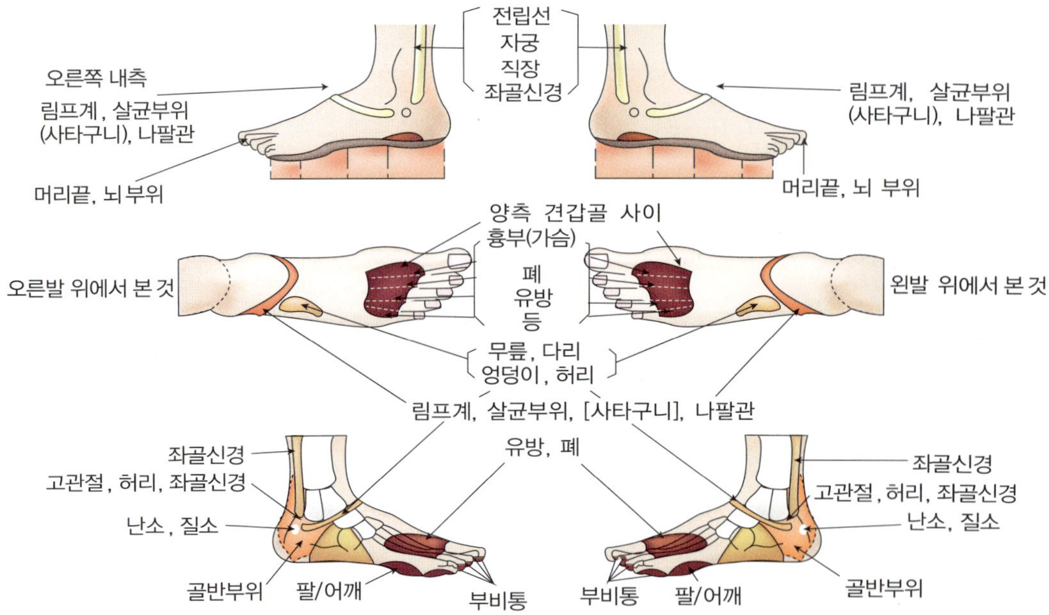

그림 1-8 잉햄의 발 반사구 도해를 참고한 발바닥 반사구

(3) 한네 마르콰르트(Hanne Marquardt)

한때 유니스 잉햄과 함께 공부한 바 있었던 한네 마르콰르트는 1970년대 독일에 발 반사요법을 소개하였다. 1966년부터 1974년에 걸쳐 가로구역(transverse zone)을 개발하였고, 여러 의사와 간호사들을 교육하였으며, 1974년에는 발의 반사구역 치료(Reflex zone therapy of the feet)를 저술하였다.

8. 타이완의 발 관리 역사

조셉 유르스터 신부(Joseph Eugster, 타이완명 : 오약석)

우리나라에서 사용되는 약석 발 관리 방법은 로셔요법으로 불리며 스위스 선교사인 조셉 유르슈터 신부에 의해 타이완에서 개발되었다. 타이완에서 선교활동을 하면서 얻은 지병을 중국의 관지법을 연구하여 본인의 몸에 적용시킨 임상을 토대로 발 반사요법을 발전시켰다. 오약석 신부는 발에 분포되어 있는 부분을 64개 반사구로 나누고 관리하는 법을 정형화시켰으며 본국인 스위스로 돌아가서 발 반사요법을 보급하였다. 우리나라도 두 번이나 방문하여 세미나를 통해 약석 발 관리를 보급시키기도 하였다.

현재 타이완은 약석 발 관리법으로 관리하는 발 관리실이 여행지마다 있어 관광 패키지에 들어가 있는 기본 코스이기도 하다. 이 방법은 중국, 싱가포르, 타이완을 비롯한 아시아 여러 나라와 우리나라에서도 발 반사요법의 하나로 사용되고 있다.

이 방법은 엄지손가락으로 반사점을 문지르고, 손가락 마디나 작은 지압봉을 이용하여 강한 압력을 가해주는 방법이다. 우리나라에서는 오약석 신부의 64개 반사구를 이용한 발 반사요법을 적용하고 있으며 본 교재도 64개 반사구를 이용한 발 반사요법을 소개하고 있다.

1982년 로셔 건강협회(The rwoshur health institute)가 설립되었다.

국제약석건강연구회 명예회장
오약석 신부

오약석 신부와
이복동 한국지부장

오약석 신부의 저서

그림 1-9 Fr. Josef Eugster(오약석 신부)

9. 일본의 발 관리 역사

(1) 요시모도 쇼우치

일본의 산부인과 의사인 요시모도 쇼우치 박사는 미국 캘리포니아주 침술협회 및 서독 침술협회 전문위원으로 활동하였으며 일본 지역에서 발 반사요법을 강의하였다. 우리나라에도 1996년에 2회에 걸쳐 '사랑의 전화' 사회복지재단을 통해 강의한 바 있다. 저서로는 '발의 반사요법', '발의 반사요법 실기교본' 등이 있다.

그림 1-10 요시모도 쇼우치 박사의 초청 세미나 과정

(2) 관 유모(官 有謀)의 발 반사요법

1961년도에 중국족심도 연구 지도가인 관 유모(官 有謀) 선생이 족심도를 연구하여 중국의 발 반사요법을 보급하였다.

저서로는 족심도 비법기술을 풀어서 저술한 '足の汚れが万病の原因だった'(번역 : 발의 더러움이 만병의 원인이였다. 만지는 것만으로도 낫는 중국의학의 특효)'가 있다.

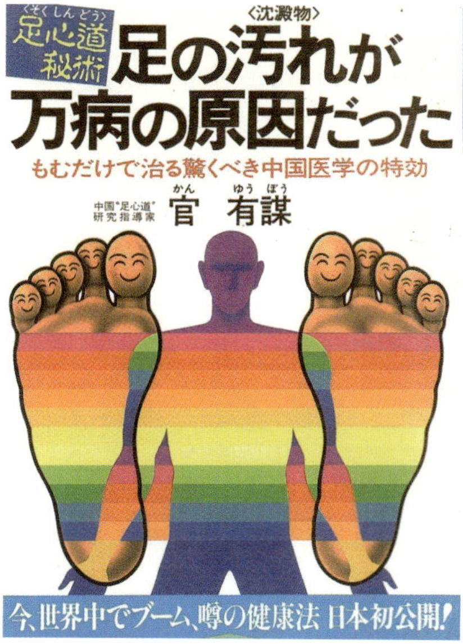

그림 1-11 1961년 초판된 官 有謀의 발반사 요법책

10. 우리나라의 발 관리 역사

우리나라의 피부미용은 1980년대 초반 독일에서 커리큘럼을 도입하면서부터 시작되었고 그 후 10년 동안 피부미용 산업이 발달하면서 많은 피부관리사들이 건강을 케어할 수 있는 권리를 찾게 되었다.

시대의 요청에 의해 마포구 공덕동에 위치해 있는 '사랑의 전화' 사회복지재단이 1994년 최초로 발 관리사 직업교육을 시작함으로써 우리나라 피부미용업계에 새 바람을 일으켰다. 수면 위로 떠오른 발 관리 분야는 실상 공개적으로 교육하기 이전에 이미 '약석 발 관리 한국지부'가 형성되어 있었고 이복동 선생이 종로에 있는 성당에서 신도들을 대상으로 발 관리 봉사를 하고 있었다.

1994년 당시 '사랑의 전화' 사회복지법인 고 심철호 회장과 취업정보 대학장인 김수자 선생은 독일의 발 반사요법을 도입하여 커리큘럼을 개발하였으며 배출된 수강생들을 주축으로 한국 발 반사요법학회와 발 관리협회를 구성하였다. 그에 편승해서 그 이후 정현모 선생에 의해 약석 발 관리가 뿌리를 내리게 되는 계기가 되었다.

그 당시에 '사랑의 전화'를 통해 독일·일본·중국·홍콩 등지에서 초청된 발 전문가들의 세미나에 전국에 있는 미용대학 교수들이 참가하였고 1996년 이후에는 강경호 박사가 독일 발 관리 전문학교인 헬무트 룩과 연계하여 '푸스플레게(Fusspflege, 독일식 발 관리)'를 우리나라의 피부미용분야에서 개척하였다.

발 관리 산업이 급성장하면서 제품과 기구들이 개발되거나 수입되었고 국민 건강증진 차원으로 전국적으로 문화 센터나 복지관에서 교육이 이루어졌으며 많은 발 관리실이 생겨났고 피부미용관리실에서는 기본 관리 항목이 되었다.

그 이후 한동안 안마사법과 의료법에 따라 주춤하다가 학문적인 토대가 되어 현재는 각 미용계열 대학에서 학점이수를 수료하는 전공과목으로 정착되었다.

그림 1-12 1995년 9월 초청된 홍콩 임적문 박사 부부

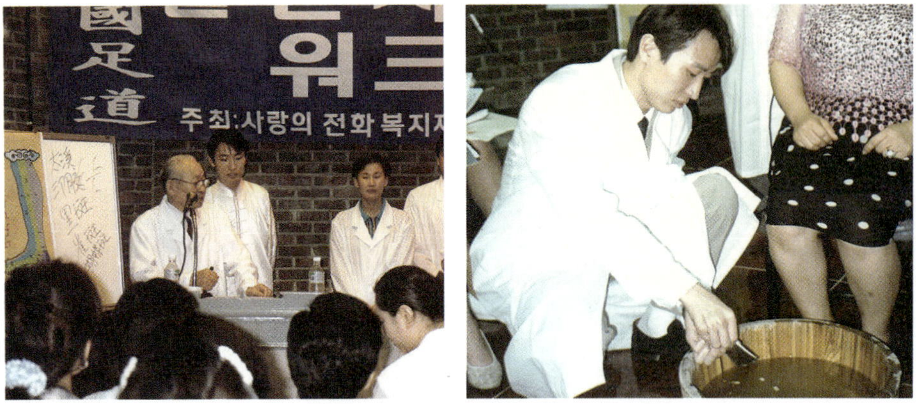

그림 1-13 1997년 7월 중국 족심도의 황무성 박사 외 3인 초청 세미나

그림 1-14 1998년 발 관리관련 학술세미나 팜플릿

그림 1-15 1994년 독일의 발 관리사 교육과정을 도입한 "사랑의 전화" 사회복지법인 고 심철호 회장

Section 2 발 관리가 필요한 이유

사람이 맨발로 생활하던 시대에는 발이 땅의 기운을 받아들이고 발바닥이 자갈 등에 의해 발 반사작용이 이루어지면서 건강생활을 영위하였다. 그러나 두발로 서서 직립보행을 하며 지구 중력의 영향을 받는 인간들은 일상 생활속에서의 발 반사요법이 일어나는 중요성을 모른 채 다양한 형태의 신발을 신게 되었고 신발이 갖고 있는 기능보다는 멋을 추구하는 경향에 이르게 되었다.

이로 인하여 사람들의 체형은 균형을 잃었으며, 발에 쌓인 노폐물들은 아스팔트길이나 시멘트 길을 걷게 되면서 일상 생활속에서의 발 반사구를 자극하던 일들이 더 이상 일어나지 않게 되었다. 그 결과 현대인들은 면역력이 떨어지고 반(反) 건강상태로 이행되면서 질병에 노출되는 상황에 이르렀다.

1. 발 관리가 필요한 이유

① 두발로 걷는 직립보행
② 지구의 중력
③ 가죽신 및 잘못된 신발
④ 아스팔트 길이나 시멘트 길
⑤ 영양의 과다 섭취로 인한 노폐물 축적
⑥ 음식물 섭취 시 중금속 오염
⑦ 자동차의 이용에 따른 운동 부족
⑧ 과중한 업무와 일상 생활속에서 오는 스트레스

2. 발의 노폐물의 종류와 형태

① 수분 형태 : 주로 발등에 쌓이며 부종으로 나타난다.
② Gas 형태 : 주로 발바닥에 생성되며 만졌을 때 '뽀보보복' '뽀보보복' 하고 기포 터지는 소리가 난다.
③ 요산 형태 : 발가락 사이에 작은 모래알 형태로 나타난다. 지압봉으로 긁으면 '따르락' '따르락' 소리가 난다.
④ 지방 형태 : 복숭아뼈 주위에 불룩 튀어 나오며 만지면 말랑 말랑하다.

⑤ **중금속 형태** : 체내에 들어온 중금속들이 빠져 나가지 못하고 정체될 경우 주로 관절 사이에 노폐물로 남게 되어 관절염의 원인이 되기도 한다.

Section 3 발 관리의 3대 영역

1. 정맥 매뉴얼 테크닉(Vein Menual technique)

정맥의 판막이 많이 형성되어 있는 발의 경우 심장에서 가장 멀리 떨어져 있기 때문에 혈액순환 및 조직 노폐물의 침전으로 인하여 온몸에 쌓인 피로감을 예방하고 개선하기 위해 치료가 가장 필요한 상황이다. 발정맥 매뉴얼 테크닉은 정맥의 흐름에 따라서 일정하게 손을 이용하여 문지르고 자극을 줄 수 있는 효과적인 수기요법으로 혈액이 원활히 순환과정을 거친 후에 심장으로 잘 되돌아가도록 도와주어 전신의 피로회복 효과를 볼 수 있도록 치료하는 방법이다.

(Chapter 4 발 정맥 매뉴얼 테크닉 참조)

2. 발 반사요법(Reflex Zone Theraphy)

발 반사요법은 등 반사요법, 귀 반사요법, 손 반사요법 등과 더불어 인체의 축소판인 발을 마사지하여 치료하는 방법이다. 발 반사요법의 원리는 발의 특정 부위를 자극해 줌으로써 그 부위와 관련된 조직과 기관이 반응하여 인체의 자연치유 능력 향상에 도움을 주는 방법이라고 할 수 있다. 인체의 자연치유 능력 향상은 궁극적으로 질병 예방에 도움을 주는 것이다.

발 반사요법은 혈액순환의 촉진과 더불어 노폐물의 배출을 용이하게 도와주고, 인체의 피로감을 저하시켜 자연 치유능력을 향상시키는데 그 목적이 있다. 그러므로 발 반사요법은 병을 예방하는 예방의학이며 인체에 면역력을 높여 몸이 스스로 치유능력을 갖게 하는 자연요법이라 할 수 있다.

(Chapter 5 발 반사요법 참조)

3. 독일식 발 관리(Fusspflege, 푸스플레게)

독일식 발 관리는 의료영역과 미용영역으로 나뉜다. 의료영역으로는 사마귀·살무좀·염증이 생긴 파고드는 발톱·발톱무좀·나무발톱의 관리가 의료영역에 속하며 미용적인 영역은 땀나는 발·냄새나는 발·차가운 발·건조한 발· 뒷꿈치가 갈라지는 발·각질관리·파고드는 발톱·발톱무좀·티눈 등의 관리 및 소독과 위생 영역을 말한다.

(Chapter 6 독일식 발 관리 참조)

Section 4 발과 경락(한국형 특수피부관리)

1. 경락(經絡)이란

경락 마사지(한국형 특수피부관리)는 동양의학의 자연 철학사상에 기초를 두고 있다. 천체 우주를 대우주라고 할 때 인간은 하나의 소우주로서 본다. 이에 근거하여 큰 우주인 천체의 기(氣)의 흐름이 작은 우주에 속하는 인체의 다른 기관과 조직에도 영향을 준다고 보았다. 따라서 인체의 기를 원활히 하기 위해서 경락선을 자극하여 줌으로써 건강을 증진시키는 방법이라 할 수 있다.

한의학적으로 경락(한국형 특수피부관리)은 인체 내에서 엄연한 계통으로 존재한다. 각 조직의 장기 사이에는 서로 긴밀한 연관을 맺고 있으며 인체 내적으로는 기(氣)와 혈(血)이 운행되고 신체 외적으로는 표피·털·근육을 포함한 인체의 전신에 분포한다고 본다.

따라서 인체의 질병과 문제 증후군은 순조롭게 흐르는 경락의 흐름이 막혀서 해당 계통에 여러 가지 증후군으로 발생하는 것으로 여기고 있다. 주로 쓰이는 경락은 신체를 세로로 흐르는 12개의 정경맥 및 임맥·독맥과, 12개 정경맥의 기혈이 넘치면 유입되는 곳으로 기경 8맥이 있다. 그 중 손발의 말단에 있는 12개의 정경과 임맥, 독맥에는 각기 고유의 경혈이 있다.

12정경맥은 전부 음과 양으로 나뉘어져 있고, 그 경락과 관련 있는 명칭이 붙어 있다. 수태음폐경, 수양명대장경, 족양명위경, 족태음비경, 수소음심경, 수태양소장경, 족태양방광경, 족소음신경, 수궐음심포경, 수소양삼초경, 족소양담경, 족궐음간경이 바로 그것이다.

8개의 기경은 기경팔맥으로 십이경맥에 나온 큰 지맥을 말한다. 즉 정경과는 달리 음양표리와 관계없고 일정한 소속 장부가 없다. 독맥, 임맥, 충맥, 대맥, 음교맥, 양교맥, 음유맥, 양유맥이 이에 해당한다.

2. 발과 관련된 6경맥–족3양경, 족3음경

인체 12개의 경맥 중 발과 관련된 경맥은 족삼음경과 족삼양경이 있다. 족삼음경은 발에서 위쪽으로 흐르고 족삼양경은 위에서 발쪽으로 흐르는데 정리하면 다음과 같다.

(1) 하지의 족3양경과 족3음경

하지의 경맥	경맥 명칭	기시혈	종지혈
족 3 양경	족양명 위경 족소양 담경 족태양 방광경	승읍(얼굴) 동자료(얼굴) 정명(얼굴)	여태(두번째발가락) 규음(네번째발가락) 지음(다섯째발가락)
족 3 음경	족태음 비경 족궐음 간경 족소음 신경	은백(엄지발가락바깥) 태돈(엄지발가락안쪽) 용천(발바닥안쪽)	주영(몸통) 기문(몸통) 유부(몸통)

(2) 발가락 오행혈

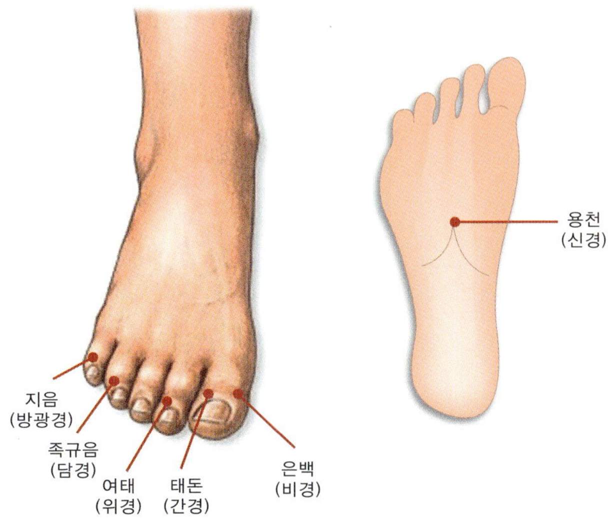

그림 1–16 발에 위치한 족3양경과 족3음경의 기시혈과 종지혈

(3) 발과 다리에 위치한 6경맥

① 족양명위경(足陽明胃經)

위를 중심 장기로 하여 그 흐름에 이상이 생기면 전체의 부조화로 두통 등이 생긴다. 총 45개의 경혈로 이루어진다. 하지에 분포한 상용혈은 복토, 양구, 족삼리, 성거허, 하거허, 풍융, 해계, 내정, 여태 등이다. 순행부위는 눈아래, 얼굴, 흉복부, 하지외측전면, 둘째 발가락 외측이다.

② 족태음비경(足太陰脾經)

비장을 중심으로 소화분비 및 정맥상태를 나타낸다. 총 21개의 경혈 중 하지에 분포한 상용혈은 은백, 태백, 공손, 삼음교, 지기, 음릉천, 혈해 등이다. 순행부위는 엄지발가락 내측, 경골내측 후면, 대퇴내측 전면, 흉복부, 겨드랑이다.

③ 족태양방광경(足太陽膀胱經)

방광을 중심으로 방광 및 생식기능, 자율신경과 관련이 깊다. 총 67개의 경혈 중 하지에 분포한 상용혈은 위양, 위중, 승산, 비양, 곤륜, 신맥, 속골, 지음이다. 순행부위는 눈의 안측, 목뒤, 요배부, 하지외측 후면, 5번째 발가락이다.

④ 족소음신경(足少陰腎經)

신장을 중심으로 신장과 부신, 생식선의 증세를 나타내는 경맥이다. 총 27개의 경혈 중 하지의 상용혈은 용천, 연곡, 태계, 대종, 조해, 복류이다. 순행부위는 발바닥 중심, 하지내측 후면, 흉복부 전면이다.

⑤ 족소양담경(足少陽膽經)

담경을 중심으로 담낭과 뇌신경 증세를 나타내는 경맥이다. 총 44개의 경혈 중 하지의 상용혈은 풍시, 양릉천, 광명, 현종, 구허, 족임읍, 족규음이다. 순행

부위는 귀의 외곽, 두부, 목, 늑골, 요부, 하지외측 정중면, 4번째 발가락 외측이다.

⑥ 족궐음간경(足厥陰肝經)

간장을 중심으로 간장 및 근골의 증세를 나타내는 경맥이다. 총 14개의 경혈 중 하지의 상용혈은 대돈, 행간, 태충 곡천이다. 순행부위는 엄지발가락 외측, 발등뼈측 전면, 내피부 내측 정중면, 외음부, 늑골하이다.

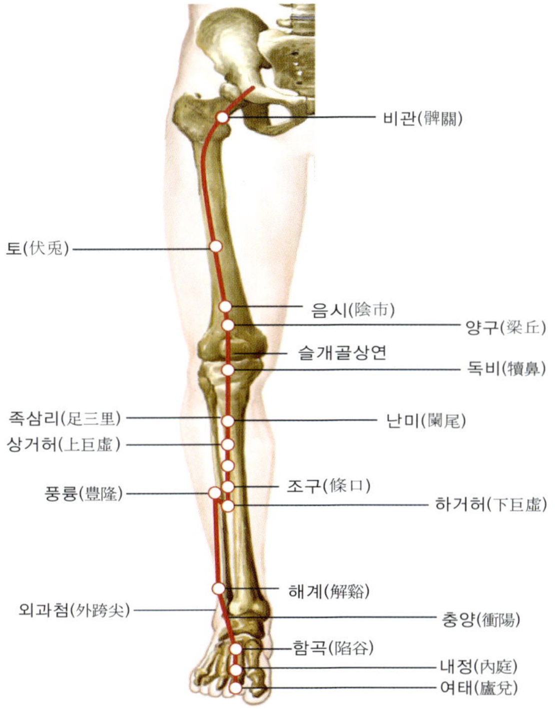

그림 1-17 족양명위경

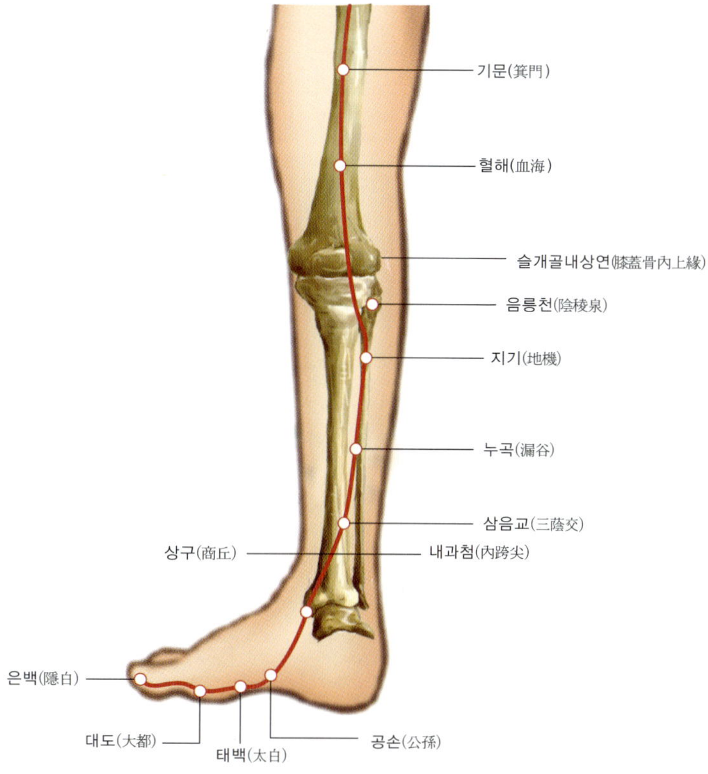

그림 1-18 족태음비경

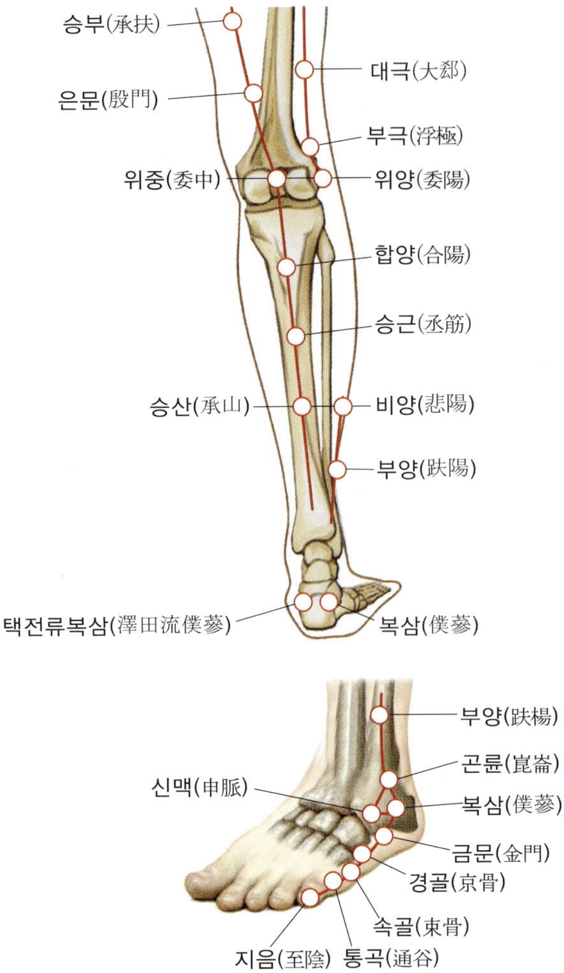

그림 1-19 족태양방광경

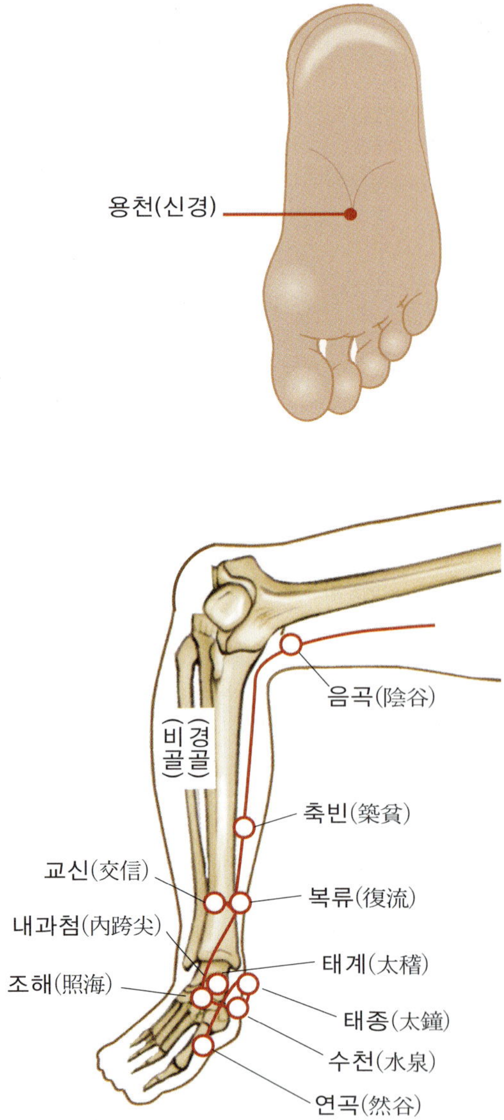

그림 1-20 족소음신경

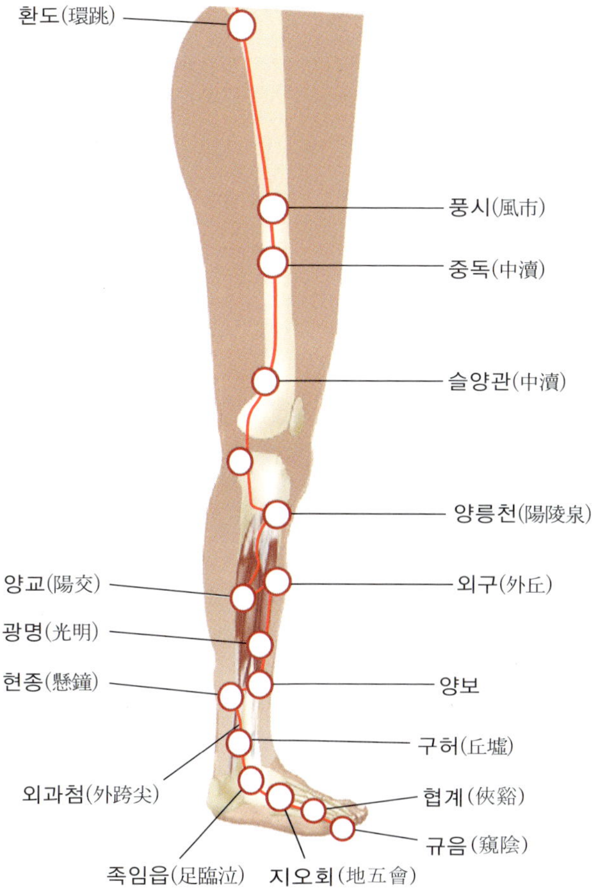

그림 1-21 족소양담경

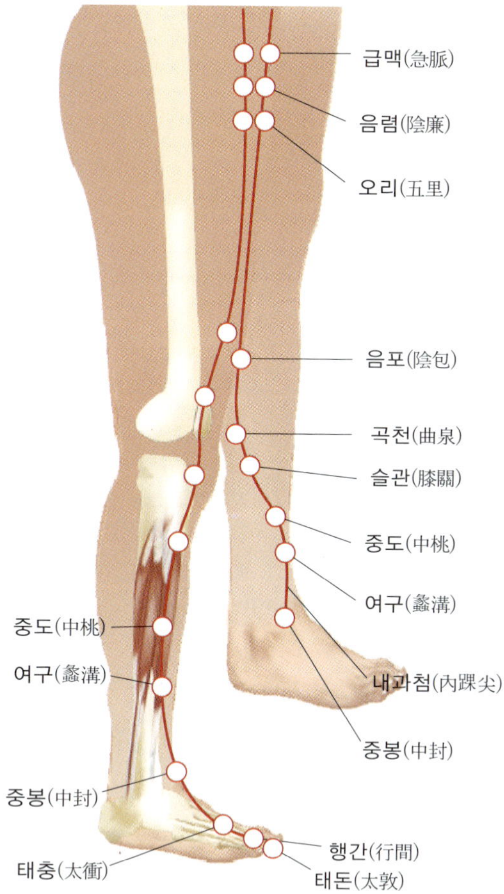

그림 1-22 족궐음간경

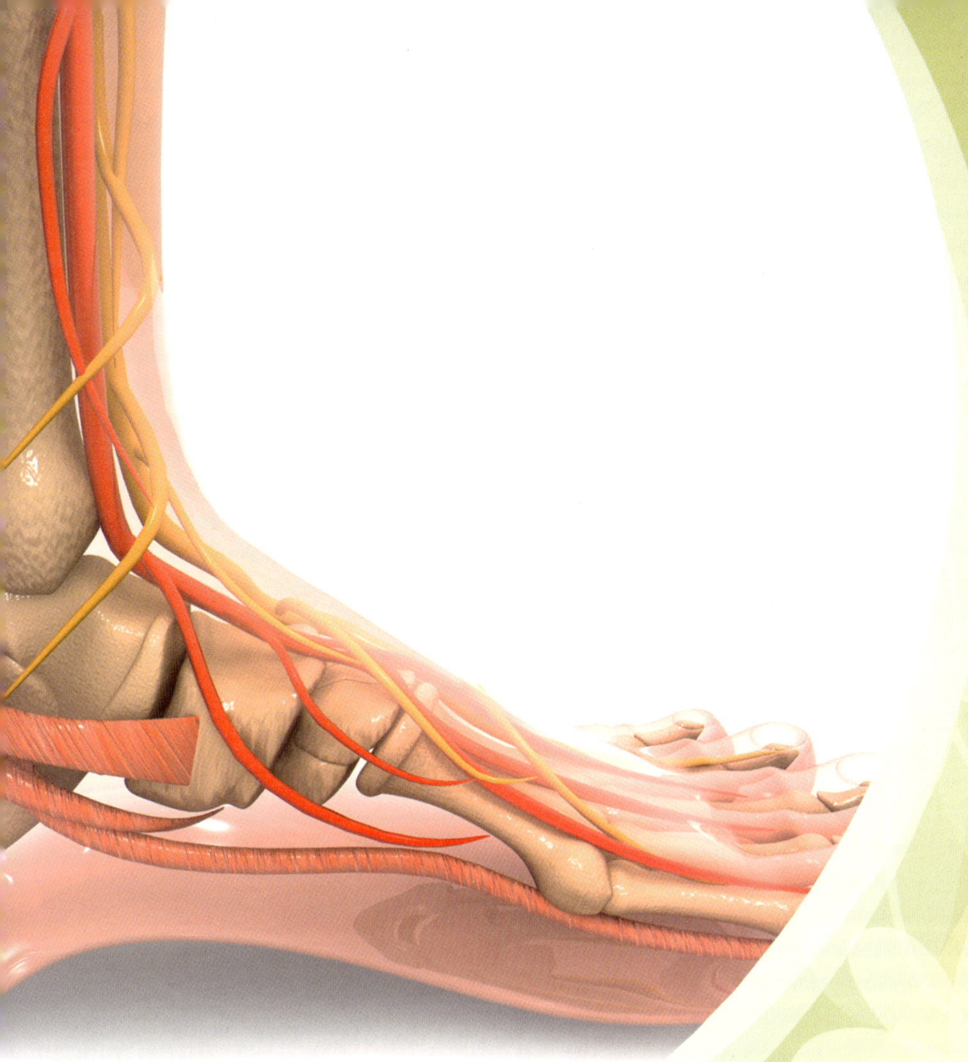

Chapter 2 발의 구조와 해부학

- 골격계
- 근육계
- 신경계
- 순환계
- 림프계

Chapter 2

발의 구조와 해부학

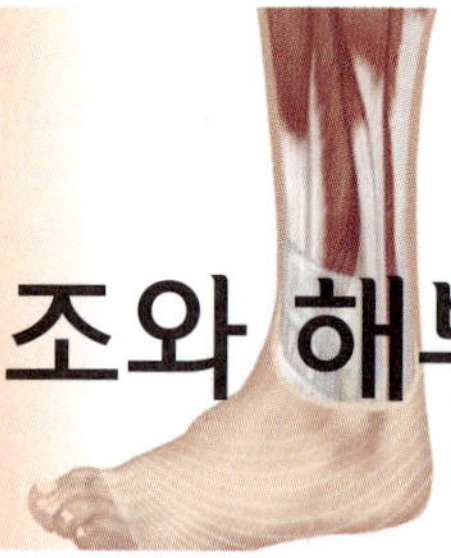

Section 1 골격계

정상 성인의 몸은 206개의 뼈로 구성되어 있다. 보기와는 달리 끊임 없이 생성과 분해를 거듭하는 조직이다. 뼈의 30%는 살아있는 세포로 되어 있고, 70%는 각종 광물과 물로 구성되어 있다. 뼈를 이루고 있는 광물질은 칼슘과 인이 대부분이다.

(1) 인대(Ligament)

인대는 아주 강력한 결합조직 섬유가 모인 밴드 형태로 되어 있다. 관절 주변의 뼈들은 서로 붙잡고 있어서 탈골을 막아주며 신축성이 있어서 관절이 움직일 수 있다.

(2) 힘줄(Tendon)

힘줄은 튼튼하고 탄력성이 거의 없는 흰색의 섬유 밴드다. 대부분의 근육은 힘줄에 의해 뼈에 부착되어 있다. 근육이 다양한 만큼 힘줄도 그 길이와 굵기가 다양하다. 근육이 수축하면 힘줄을 잡아당겨 뼈가 따라서 움직일 수 있다. 대표적인 힘줄은 아킬레스건(Achilles tendon)이다.

(3) 하지골(Bones of lower limb)

하지의 골격은 모두 62개의 뼈로 구성되어 있다. 골반을 형성하고 하지를 체간에 연결시킨다. 대퇴골, 슬개골, 경골, 비골, 족근골, 종족골, 지골로 구성되어 있다.

(4) 대퇴골(Femur)

인체에서 가장 긴 뼈로 약 40cm 길이이며 골체와 상하단을 구분한다.

(5) 슬개골(Patella)

대퇴 사두근건 속에 형성된 인체 최대의 종자골이다. 형태는 삼각형의 편평골이며 대퇴골의 슬개면과 함께 관절을 형성하고 있다.

(6) 경골(Tibia)

하퇴의 내측을 구성하는 뼈이다. 약 31cm 길이이며 골체와 상하단을 구분한다.

(7) 비골(Fibula)

하퇴의 외측을 구성하는 약 31cm의 뼈로 골체와 상하단을 구분한다.

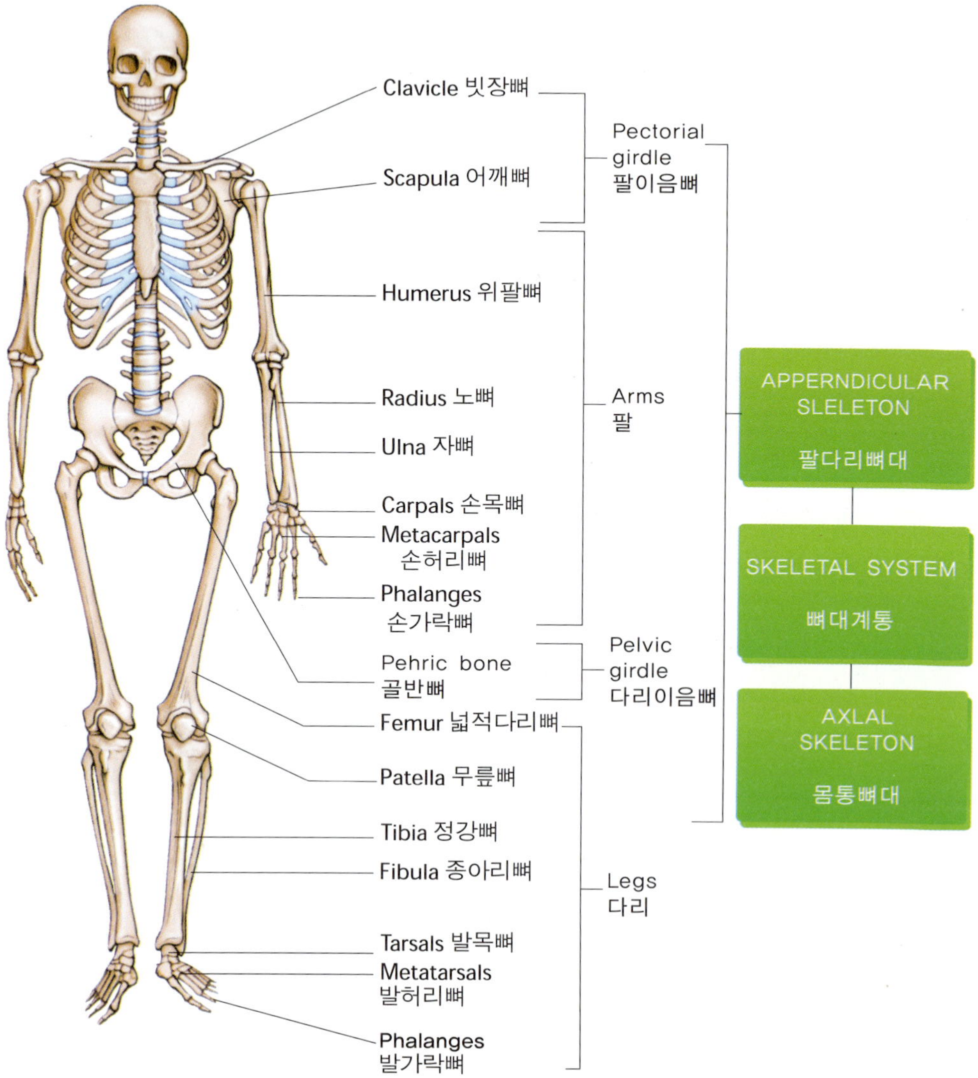

그림 2-1 골격계

(8) 발의 뼈

① 족근골(Tarsal, 발목뼈)

발목을 구성하는 7개의 뼈이다. 거골(목말골), 종골(발굽골), 주상골(발배골), 제1설상골, 제2설상골, 제3설상골, 입방골로 구성된다.

② 중족골(Metatarsal, 발바닥뼈)

발바닥을 형성하는 5개의 발목뼈와 발가락 사이의 길쭉한 뼈이다.

③ 지골(Phalange, 발가락뼈)

발가락을 구성하는 뼈로서 모두 14개의 작은 마디로 구성된다. 발가락뼈 위치에 따라 기절골, 중절골, 말절골로 구분한다.

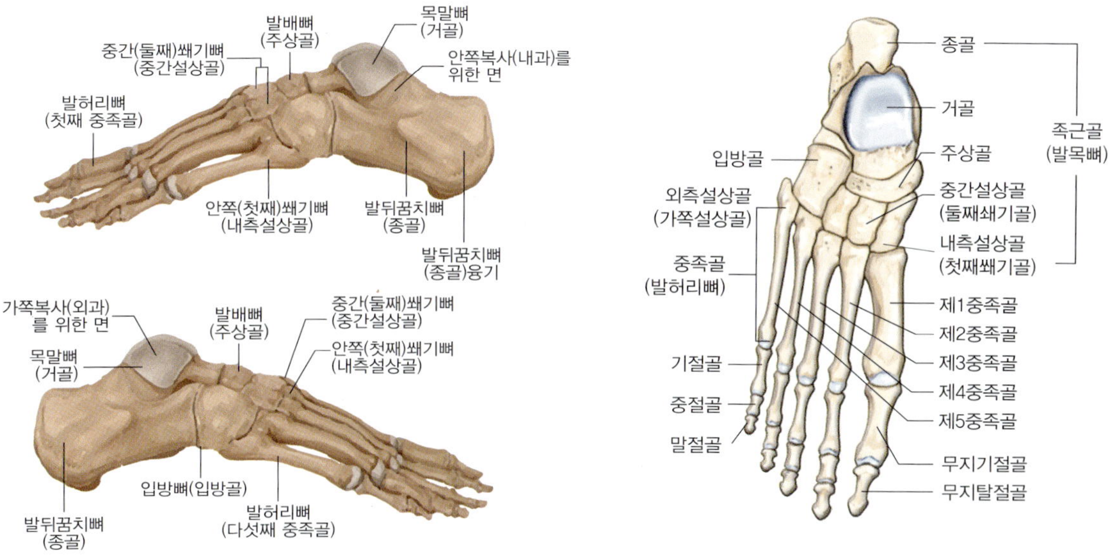

그림 2-2 발의 뼈

④ 족궁(足弓, Arch of foot)

족궁은 활모양의 아치를 형성하여 걷거나 뛸 때 스프링과 같은 역할을 한다. 족궁은 발바닥 내측에 있는 높은 내측세로족궁, 발 외측에 있는 얕은 외측세로족궁, 좌우로 걸쳐 있는 가로족궁이 있다.

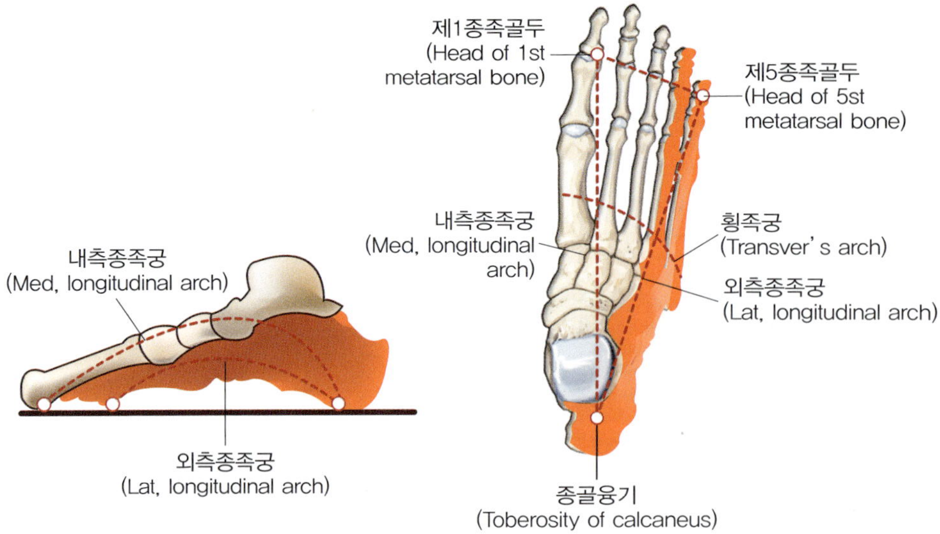

그림 2-3 발 뼈의 구조

check point

발 반사요법이 뼈와 관절에 미치는 영향

뼈는 얇은 결합조직인 골막이 둘러싸고 있다. 골막에 있는 혈관은 뼈를 뚫고 들어가서 뼈에 필요한 영양분을 공급한다. 발 반사요법은 골막의 혈관에 혈액순환을 촉진하여 결과적으로 뼈에 더 많은 영양분을 공급한다. 또한 뻣뻣한 관절을 풀어주고 관절 주변으로 탄력을 잃고 유착되어 있는 피부조직을 부드럽게 한다. 따라서 혈액순환을 촉진하여 관절에 영양분과 산소공급을 증가시키고 관절부위를 부드럽게 만드는 효과가 있다.

Section 2 근육계

인체에는 근육이 600개가 넘고 체중의 40~50%를 차지한다. 근육은 몸을 움직이거나 자세를 유지하고 체온을 유지하는 기능을 한다.

(1) 근육 긴장도(Muscle tone)

근육은 긴장된 상태를 유지하는데 이를 근육 긴장도라고 한다. 근육은 완전 이완될 수 없으며, 어느 순간이나 일부는 수축을 하고 있다. 이러한 수축으로 움직임은 생기지 않으나 근육에 긴장을 유발한다.

(2) 근육 피로(Muscle strain)

근육을 과도하게 사용하거나 과도하게 신장시키면 근육 섬유의 일부가 피로해지며 손상되기도 한다.

(3) 근육 경련(Muscle cramp)

대개 근육을 너무 오랫동안 과도하게 사용했거나 땀을 심하게 흘려서 체내 수분과 염분 손실이 생겼을 때 발생한다. 이럴 때는 해당 부위를 가볍게 마사지해 주거나 가볍게 스트레칭해 주면 경련과 통증이 줄어든다. 때로는 아무런 이유없이 경련이 생기기도 한다. 특히 잠을 자는 경우에 경련이 생기기도 하는데 대개는 근육에 긴장이 풀려서 생기는 증상이다.

check point

발 반사요법이 근육에 미치는 영향

발 반사요법을 받으면 해당 부위의 근육에 혈액순환이 촉진되어 산소와 영양분 공급이 증가하며 노폐물을 빨리 제거하는 데 도움을 주고 또한 근육의 피로를 줄이는데 도움이 된다. 이는 경직된 근육과 피로를 풀어주는 데 효과적이며, 근육의 기능 회복에도 효과적이다. 근육을 많이 쓰거나 자세가 나쁠 때 근육에 생기는 섬유성 결절, 발바닥에서 덩어리처럼 만져지는 부위도 반사요법으로 풀어 줄 수 있으며 고도로 긴장한 근육을 이완시키는데 효과적이다.

(4) 하지의 근(Muscles of lower limb)

다리를 구성하는 하지의 근은 몸무게를 유지하며 활동하기 적합하도록 구성되었다. 장골부의 근, 둔부의 근, 대퇴의 근, 하퇴의 근, 발의 근으로 구분된다. 발목과 발가락에 관련된 근은 전하퇴근, 외측 하퇴근, 후하퇴근이다.

① 전하퇴근(Anterior muscles of leg, 앞 종아리 근육)

하퇴의 전외측에 위치한 근으로 전경골근, 장지신근, 긴 발가락 폄근, 제3 비골근, 장무지 신근(긴 엄지 발가락 폄근) 등 4개의 근으로 구성된다. 역할은 깊은 비골신경의 관여에 따라 발목의 운동과 발가락 펴짐에 관여한다.

② 외측 하퇴근(Lateral muscles of leg)

하퇴의 외측으로 비골에서 기시하는 장비골근으로 발목을 굽히거나 젖히는 작용을 한다.

③ 후하퇴근(Posterior crural muscles)

하퇴의 후면으로 종아리를 만드는 근육이다. 비복근, 가자미근, 족척근의 얕은 근과 장지굴근, 장무지굴근, 후경골근, 슬와근의 깊은 층 근으로 구성된다.

(5) 발의 근육(Muscles of the foot)

발의 근육은 발등을 구성하는 족배근, 발바닥의 족척근이 있다. 발의 근육은 발등보다는 발바닥이 더 발달되어 있고 발바닥 운동에 관여한다.

Muscles of the posterior left hip and thigh
뒤 왼쪽 엉덩이와 넓적다리 근육

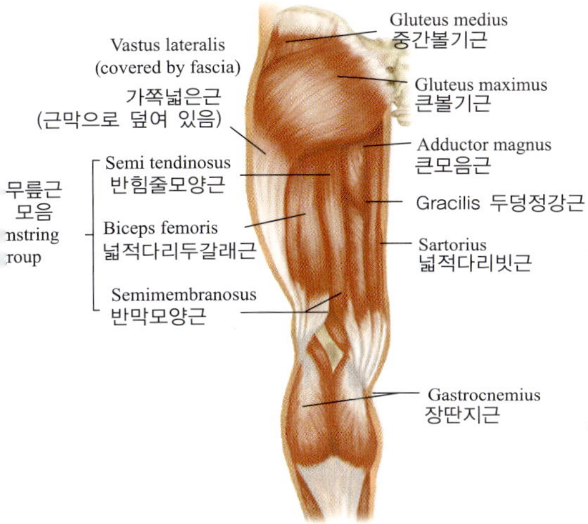

Muscles of the lateral left leg
바깥쪽 왼쪽 다리의 근육

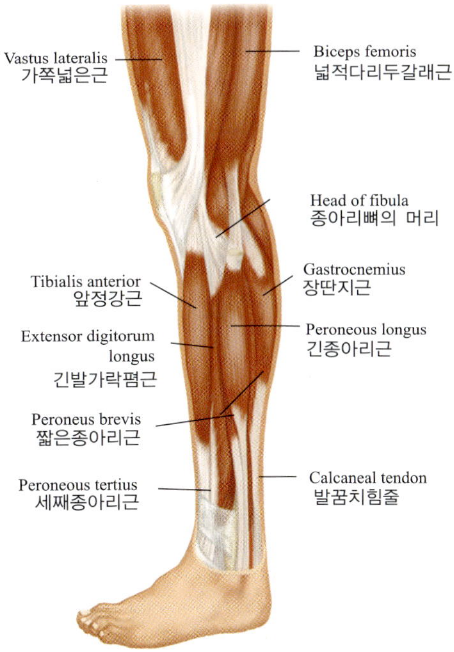

Muscles of the anterior left hip and thigh
앞 왼쪽 엉덩이와 넓적다리 근육

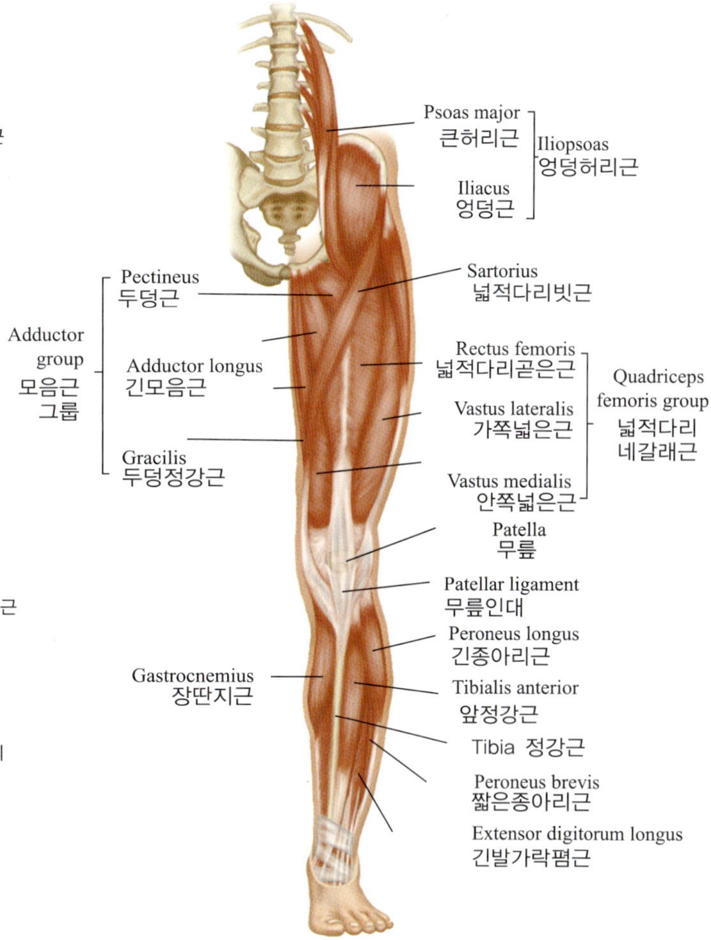

그림 2-4 발의 근육

② 족배근(足背筋, Dorsal muscles of foot, 발등 근육)

종골에서 기시하여 기절골에 정지하는 단지신근, 단무지신근이 있다. 역할은 발가락 신전에 관여한다.

② 족척근(足蹠筋, Plantaris, 발바닥 근육)

발바닥을 구성하는 5개의 근으로 엄지두덩근, 새끼발가락 두덩근, 발바닥 근육무리이다. 발바닥 근육무리는 중앙발바닥 근육으로 둘째에서 다섯째 발가락의 굽힘, 펴짐, 외향, 내향에 관여하는 역할을 한다.

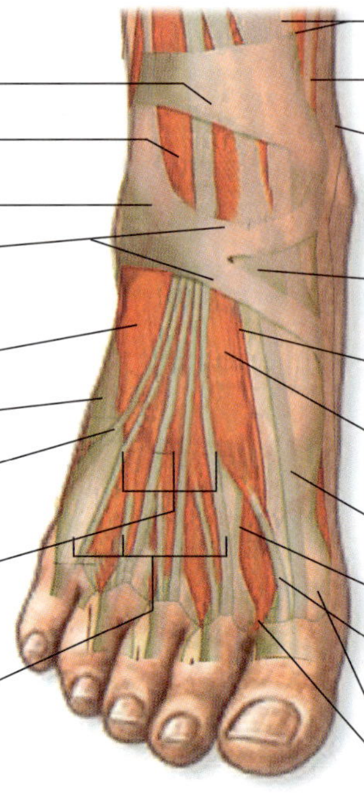

그림 2-5 발등의 근육

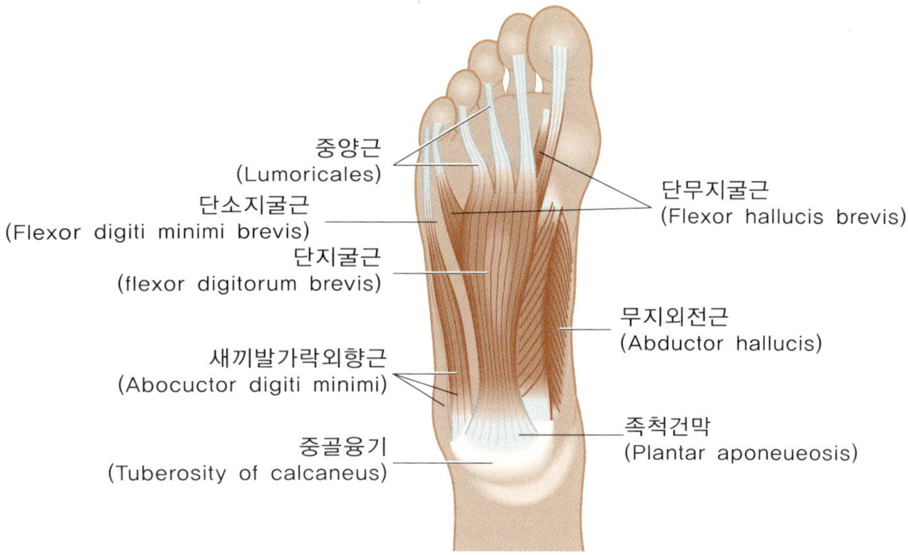

그림 2-6 발바닥의 근육

(5) 족부의 근

① 족저방형근 (Quadratus plantal)

기능 : 족지의 굴곡을 돕는다.

기시 : 종골 및 족척근막

정지 : 장지굴근건

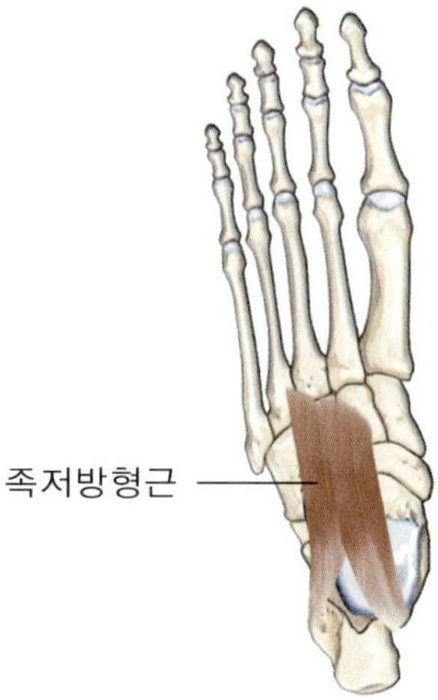

② 무지내전근(Adductor hallucis)

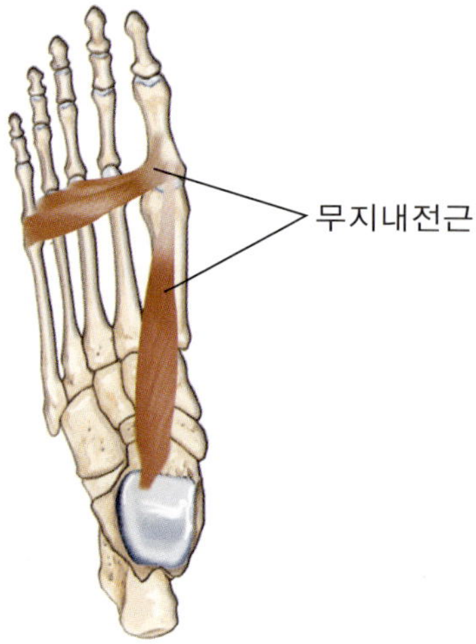

기능 : 무지의 내전

기시 : 사두 – 제 2~4종족골

횡두 – 인대

정지 : 제1중족골 및 기절골

③ 무지외전근(Adductor hallucis)

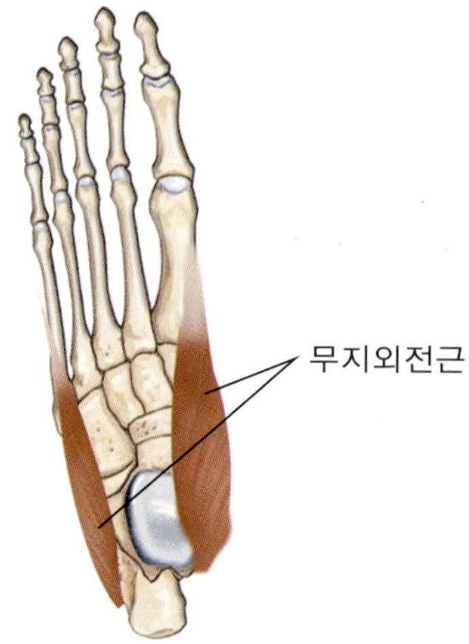

기능 : 무지의 외전

기시 : 종골융기의 내측

정지 : 제1중족골두의 하내측

④ 단무지굴근(Flexor hallucis brevis)

기능 : 무지의 기절골 굴골

기시 : 입방골 족척면,
제1설상골

정지 : 무지의 기절골

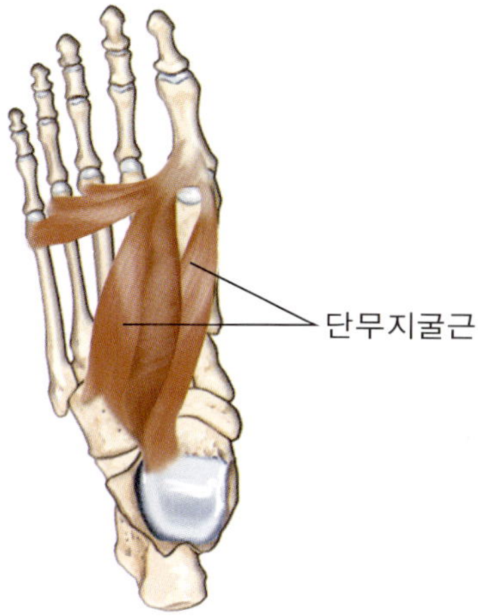

⑤ 단지신근(Extensor muscle of toes)

기능 : 무지와 제 2~5지의 신전

기시 : 종골 배변의 전방부

정지 : 무지와 제 2~4지의
기절골저부 배면

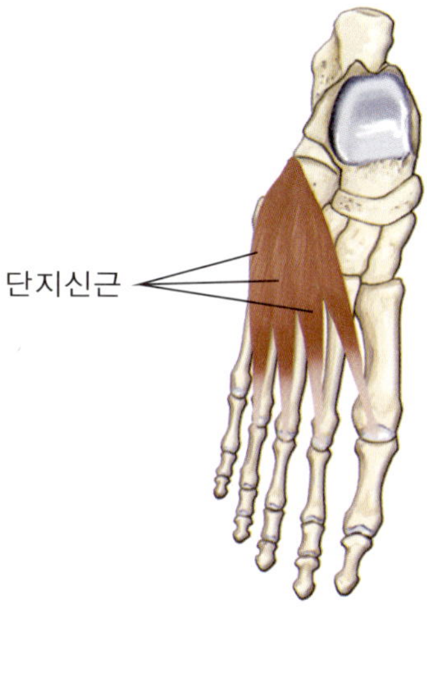

⑥ 단무지신근(Extensor muscle of great toe)

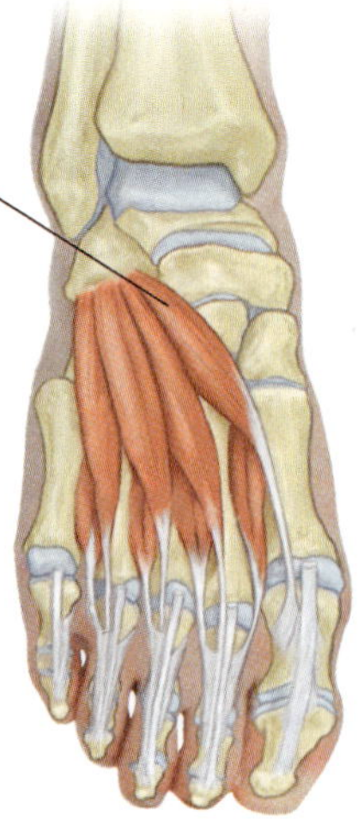

기능 : 무지의 신전

기시 : 종골상면

정지 : 무지의 기절골

Section 3 신경계

신경계통은 뇌와 척수, 신경과 감각기관 등으로 이루어져 있다. 신경계통은 신체 각 부위 사이의 전달 경로가 되는데 미세한 전달망인 신경계는 매우 중요한 곳이다. 중추신경계통은 뇌와 척수로 구성되며 말초신경계통은 중추신경계통 밖에 있는 신경들로 구성되어 있다.

자율신경계통은 말초신경계통의 일부로 심장이나 각종 내분비기관, 소화기관의 평활근 등의 불수의적인 기능을 조절한다. 복강신경총(태양신경총)은 자율신경계통의 한 부분으로 이 부위의 반사구를 자극해 주면 신경계통이 진정되고 이완하는데 효과적이다.

시상하부는 뇌하수체와 자율신경계통의 기능을 조절한다. 즉 심박수, 혈압, 소화기능, 배고픔, 갈증, 체온, 수면과 보행양식 등을 조절한다. 따라서 이 부위에 대한 반사요법은 신체의 항상성 회복에 도움이 된다.

좌골신경은 천골 신경총대퇴 전면을 제외한 하지 전체에 분포한다. 좌골신경은 전신에서 가장 큰 말초신경으로 골반에서 대퇴 후방으로 나와 무릎 슬와 상방에서 내측의 경골신경과 외측의 총비골신경으로 갈라진다. 경골신경은 하지의 모든 굴근과 발바닥의 족척근들을 지배한다. 총비골신경은 하퇴외측과 하퇴 발등의 심근을 지배한다.

check point

발 반사요법이 신경계통에 미치는 영향

통증을 감소시키고 체내에서 분비되는 엔도르핀의 분비를 촉진하는 데 도움을 준다. 뇌에 대한 반사요법을 시행하면 전신의 신경계통에 영향을 주며, 복강신경총에 대해 반사요법을 시술하면 몸의 각종 장기의 기능이 개선된다.

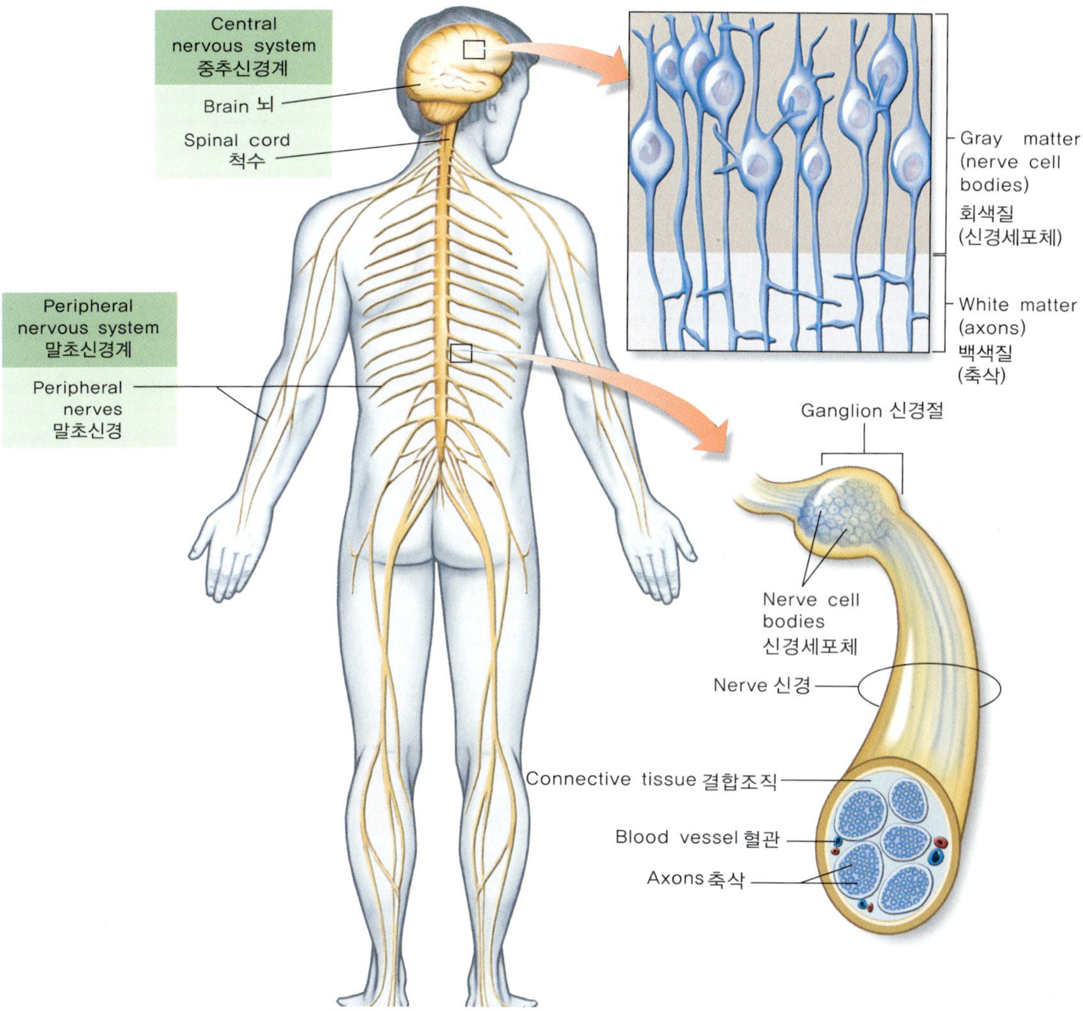

그림 2-7 신경계

Section 4 순환계

순환기계통은 심장과 혈관, 혈액으로 구성되어 있다. 심장의 기능은 온몸에 분포하는 혈관에 혈액을 순환시키는 펌프의 역할을 한다. 혈액은 산소와 각종 영양분을 신체 각 부분에 공급한다.

(1) 체순환, 폐순환

Chapter 5 발 반사요법 참조

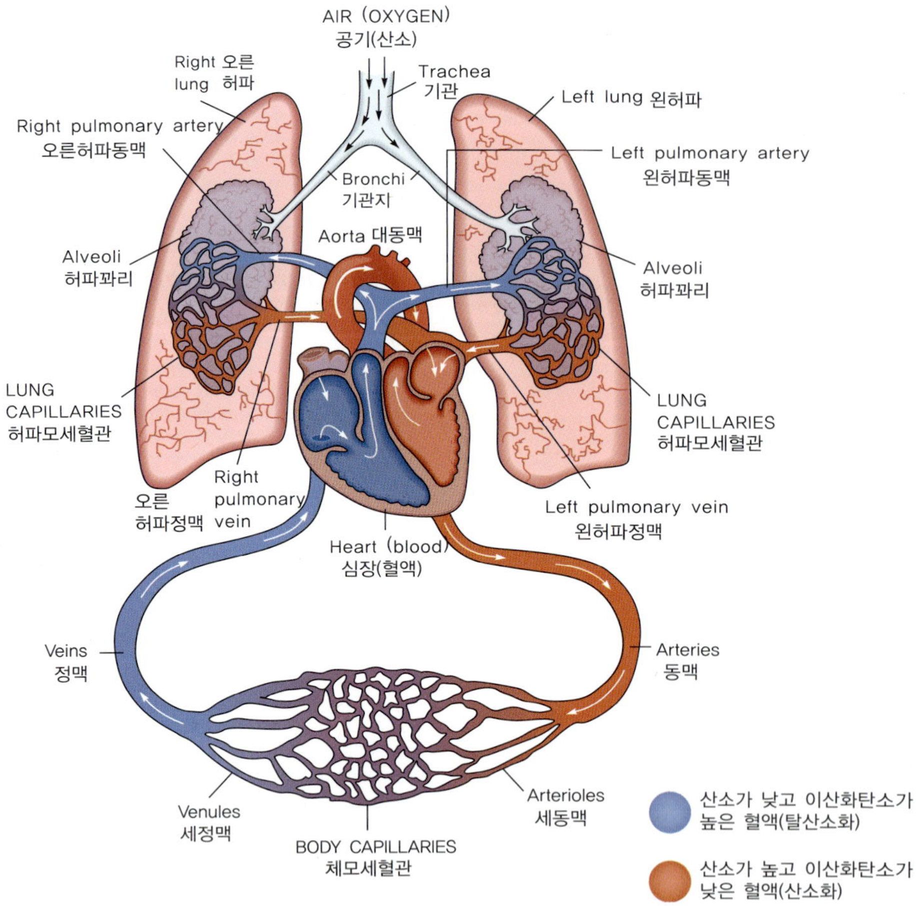

그림 2-8 호흡과 혈액의 이동

(2) 순환도와 발 관리와의 관계(제5장 발 반사요법 참조)

발 반사요법은 혈액순환을 촉진시켜 산소가 풍부한 신선한 혈액과 여러 가지 영양소 공급을 증가시킨다. 따라서 조직에 영양분이 충분히 공급되어 조직 재생에 도움이 된다. 또한 대사물질인 각종 노폐물이 잘 제거된다. 이런 노폐물이 잘 제거되지 않으면 통증이 유발될 수 있는데 발 반사요법은 이런 증상을 완화할 수 있다. 규칙적인 발 반사요법은 몸의 균형을 잡아 주어 밸런스를 맞추는데 효과적이다.

① 하지의 동맥

하지에 분포하는 동맥은 대퇴동맥부터 슬와동맥, 전·후경골동맥, 비골동맥, 족배동맥, 족척동맥으로 연결된다. 하지에서 맥박을 감지할 수 있는 동맥은 무릎 뒤 슬와동맥과 발등의 족배동맥 그리고 발목 안쪽의 후경골 동맥이다.

② 하지의 정맥

발바닥의 족척정맥궁에서 내측과 외측 족척정맥이 기시하여 후경골경맥으로 들어간다. 발등의 족배정맥망에서 전경골정맥이 시작하여 후경골 정맥과 합쳐져서 슬와정맥이 되고, 대퇴정맥을 거쳐 서혜인대 밑을 지나 외장골 정맥이 되는데 이것을 심정맥이라 한다. 피정맥은 족배정맥구에서 시작하여 대복재정맥과 소복재정맥에 이른다.

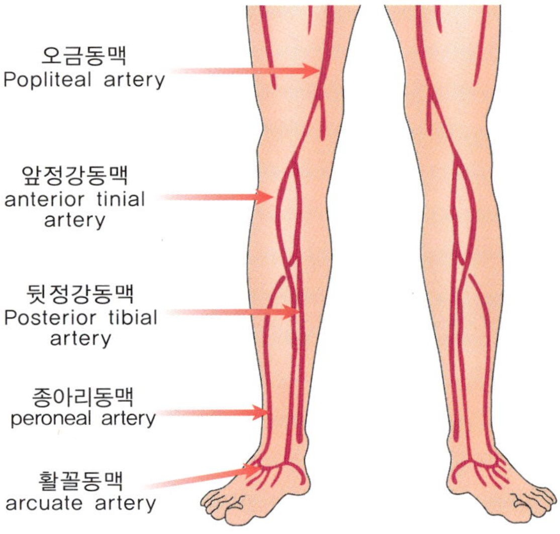

그림 2-9 하지의 동맥

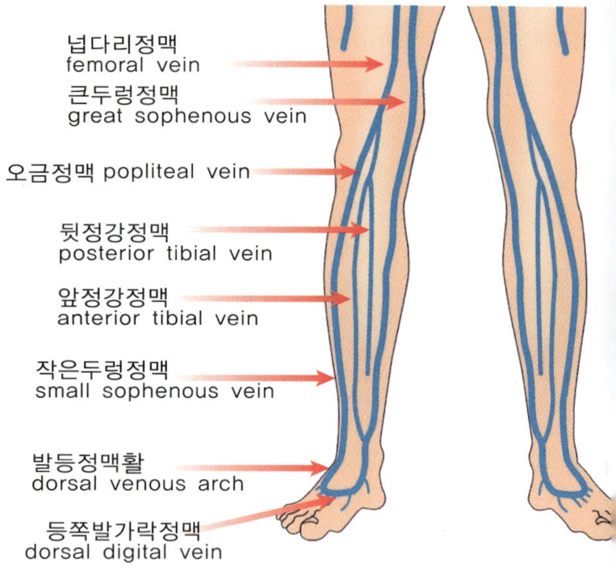

그림 2-10 하지의 정맥

Section 5 림프계

림프 계통은 림프절, 림프액, 림프관으로 구성되어 있으며 순환기계통과 깊은 연관이 있다.

check point

발 반사요법이 림프 계통에 미치는 영향

림프관을 따라 흐르는 림프액의 순환을 촉진한다. 조직 내의 독소 제거를 촉진하며 면역기능을 증진시킨다. 발 반사요법이나 마사지가 림프액의 흐름을 개선하여 부종을 예방하거나 효과적으로 감소시킨다.

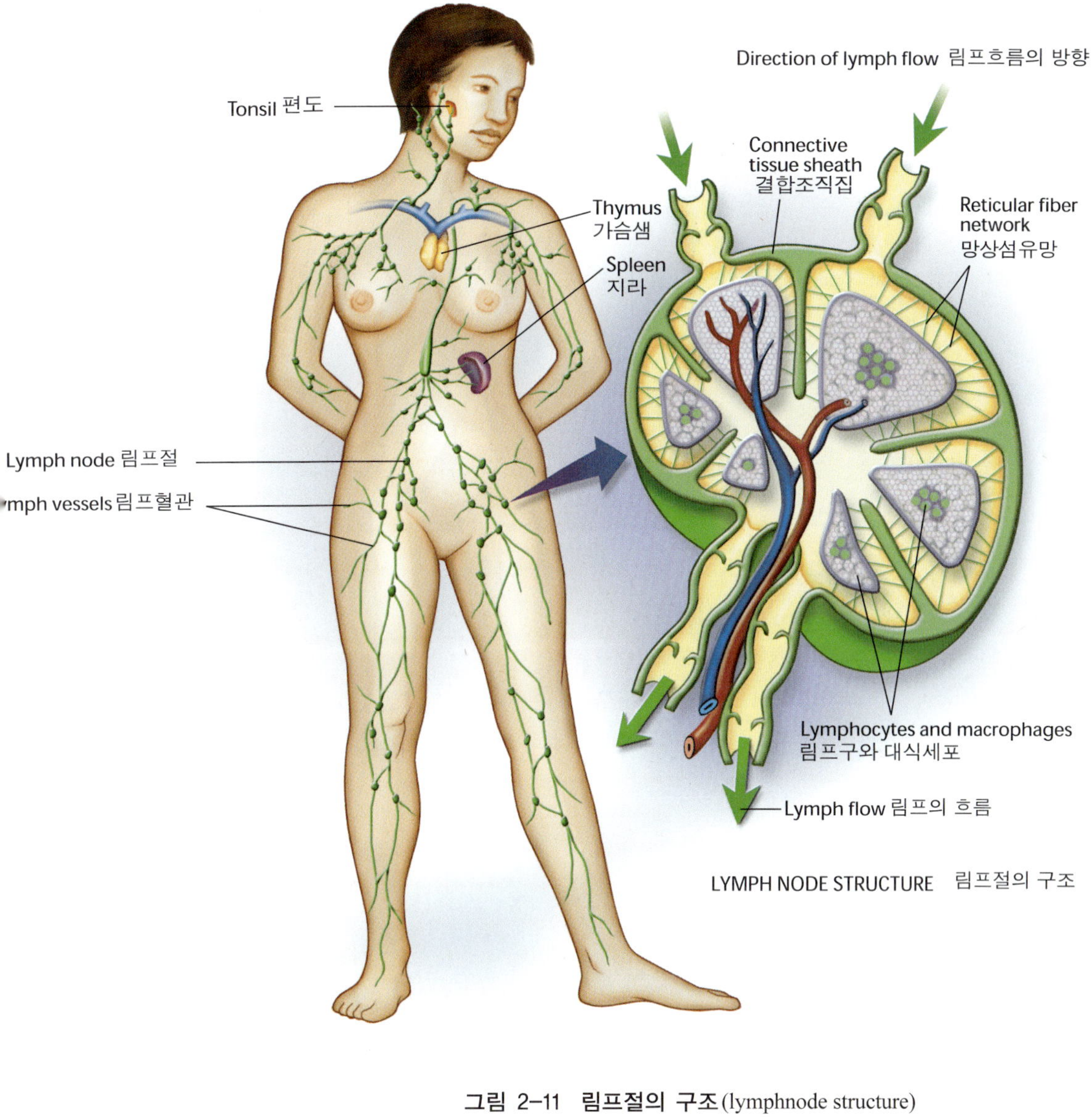

그림 2-11 림프절의 구조(lymphnode structure)

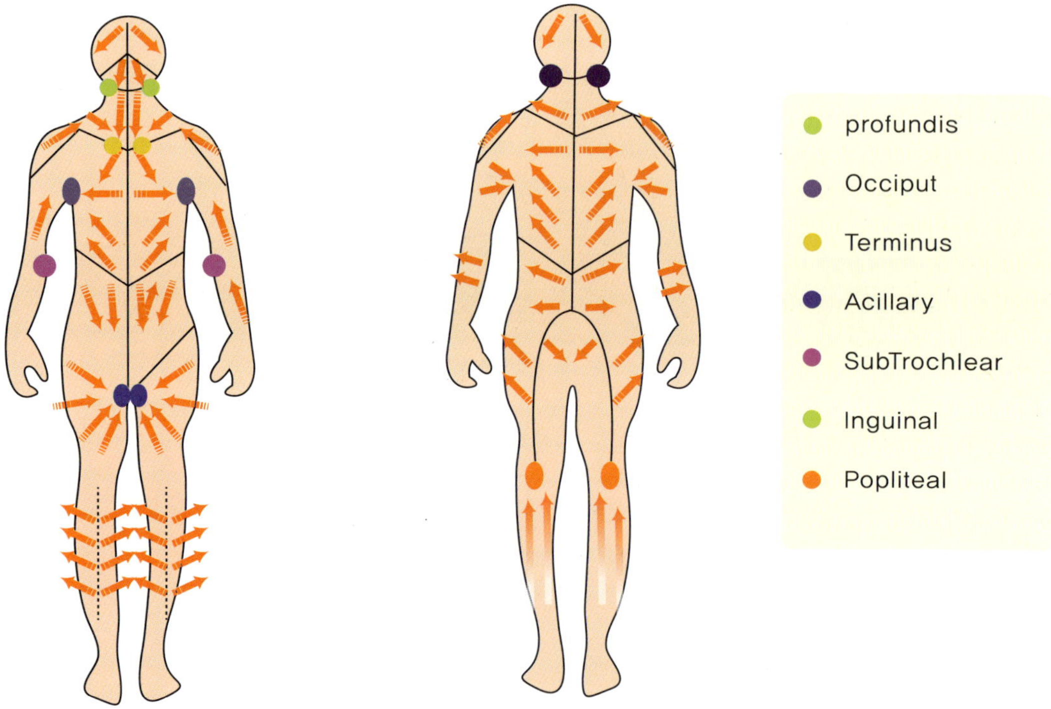

그림 2-12 Watershed Regions

Chapter 3 소독과 위생

- 발 관리실에서의 위생관리
- 발 관리실에서 사용하는 소독법 및 소독기

Chapter 3

소독과 위생

발 관리실에서의 소독과 위생

발 관리실은 깨끗하고 위생적으로 정돈되어 있어야 한다. 발 관리 시 필요한 모든 도구는 손이 닿을 수 있도록 정리되어 있어야 하며 관리에 필요한 도구는 깔끔하게 정돈되어 있어야 한다. 적당한 조명과 정서적으로 안정을 주는 음악이 준비되고 실내 온도를 적절히 조절하여 관리 시 고객이 편안함을 느낄 수 있도록 해야 한다.

이와 관련하여 가장 중요한 것은 발 관리를 직접 시술하는 시술자와 도구 및 주변환경의 위생상태이다. 시술 시 직접적인 피부 접촉에 의한 전염의 위험뿐만 아니라 간접적인 전염이 발생할 수 있으므로 다음 사항을 참조하여 위생 환경에 만전을 기하도록 한다.

Section 1 발 관리실에서의 위생관리

(1) 발 관리사와 집기 위생관리

① 시술자는 깨끗한 위생복을 착용하고 손톱을 짧게 깎는다.

② 시술자는 구취와 체취가 나지 않도록 유의한다.

③ 시술 시 필요한 도구와 기구는 미리 소독해 놓아야 하며, 사용기구와 미사용 기구를 구분해 놓아야 한다.

④ 시술 전 고객의 발은 청결히 정돈한 후에 관리에 들어가도록 한다.

⑤ 오염된 타월은 뚜껑이 있는 통에 넣으며 자비멸균 소독한다.

⑥ 시술자의 손에 상처가 나지 않도록 한다.

⑦ 시술자가 질환을 앓고 있을 때에는 작업을 중지한다.

(2) 발 관리 작업장 위생관리

① 벽, 천장, 바닥, 장비는 항상 깨끗이 정돈되어 있어야 한다.

② 밝고 따뜻하고 환기가 잘 되어야 한다.

③ 배관이 잘 되어 있어야 한다.

④ 모든 쓰레기는 청소 후 뚜껑 있는 용구에 보관한다.

⑤ 발 관리에 사용하는 족탕기, 각탕기, 풋스파 기기는 사용 후 반드시 소독한다.

⑥ 발판, 족문기, 버퍼 등 교차감염 기구는 항상 청결히 소독한다.

Section 2 발 관리실에서 사용하는 소독법 및 소독기

(1) 알코올 소독

스테인레스 바트 등 알코올이 담겨있는 용기에 기구를 담가 두는 소독법으로 손과 발 소독 및 간단 도구 소독과 베드나 트레일 등 비품 소독 시 사용된다.

그림 3-1 알코올 소독 약품 및 기구

(2) 크리스털(Crystal) 소독기

약 220℃~240℃ 온도의 용기 안에 소독할 도구를 몇 초간 담갔다가 꺼낸다. 발 관리에 사용되는 창에나 립버 및 프레저 이외의 다른 금속 기구를 멸균시키는데 사용된다.

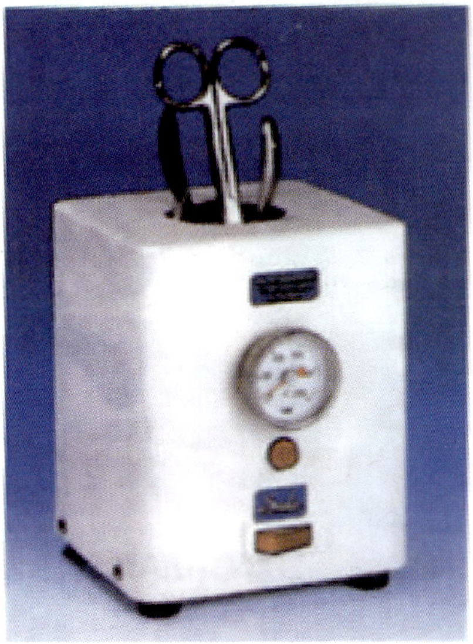

창에와 립버 소독중

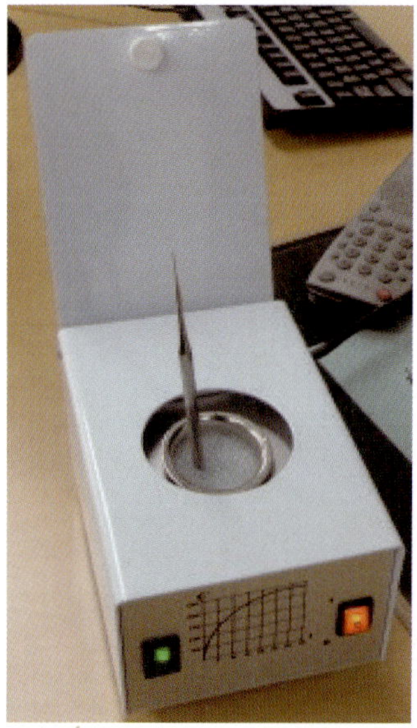

존대 소독중

그림 3-2 소독 모습

(3) 자외선 살균 소독기

발 관리실에서 가장 일반적으로 사용되는 소독기구이다. 공중위생법에서 필수적으로 구비하고 있어야 할 장비이다.

그림 3-3 자외선 살균 소독기

(4) 건열 멸균기

조작이 간단하고 일정 장소를 차지하는 열풍 멸균기는 금속, 유리, 도기, 석기, 유리질 물체의 소독 처리에 적합하다. 180℃의 열풍에 의한 멸균 처리를 하며 전자동으로 소독이 끝나면 자동으로 전원이 꺼진다. 자동 온도조절이 가능하다. 주로 병원에서 사용한다.

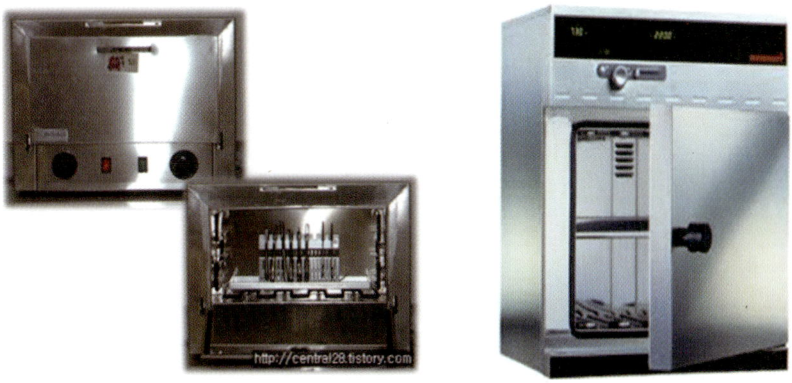

그림 3-4 건열 멸균기

(5) 바이도 쉴드

발 관리를 시작하기 전 시술자 손에 도포한다. 관리 시 시술자의 손에서 옮길 수 있는 균의 감염을 예방할 수 있다. 기기가 아닌 제품이라 사용 시 편리하며 세균감염 예방 효과가 있다.

(6) 손 소독기

관리실 복도에 설치하거나 관리실 안에 설치하여 수시로 손을 소독한다.

그림 3-5 손 소독기

Chapter 4 정맥 매뉴얼 테크닉

- 발 정맥 매뉴얼 테크닉 이론
- 정맥 매뉴얼 테크닉 A형
- 정맥 매뉴얼 테크닉 B형

Chapter 4

발 정맥 매뉴얼 테크닉

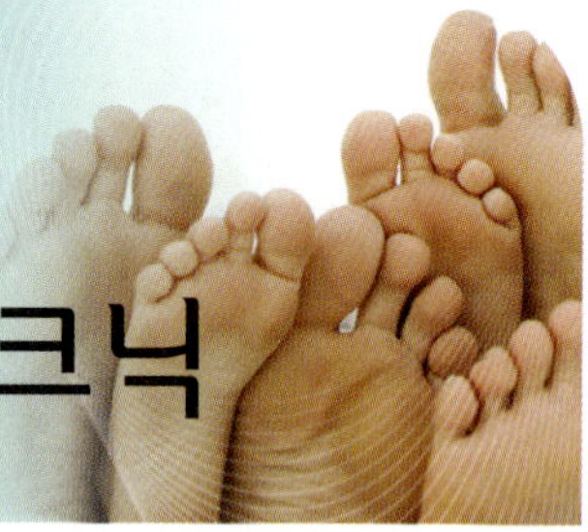

Section 1 발 정맥 매뉴얼테크닉

1. 정맥 매뉴얼테크닉 정의

정맥의 흐름을 원활하게 하기 위하여 피부나 근육조직을 손을 이용하여 문지르거나 주무르는 것을 뜻한다. 손으로 할 수 있는 마찰이나 유찰 등의 방법으로 신체의 외부조직에 치료적, 이완적, 위생적 목적으로 실행한다.(Douglas Graham, 1884) 독일의 알베르트 호프만(Albert Hoffman, 1859~1907)은 질병을 치료할 수 있도록 손으로 하는 일련의 조작(maniplation)이라 하였고 자블루도우스키(J.B. Zabludowski, 1851~1906)는 숙달되고 솜씨 있는 손놀림을 체계적으로 몸에 적용하는 것이라 했으며, 게트루트 비어드(Gertrude Beard, 1887~1971)는 신체의 부드러운 조직에 손동작으로 주무르는 것이라고 정의하였다.

이러한 정맥 매뉴얼테크닉의 동작은 신경계 및 호흡계의 국소적 혹은 전체적 혈액순환에 효과적인 도움을 줄 수 있다고 하였다.

2. 매뉴얼테크닉의 기본동작

(1) 경찰법(effleurage, 쓰다듬기)

테크닉을 시작할 때와 끝날 때 주로 사용된다. 느리고 가볍게 쓰다듬는 동작으로 피부의 휴식을 돕고 혈액순환을 촉진시키는 데 효과가 있을 뿐만 아니라 림프순환에도 도움을 준다.

(2) 유연법(petrissager, 주무르기)

피부에 움직임을 주는 강한 동작으로 근육을 반죽하듯이 주무르거나 누르는 동작이다.

(3) 고타법(tapotement or percussion)

혈액순환을 촉진시키고 탄력성을 높여준다. 손바닥이나 손가락 끝을 이용해 빠르면서 리드미컬한 동작으로 두드려 주는 동작을 말한다.

(4) 강찰법(friction, 마찰법)

손가락을 이용하여 근육을 주무르거나 피부에 원을 그려 문지르는 동작으로 근육 및 근막조직을 신장시키고 관절 주위의 혈액순환을 촉진시키는 효과가 있다.

(5) 신전법(stroking)

주로 관절부위를 잡아 늘이거나 강한 자극을 주는 동작이다.

(6) 진동법(vibration)

근육이나 신체를 부분적으로 흔들어 주는 방법으로 조직에 진동 자극을 주어 혈액확장과 근육 이완의 효과를 줄 수 있다.

(7) 압박법(compression)

시술부위에 대고 엄지손가락을 이용하거나 손바닥을 이용해 누르는 동작으로 손바닥을 겹쳐 누르기도 한다. 관리자는 고객과 호흡을 같이 하며 시술한다.

3. 매뉴얼테크닉의 구성요소

① 방향 (direction)

② 압력 (pressure)

③ 속도와 리듬 (rate and rhythm)

④ 밀착 (with body)

⑤ 매개체 (media)

4. 매뉴얼테크닉의 종류

① 얼굴 매뉴얼테크닉 (facial massage) : 얼굴, 목, 가슴 포함

② 등 매뉴얼테크닉 (back massage) : 경추, 흉추, 요추, 미골 포함

③ 복부 매뉴얼테크닉 (abdomen massage) : 소화기 계통 장기 포함

④ 가슴 매뉴얼테크닉 (breast massage) : 유방, 흉부 포함

⑤ 장골 매뉴얼테크닉 (pelvis massage) : 골반, 미골 포함

⑥ 종아리 매뉴얼테크닉 (leg massage) : 발목에서 대퇴부까지 포함

⑦ 발 매뉴얼테크닉 (foot massage) : 26개 발뼈 관련 부분, 족저, 발등, 발목 포함

⑧ 팔 매뉴얼테크닉 (arm massage) : 팔목에서 어깨까지 포함

⑨ 손 매뉴얼테크닉 (hand massage) : 손가락, 손바닥, 손등 포함

5. 시술자의 자세

① 개인위생을 청결하게 한다. (깔끔한 헤어스타일, 짧은 손톱, 구취제거)

② 시술자의 손의 온도는 차거나 뜨겁지 않도록 한다.

③ 시술자의 위생복은 타이트하게 입지 않는다.

④ 긴장을 푼 자세로 시술에 임한다.

⑤ 단계적으로 부드럽고 리드미컬하게 테크닉을 수행한다.

⑥ 테크닉을 수행하는 부위에 따라서 시술자의 체중을 이용하여 자세와 위치를 바꾸어가며 수행한다.

6. 매뉴얼테크닉의 효과

① 혈액순환 및 림프순환 촉진 효과

② 근육의 긴장 이완

③ 근육이나 신경의 흥분작용 및 진정작용

④ 조직의 유연성 증가

⑤ 세라토닌 호르몬증가

⑥ 물질교환 현상 촉진

⑦ 스트레스 해소 및 안정감

7. 발 관리사의 조건과 준비작업

(1) 침대 상태

깨끗하고 위생적인 시트와 담요 및 타올 등을 준비해 놓는다. 시트는 일회용 시트를 사용하며 계절에 따라 담요의 소재를 선택하고 실내 온도에 따라 두께를 결정한다. 타월은 면소재를 사용하며 위생적으로 관리한다.

(2) 웨건 세팅(Wagon Setting)

발 관리 제품과 도구들을 정리한다.

① 소독제 : 관리사의 손 소독과 고객의 발 소독, 그리고 도구 소독 시 사용

② 미용솜 : 소독 등 용도에 따라 사용하며 편리한 크기로 잘라 사용

③ 가 위 : 거즈나 미용솜 등을 절단할 때 사용되며 사용 후에 소독하여 보관

④ 스파츌라 : 제품이 손에 직접 닿지 않게 사용하는 도구

⑤ 발톱깎이(창에) : 발톱을 자르는 도구

⑥ 줄 : 발톱을 제거한 후 울퉁불퉁한 면을 제거하는 도구로 사용

⑦ 크레도(credo) : 굳은살을 제거할 때 사용 (1인 1회)

⑧ 버퍼(buffer) : 굳은살이나 각질을 제거할 때 사용

*사용 후 관리 – 강모 브러시로 남아있는 각질을 털어내고 흐르는 물에 깨끗하게 세척 후 소독함

⑨ 지압봉 : 발 반사요법 시 사용하며 나무 또는 물소 뼈로 된 도구를 사용
*사용 후에는 잘 세척하여 건조시킨 후 소독
*나무지압봉을 사용할 경우에는 고객 전용으로 사용

⑩ 토너(toner) : 살균·소염작용이 있는 발 전용 스프레이 형태를 사용

⑪ 발 각질제거제(scrub) : 발에 있는 각질을 제거하여 피부를 부드럽게 해 줌

⑫ 발 마사지 크림 : 소량의 살균작용이 있고 혈액순환과 보습에도 효과가 있음

⑬ 발 영양 크림 : 관리 후 하지에 필요한 영양성분과 보습효과가 있음

⑭ 티슈(tissue) : 유분기 제거 시 사용되며 향과 색상이 없는 부드러운 것을 사용함

⑮ 해면 : 발 각질 제거제(scrub) 사용함

⑯ 타월(towel) : 온습포와 냉습포, 마른 타월로 준비

(3) 발관리 제품들

① 족욕, 각탕 (Foot Bath)

살균 소독및 혈액순환을 돕는다.

- 적응증
  냄새나는 발, 무좀 있는 발, 땀나는 발, 시리고 저린 발, 열나는 발
- 사용법
  발관리의 첫 단계에 사용되며, 각탕용 Foot Bath나 옴니스파에 40~43℃ 물을 부은 후 입욕제 (아로마솔트, aroma solt)를 풀어 10~15분간 발을 담근다. 발에 있는 세균을 소독할 수 있으며 발의 각질을 부드럽게 해 주고 혈액순환을 촉진시켜준다.

② 풋 크림 (Foot Cream)

끈적임이 없고 발의 혈액순환을 돕는다. 정맥 매뉴얼테크닉을 수행할 때 사용한다.

③ 민트계열의 풋 크림 (Foot Cream, 발 전용크림)

열이 나는 발이나 축축하고 냄새나는 발을 시원하고 상쾌하게 해주는 발 전용 크림으로 민트계열의 아로마오일이 함유된 발 전용크림이다.

④ 풋 스프레이 (Foot Spray)

발 냄새를 제거하며 일시적인 소독 효과가 있는 제품을 사용한다. 후끈거리고 작열감이 있는 발, 갈라진 발뒤꿈치의 각질을 부드럽게 하는 데 효과가 있다. 민트계열의 아로마오일이나 살균작용을 하는 티트리 아로마오일 성분이 들어가 있다.

(4) 발전용제품에 들어 있는 성분들

① 카모마일 오일 (Chamomille oil)

높은 청량효과와 방취작용, 0.2%의 순수한 카모마일 정유와 0.015%의 아즈린과 카모마일꽃의 액용 성분이 함유되어 있다.

② 아쥴렌 (Azulene)

염증 방지, 소염작용, 카모마일 1:1 비율 (1ℓ의 꽃 = 1g의 오일) 더러워진 상처, 과민한 피부, 염증 예방작용

③ 카모마일 증류액

카모마일 꽃의 알콜 엑기스

④ 비사보롤 (Bisabolol)

독일 카밀레(German Chamomile) 등의 식물에서 추출하여 정제로 얻은 알코올로 카모마일의 효과가 가장 강한 성분이며, 비사보롤은 부패방지작용, 활성작용을 한다.

⑤ 하마멜리스 (Hamamelis virgimia)

북미에서 번식. 나무껍질과 잎을 사용하며 수렴작용, 가벼운 살균작용, 활성작용을 한다.

⑥ 멜리사 오일 (Melissa officinalis oil)

대체적으로는 발칸산으로 진정 및 강한 살균작용을 한다.

⑦ 카렌듈라 오일 (Calendula oil)

금잔화 진액으로, 건조한 피부, 거칠며 각질이 일어난 피부 보호 및 매끈매끈하게 하는 효과가 있다.

⑧ 백리향

상처의 세균을 약하게 하는 작용이 있는 사포닌은 진균의 번식을 방지하고 항생작용을 한다.

⑨ 알란토인 (Allantoin)

알란토인은 과민화 작용이 없고 치유력이 있어 가려움증을 없애준다. 부드럽고 유연한 피부로 만들어 주며 알레르기 방지와 세포증식 및 조직 성장 촉진을 한다.

⑩ d−캠퍼 (d-camper)

가벼운 청량효과와 살균, 가려움증 완화작용, 독특한 향을 가진다.

⑪ L−멘톨 (L-menthol)

개운하고 상쾌한 기분을 갖게 하며 혈행 촉진, 냉각작용을 한다.

⑫ 바이오 유황액

10%의 유기합성 성분을 함유하고 5%의 Na 필로티온에 의해 균정작용을 갖는다. 여드름이나 비듬증 피부에 좋은 효과가 있다.

⑬ 로크론(알루미늄 수산화염화물)

피부 표면의 땀샘에서 땀이 유출되는 것을 막고 땀을 분해하는 세균 살균을 돕는다. 또한 땀의 분해 시 악취를 발생시키는 성분을 흡수한다.

Section 2 정맥 매뉴얼 테크닉 A형

테크닉 순서 및 방법

제일 먼저 시술자의 손을 소독한 후 고객의 발을 깨끗이 소독한다.

고객의 발등, 발바닥, 발가락 사이 사이에 발전용 스프레이를 뿌려준 후 솜으로 닦아준다.

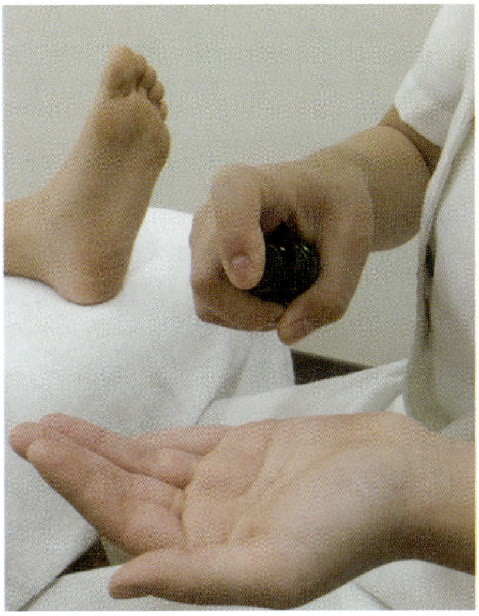

손 소독

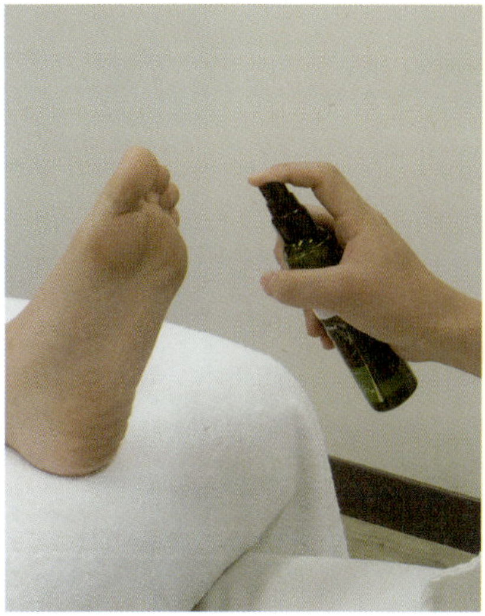

발 소독

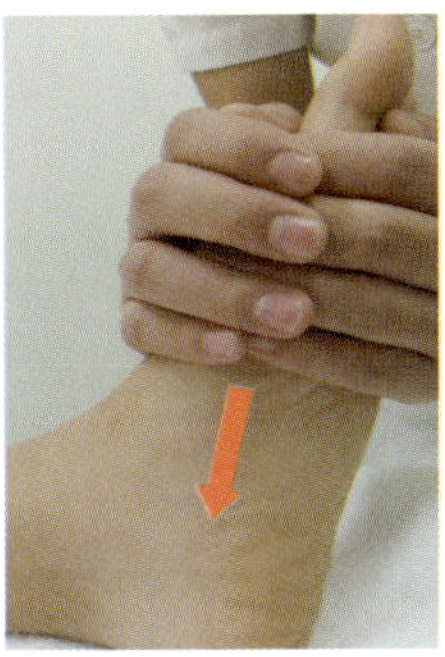

① 발등과 발바닥 쓰다듬기 – 3회

발등과 발바닥을 양손으로 감싸서 손을 밀착시킨 후 발 전체를 쓸어 내려준다.(강약조절).

시술자의 자세 : 선 자세로 다리는 어깨넓이 이상 안정감 있게 벌려 준다.

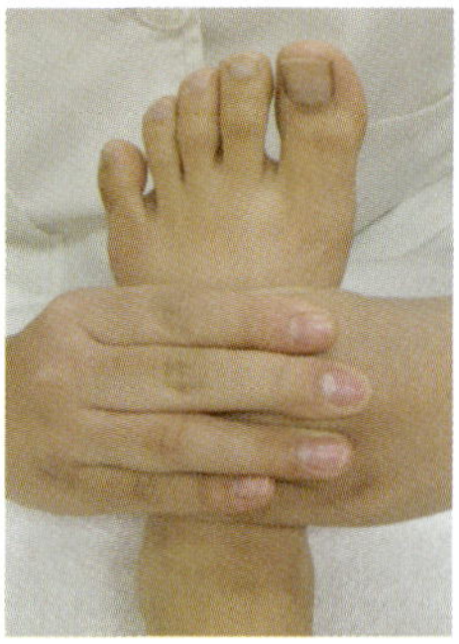

② 발 내외측 쓰다듬기 – 3회

양손을 맞잡고 발의 내측과 외측을 조여주듯이 쓸어내린다.

시술자의 자세 : 고객의 정면에 서서 수행한다.
발 뒤꿈치까지 쓸어내리며 시술자의 무게 중심을 앞으로 가게 하기 위하여 한쪽 발을 앞으로 한다.

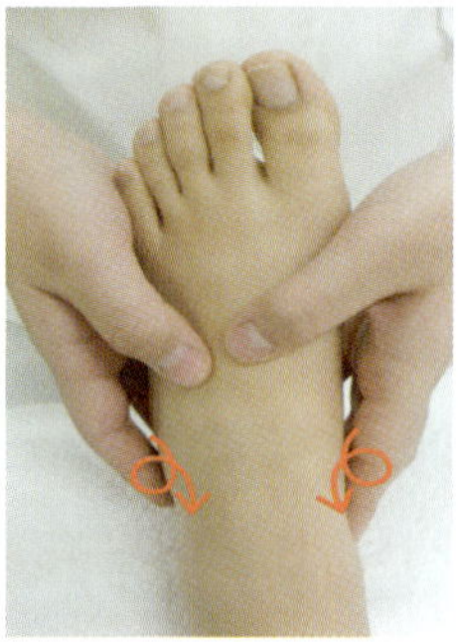

③ 복숭아뼈 둘레 원 돌리기 – 3회

장지와 약지를 이용하여 복사뼈 둘레를 돌려준다

복사뼈 둘레를 큰 원을 그리며 굴려 준다. (강약조절)

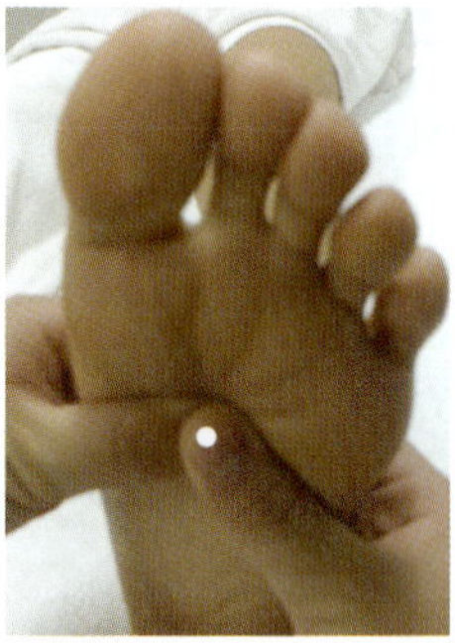

④ 용천혈 누르기 – 3회

엄지를 이용하여 용천혈을 천천히 누른다.(강약조절)

시술자의 자세 : 고객을 정면으로 바라본 위치에서 한쪽 무릎은 바닥에 대고 한쪽 다리는 90도로 세운 후 수행한다.

a) 엄지를 포개어 용천혈 위치에 놓은 후 누른다.
b) 엄지로 발바닥 정중앙선을 쓸어내린다.

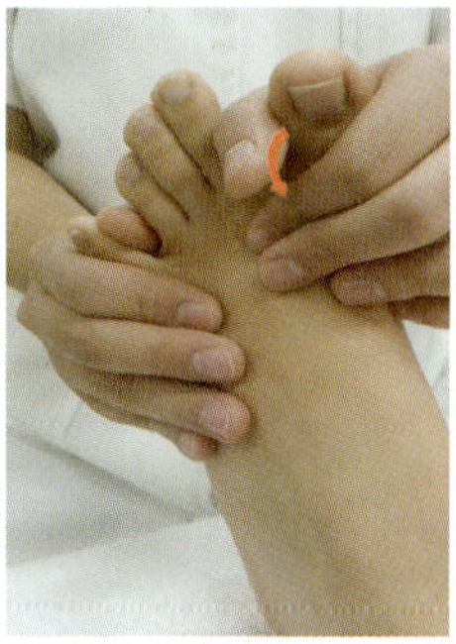

⑤ 발가락 사이 풀어주기 – 3회

발가락 사이를 엄지를 이용하여 지그재그로 쓰다듬기 한다.

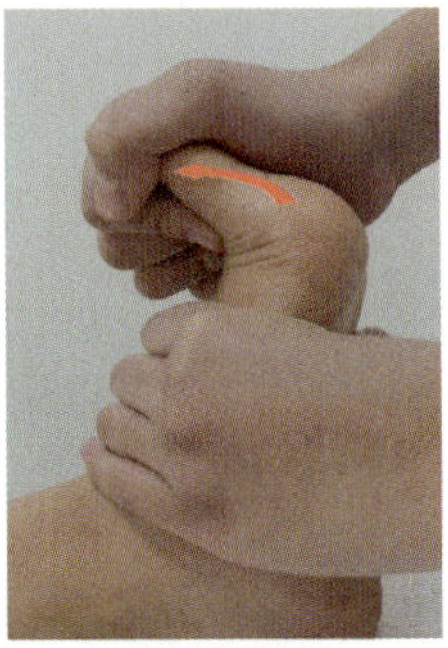

⑥ 발가락 젖히기 – 3회

왼손으로 발등과 발바닥을 고정시킨 후 오른손을 이용하여 발가락을 발등 쪽으로 뒤로 젖혀준다

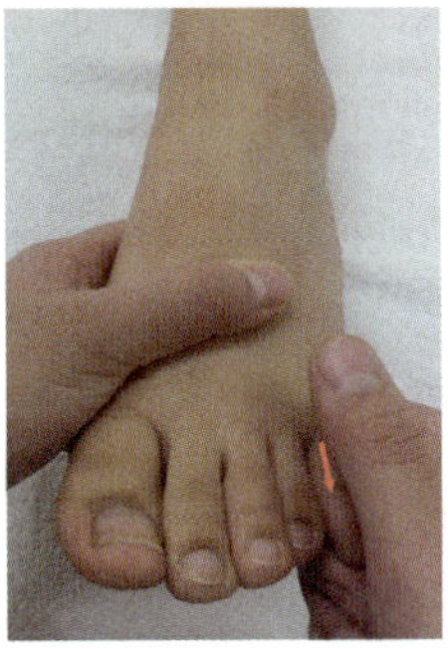

⑦ 발가락 뽑기 – 1회

검지와 중지로 발가락을 잡고 발가락을 뽑는다. (강약조절)

자세 : 무릎을 꿇은 상태에서 ⑤~⑦까지 연결하며 일어선다.

* ①번부터 ⑦번까지의 테크닉을 기본 테크닉이라 한다. 가장 많이 수행하는 테크닉이다.

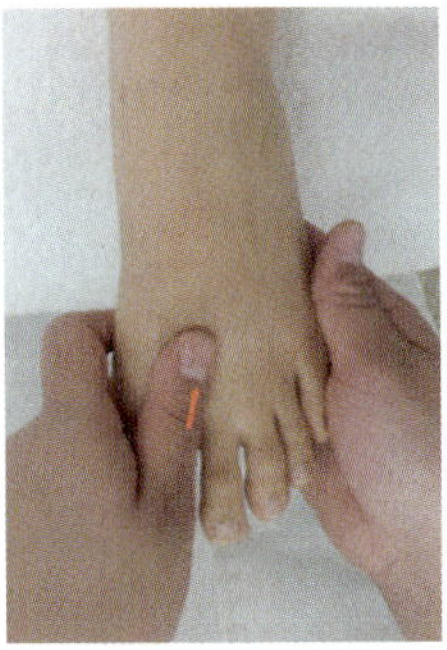

⑧ 가슴 림프 반사구 풀어주기 – 3, 3, 3

엄지손가락의 측면을 이용하여 발등의 제 1, 제 2 중족골와 제 3, 제 4 중족골 사이를 심장 방향으로 밀어 준다.

시술자의 자세 : 고객의 정면 위치에서 무게 중심을 앞쪽으로 향하게 한다. (횟수 9회) (위치 : 상부, 림프선, 식도)

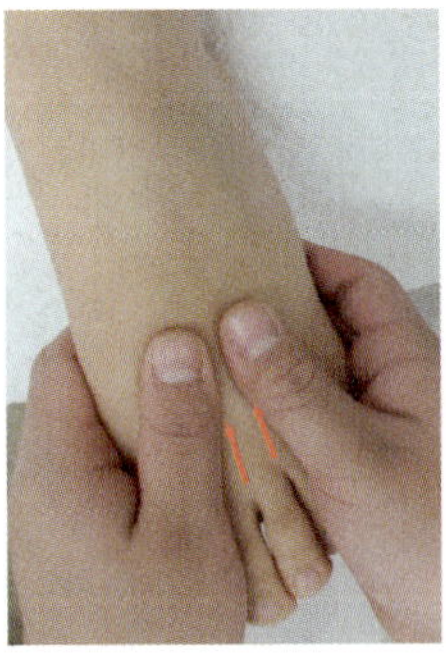

⑨ 가슴 림프 반사구 풀어주기

⑧번과 동일한 방법으로 발등의 제 2, 제 3 중족골 사이를 밀어 준다.

(횟수 9회) (반사구 : 흉부, 림프부위)

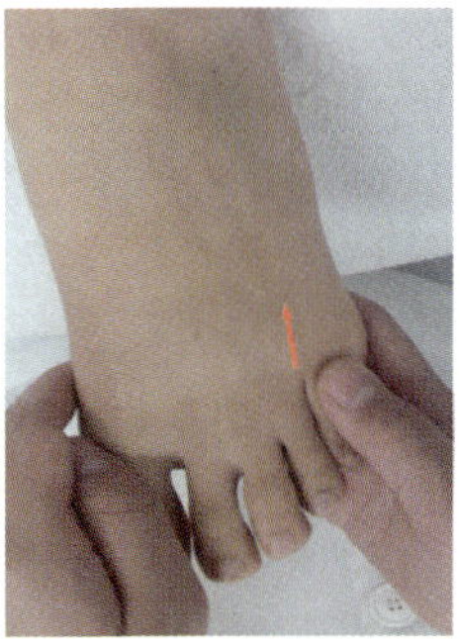

⑩ 가슴 림프 반사구 풀어주기

⑧번과 동일한 방법으로 발등의 제 3, 제 4 중족골 사이를 밀어 준다.

(횟수 9회) (반사구 : 평형, 감각기관 반사부위)

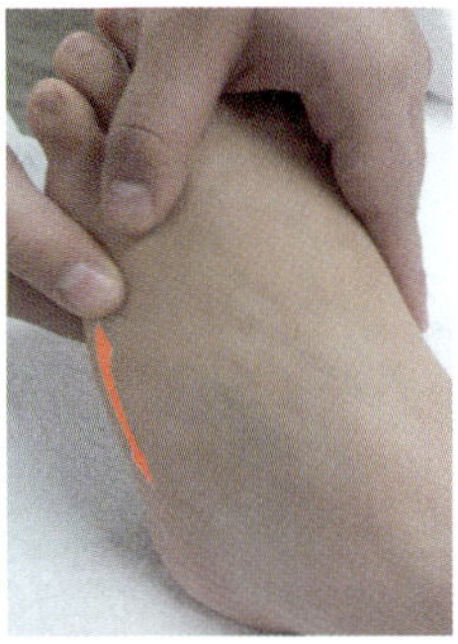

⑪ 발의 외측 쓸어 올리기(아웃 사이드) (횟수3회)

- 새끼발가락 끝나는 위치에 엄지손가락을 마주 보게 한다.
  (반사구 : 어깨, 팔, 팔관절, 고관절, 다리반사구)

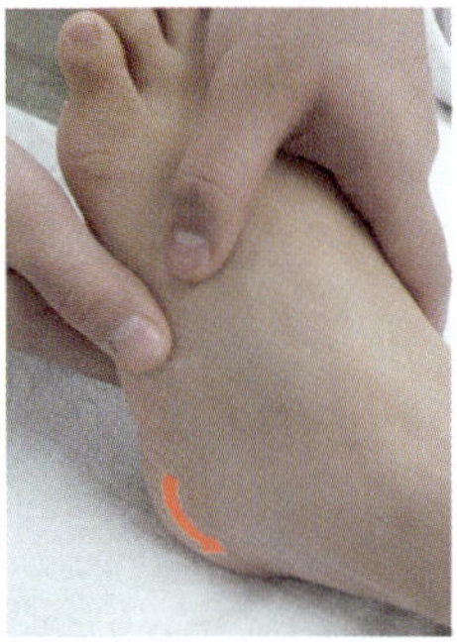

- 발바닥 가까이 위치한 엄지를 이용하여 미골반 가구 위치까지 쓸어 올린다.

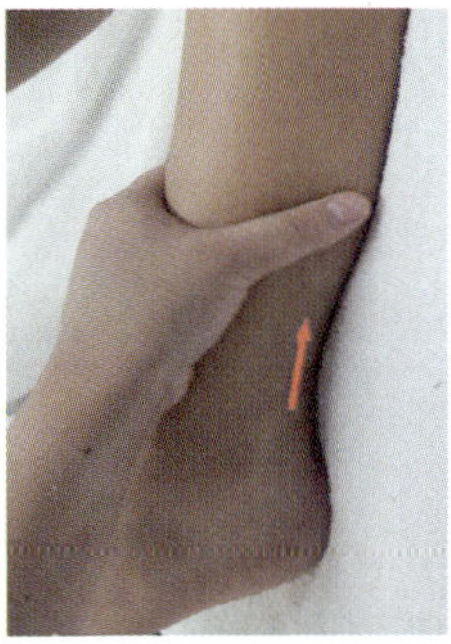

- 손으로 좌골신경을 따라 올라가 슬와부(무릎 아래부위)에서 끝낸다.

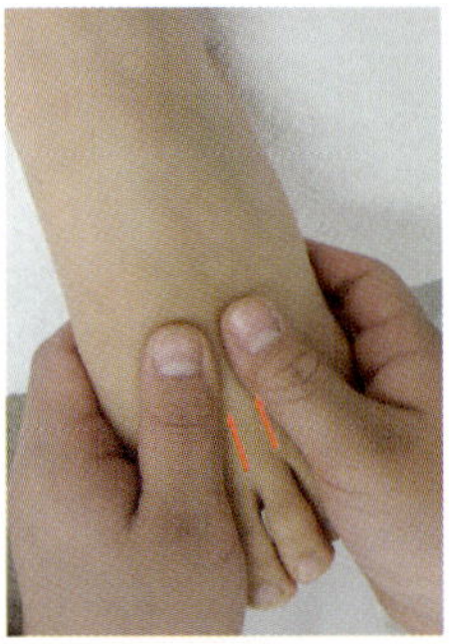

⑫ 발의 내측 쓸어 올리기 (인 사이드) (횟수 3회)

* 아웃사이드 동작과 인사이드 동작의 연결동작 이다.

⑨번 동작 반복 – 발등의 제 2, 제 3 중족골 사이를 밀어 준다.

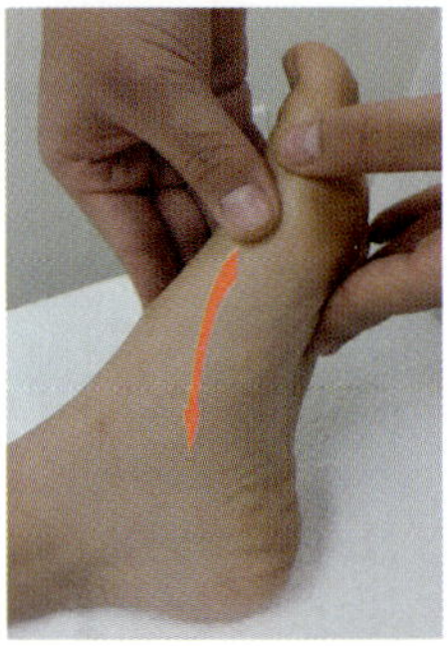

⑬ 발의 내측(척추반사구) 쓸어 올리기 (횟수 3회)

• 엄지발가락 끝나는 위치에서 엄지손가락을 마주 보게 한다.

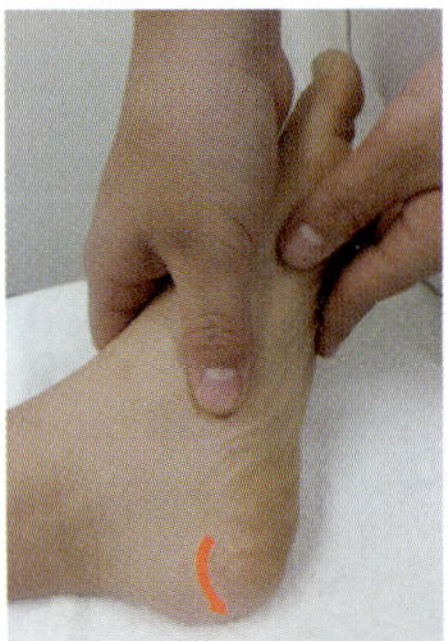

• 발바닥 가까이 위치한 엄지를 이용하여 미골반사구 위치까지 쓸어 올린다.

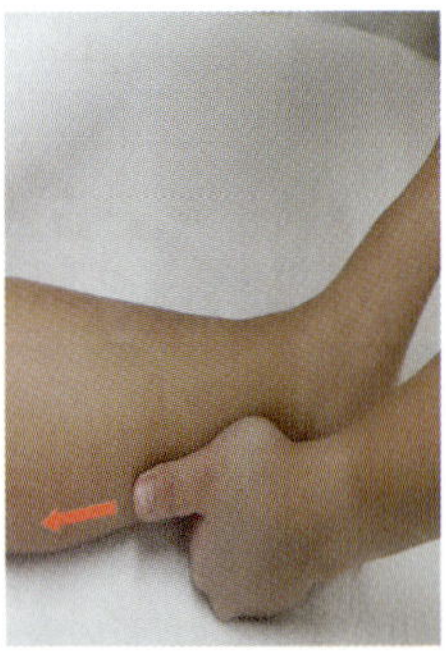

• 손으로 좌골신경을 따라 올라간 후에 슬와부에서 끝낸다.

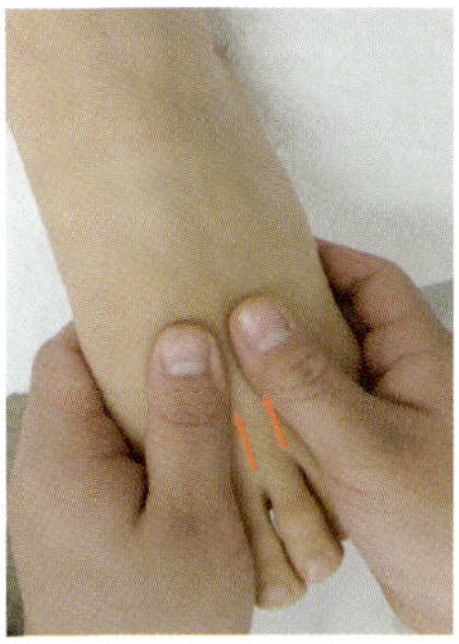

⑭ ⑨번 동작 반복

발등의 제 2, 제 3 중족골 사이를 밀어 준다.

* 아웃사이드 동작과 인사이드 동작의 연결동작이다.

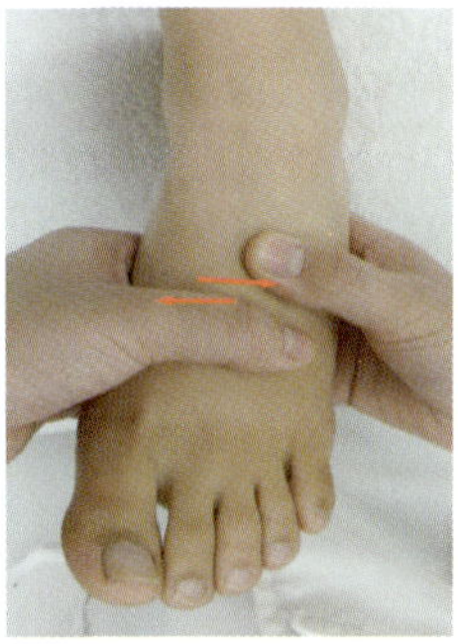

⑮ 횡격막 쓸어주기

엄지손가락이 올라갈 때는 강하게, 내려올 때는 약하게 내려온다(강약조절).

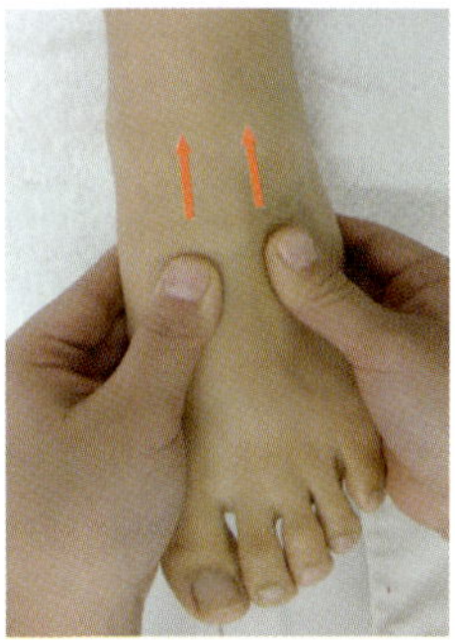

⑯ 서혜부 반사구 부위 쓰다듬기 (발목 쓸어 올리기)

: 엄지손가락의 지문을 이용하여 올라갈 때는 강하게 하고 내려올 때는 약하게 하여 쓸어 올린다(횟수 9회).

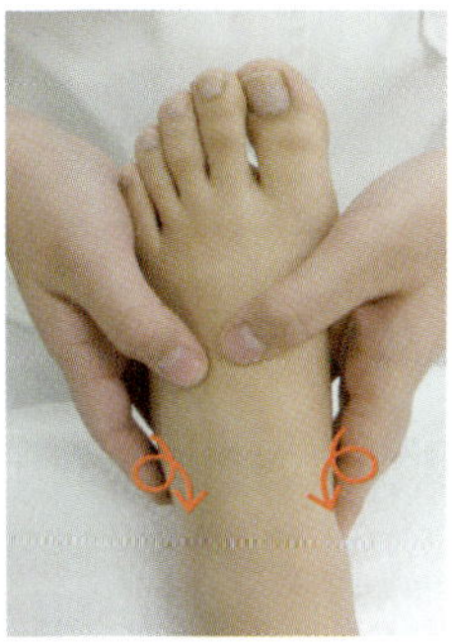

⑰ 복숭아 뼈 원 돌리기

③번 동작 반복

복사뼈 둘레를 4지 손가락 끝으로 돌려 준다.

손가락 2, 3, 4지의 지문을 이용하여 복사뼈 둘레를 큰 원을 그리며 굴려 준다(강약조절).

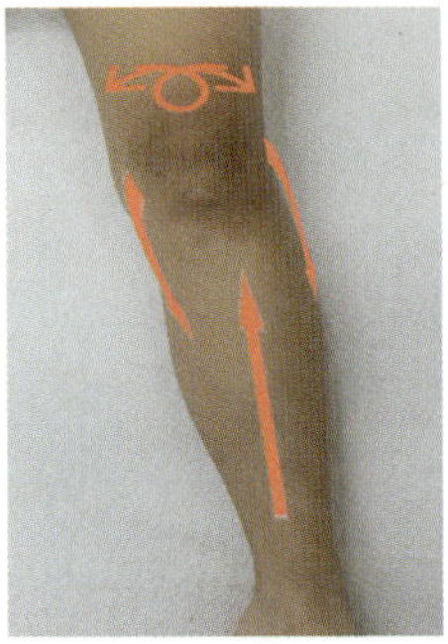

⑱ 하지 깊게 쓰다듬기

양손을 포개서 손바닥을 이용해 발목에서 시작하여 대퇴부까지 쓸어 올리기 (횟수 3회)(강약조절).

시술자의 자세 : 시술자의 위치는 모델의 옆으로 서서 시행한다.

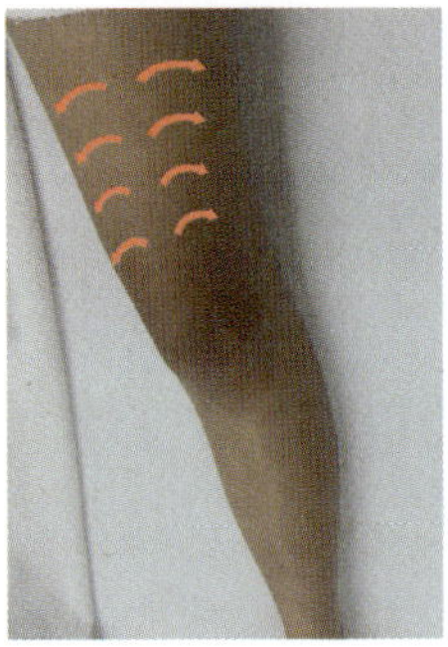

⑲ 무릎 위 풀어주기

엄지손가락을 이용하여 대퇴부를 수영방향(안→밖)으로 대퇴부를 쓸어준다. (횟수3회)

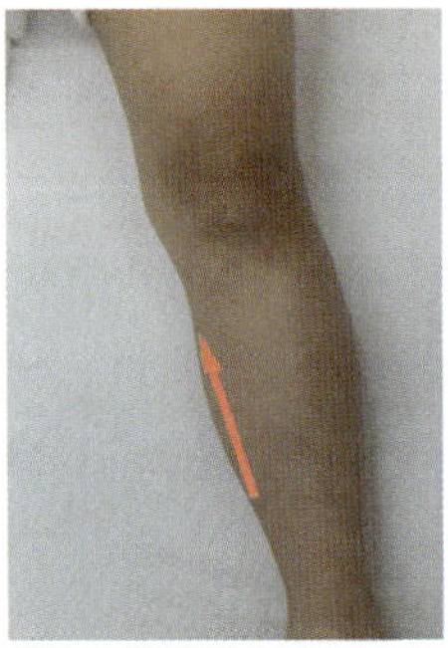

⑳ 내측 좌골신경 풀어주기

뼈를 누르지 않도록 주의하고 발목에서 무릎까지 내측 쪽에서 쓸어 올렸다가 내린다(강약동작).

발에 고인 정맥혈을 손으로 퍼올리는 듯한 동작으로 시행한다.

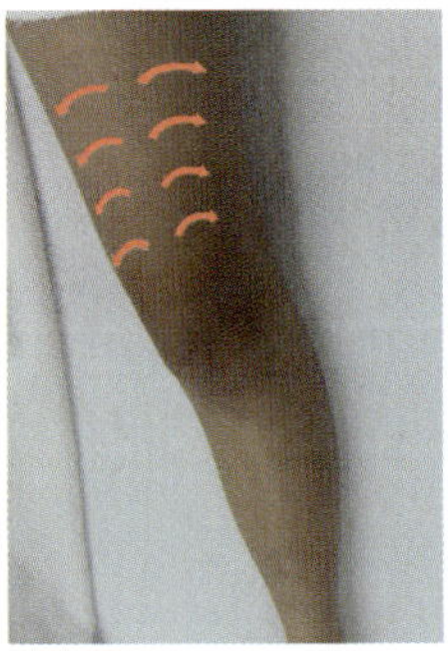

㉑ 엄지손가락을 이용하여 대퇴부를 수영방향(안→밖)으로 교차하여 문지른다.

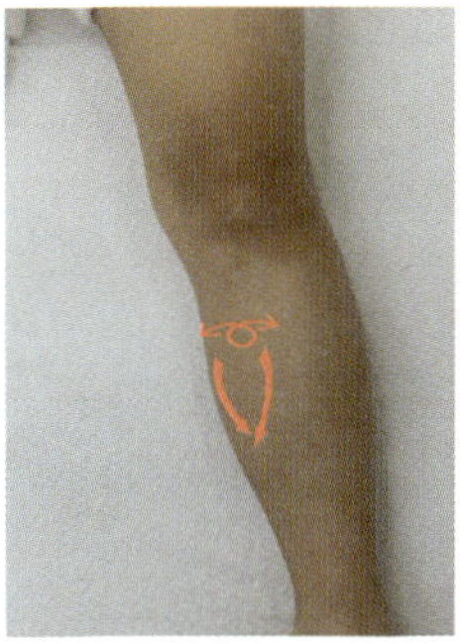

㉒ **경골(정강이뼈)을 중심으로 내측과 외측 부위에 하트 모양을 길게 그려 준다(횟수 3회).**

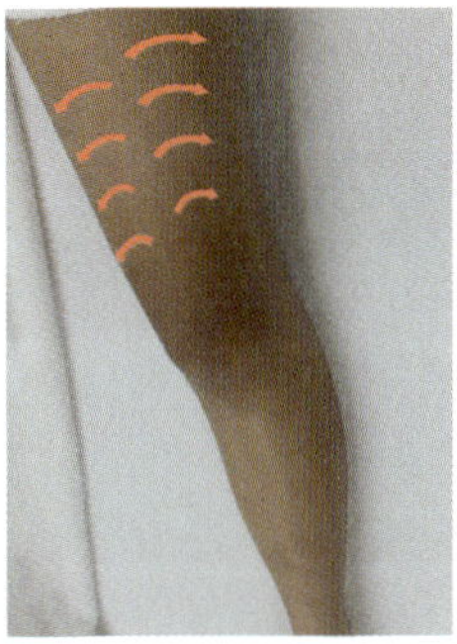

㉓ **⑲번 동작 반복**

무릎 위에서 엄지를 이용하여 수영방향(안→밖)으로 대퇴부를 쓸어 준다(횟수 3회).

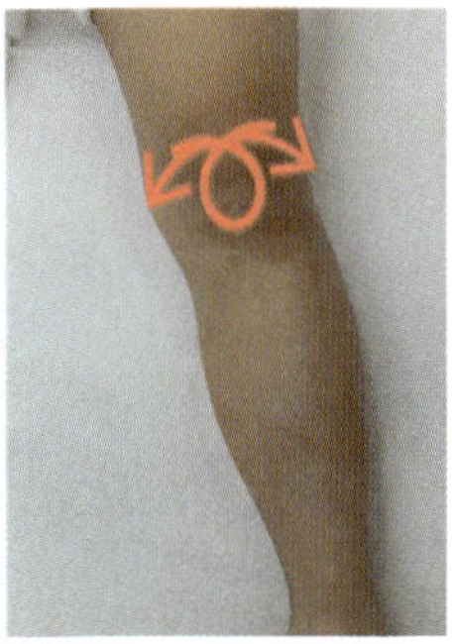

㉔ **무릎 뼈 원돌리기**

슬개골(무릎둘레)주위를 양손 엄지손가락을 이용하여 원을 그리듯이 돌려 준다. (횟수3회)

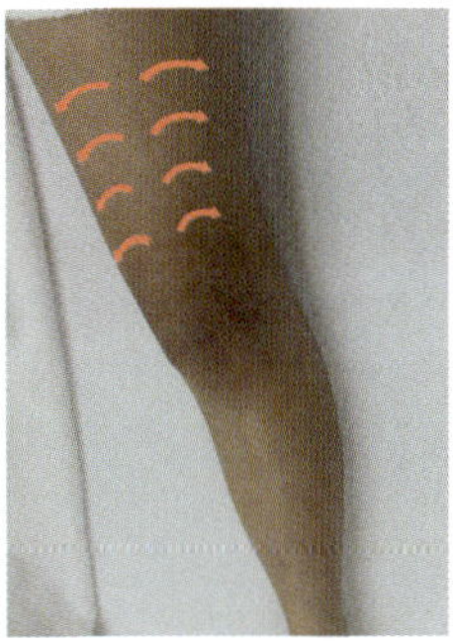

㉕ **⑲번 동작 반복**

무릎 위에서 엄지를 이용하여 수영방향(안→밖)으로 대퇴부를 쓸어 준다(횟수 3회).

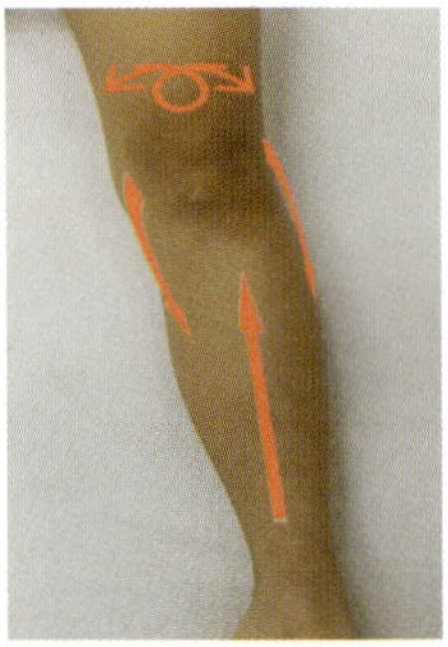

㉖ **슬와부 림프절 풀어주기**

⑱번 동작을 반복하면서 슬와부(무릎뒤)를 원을 그려주며 아킬레스건을 엄지손가락을 이용하여 맞잡고 올려 준다. (강약동작)

시술자 위치 : 고객의 측면에서 테크닉을 수행한다.

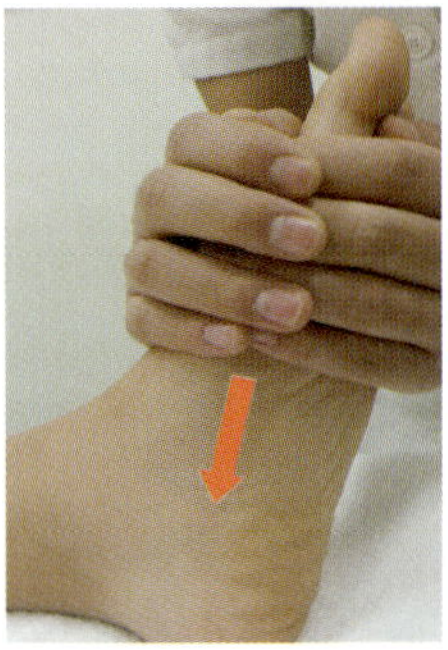

㉗ **발등과 발바닥 쓰다듬기 (①번 테크닉)**

①번 동작 반복 (횟수3회)

발등과 발바닥을 양손으로 감싸 손을 밀착 후 발 전체를 훑어주며 쓸어 내려 준다. (강약조절)

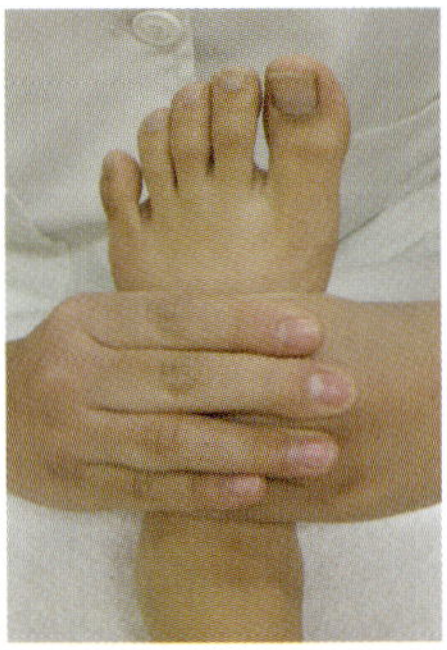

㉘ **발의 내측과 외측 쓰다듬기 (②번 테크닉)**

②번 동작 반복 (횟수 3회)

양손을 맞잡고 발의 내측과 외측을 조여 주듯이 쓸어내린다.

발 뒤꿈치까지 쓸어내리며 시술자의 무게 중심을 앞으로 가게 하기 위하여 한쪽 발을 앞으로 한다.

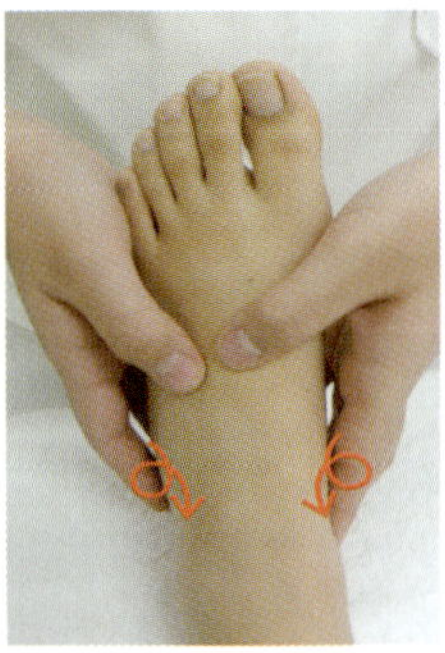

㉙ **복숭아뼈 둘레 원 돌리기 (③번 테크닉)**

③번 동작 반복 (횟수 3회) 복사뼈 둘레를 돌려 준다.

손가락 2, 3, 4지의 지문을 이용하여 복사뼈 둘레를 큰원을 그리며 굴려 준다.(강약조절)

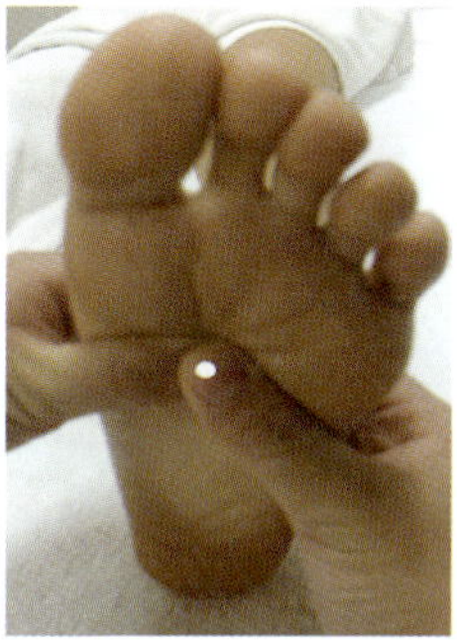

㉚ 용천혈 누르기 (④번 테크닉)

④번 동작 반복 (횟수 3회) (강약조절)

발바닥이 보이도록 무릎을 꿇고 앉아서 발바닥의 중앙부위인 용천을 3초 이상 엄지를 교차하여 눌러준다

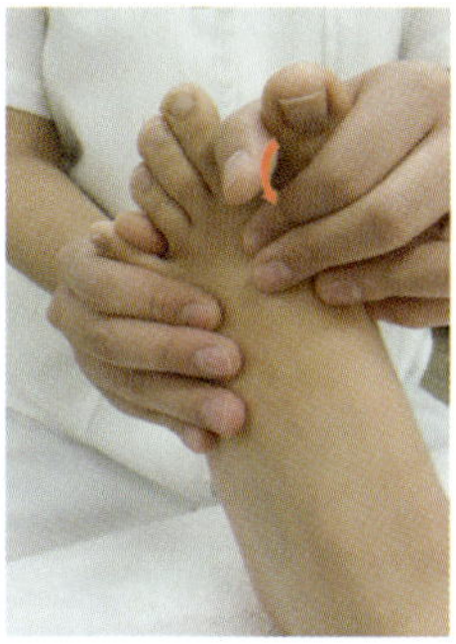

㉛ 발가락 사이 가슴 림프구 풀어주기 (⑤번 테크닉)

⑤번 동작 반복 (횟수 3회) (강약조절)

발가락 사이에 엄지를 끼운 후 지그시 누른다

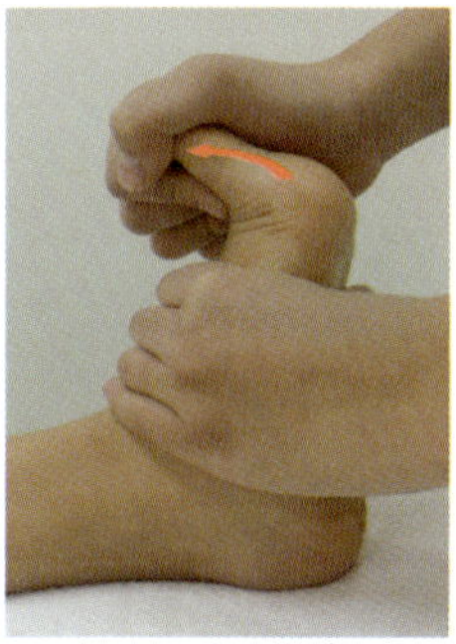

㉜ 발가락 젖히기 (⑥번 테크닉)

왼손으로 발등과 발바닥을 고정시킨 후 오른손을 이용하여 발가락을 발등 쪽으로 뒤로 젖혀준다

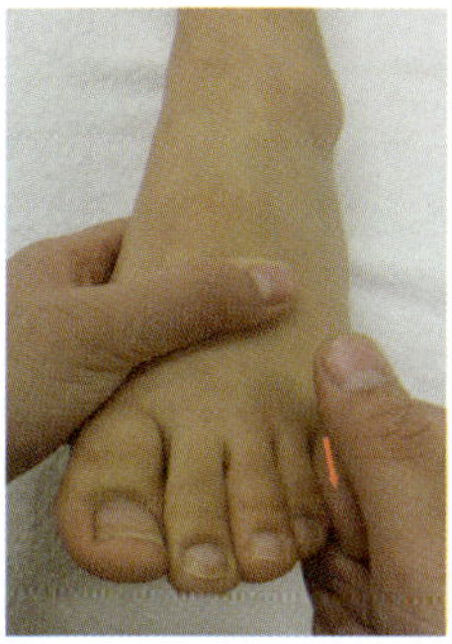

㉝ 발가락 뽑기 (⑦번 테크닉)

검지와 중지로 발가락을 잡고 발가락을 뽑는다 (강약조절)

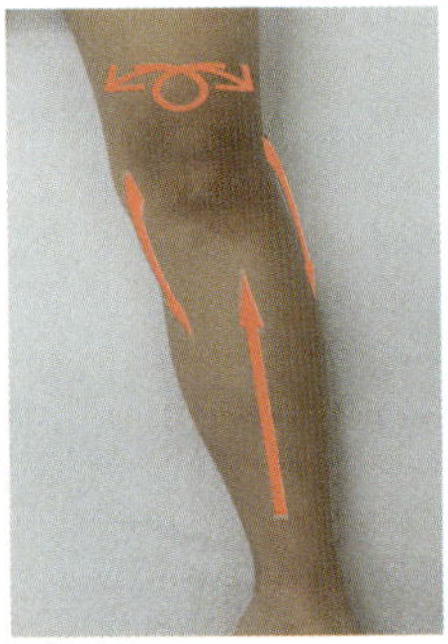

㉞ 다리 전체 쓰다듬기(횟수 3회)
무릎에서부터 시작하여 슬와부까지 감싸 쓸어 내린다.

* 1번~7번까지의 기본 테크닉으로 마무리를 한 후 다리 전체 쓰다듬기를 하고 정맥매뉴얼 테크닉을 마친다.

Section 3 정맥 매뉴얼 테크닉 B형

1. 발바닥 각질제거

버퍼(Foot file)를 이용하여 발바닥에 있는 각질을 제거한다.

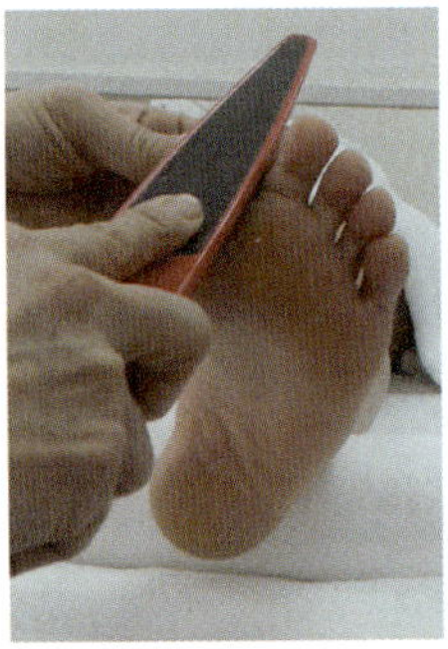

① 파일은 안에서 밖으로 향하여 엄지발가락부터 밀어낸다.

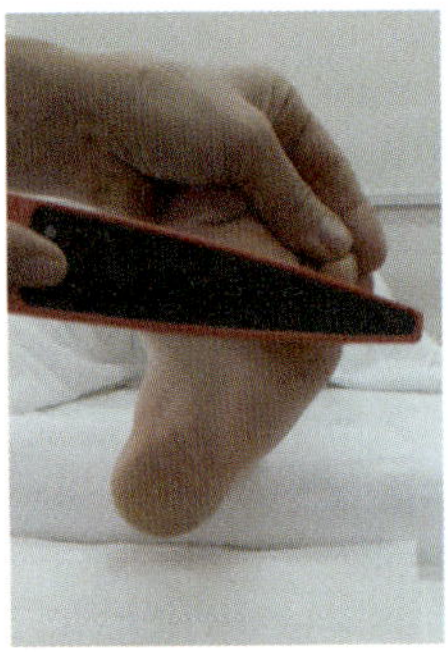

② 한손은 발가락을 모두 감싸 고정한 후 발바닥 앞쪽의 각질을 밀어낸다.

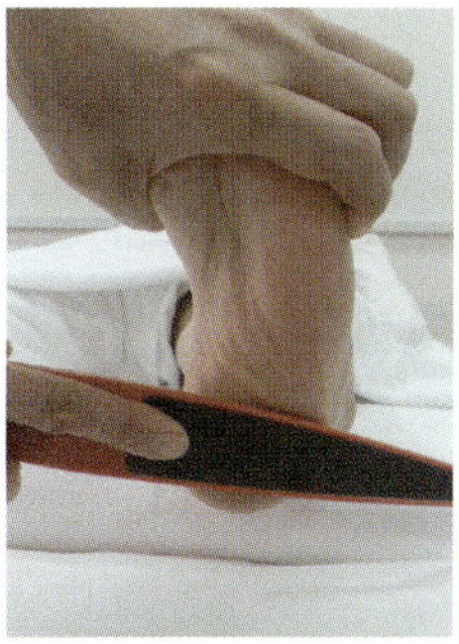

③ 발바닥의 위쪽을 한손으로 모두 감싸 고정한 후 발바닥 옆면의 각질을 밀어낸다.

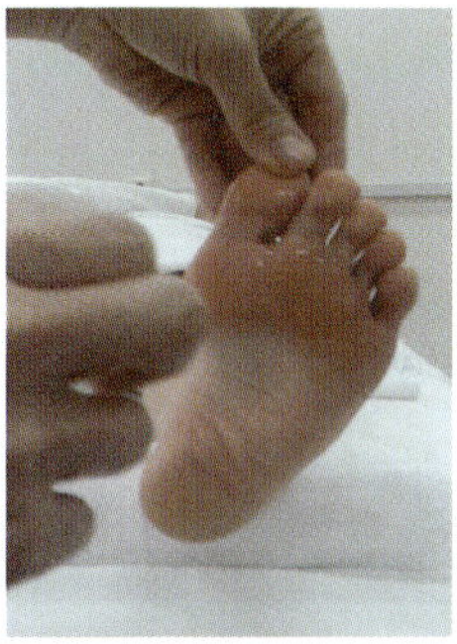

④ ③번대로 발을 고정한 후 발뒤꿈치 부분의 각질을 밀어낸다.

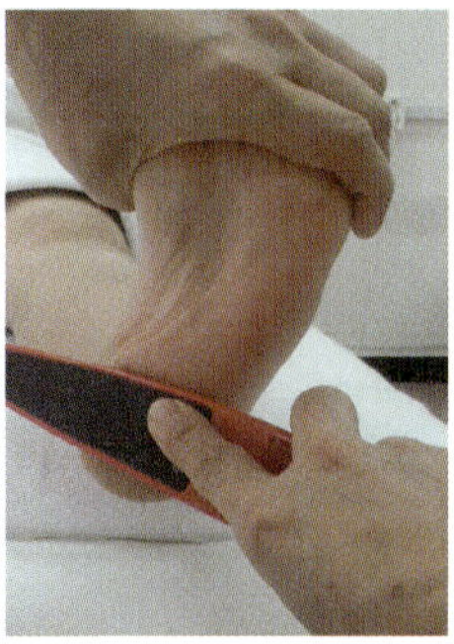

⑤ 발바닥의 각질을 제거한다.

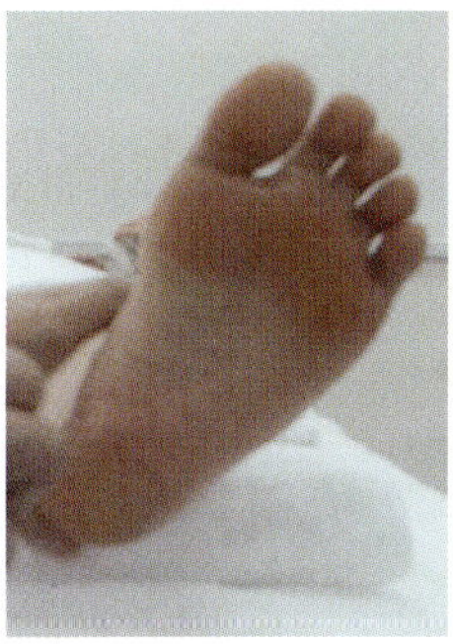

⑥ 관리 후 발바닥 사진

2. 온습포 사용순서

온습포를 이용한 간단한 스트레칭을 통하여 혈액순환을 시켜 준다.

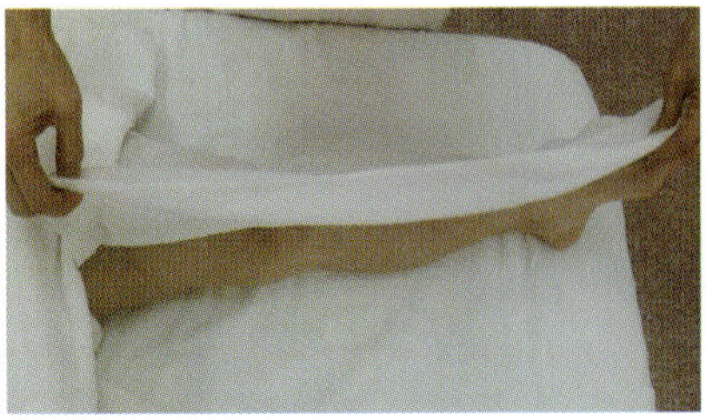

① 습 포

온습포의 양끝을 잡고 고객의 다리에 덮어 준다.

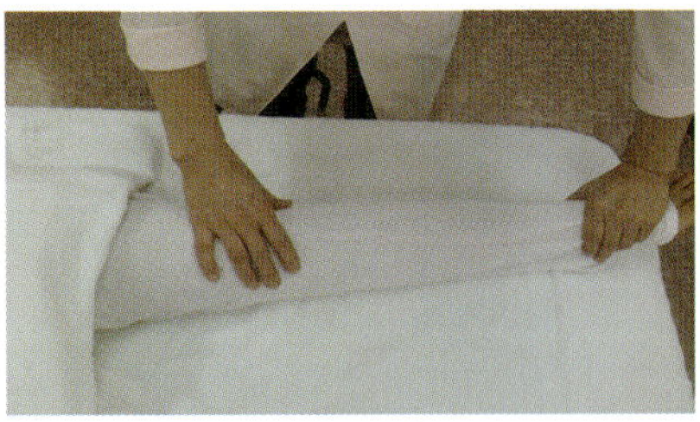

② 발목, 무릎 스트레칭

다리 전체를 습포로 감싼 후 한손은 무릎에, 한손은 발목을 잡은 후 가볍게 눌러 준다.

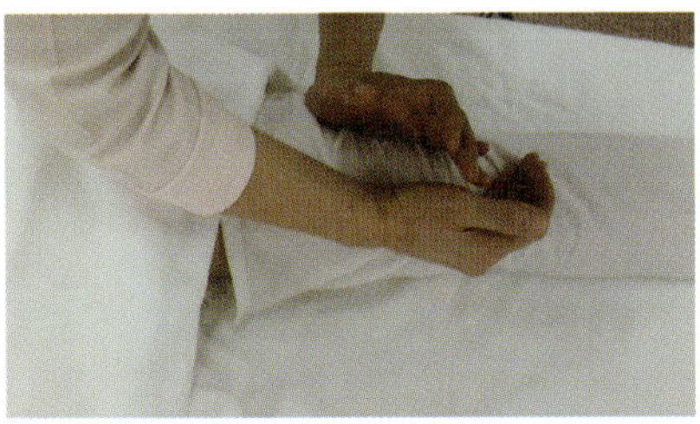

③ 무릎풀기

- 손날을 이용하여 무릎의 양 옆면을 가볍게 흔들어 준다.

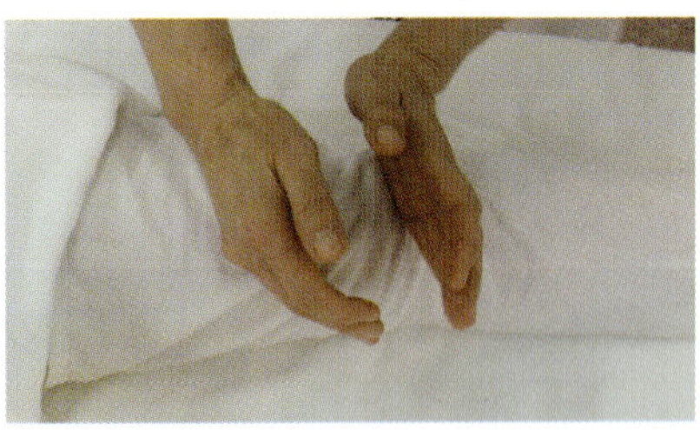

- 위, 아래를 흔들어 풀어 준다.

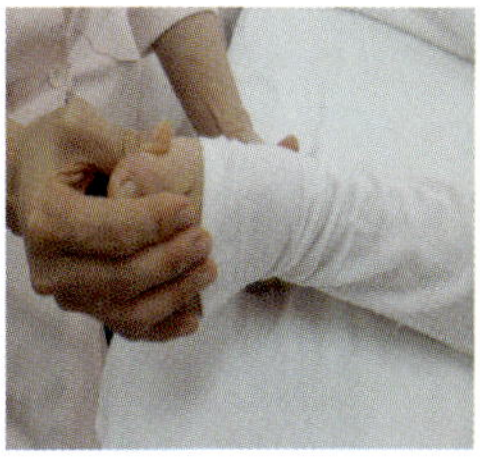
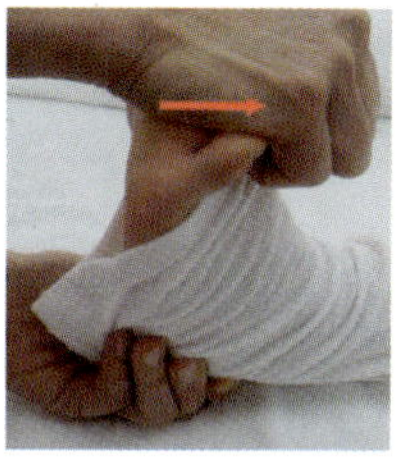

④ 발목풀기

한 손은 뒤꿈치에 고정하고 발목을 좌와 우로 돌려준 후, 다른 한 손은 발가락을 감싸 잡은 뒤 앞으로 밀어 준다

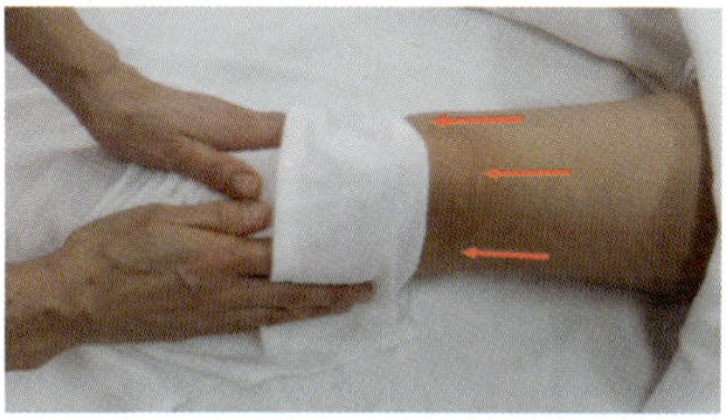

⑤ 위에서부터 쓸어내어 닦아내기

허벅지에서 습포의 양끝을 잡고 종아리까지 닦아 내려온다.

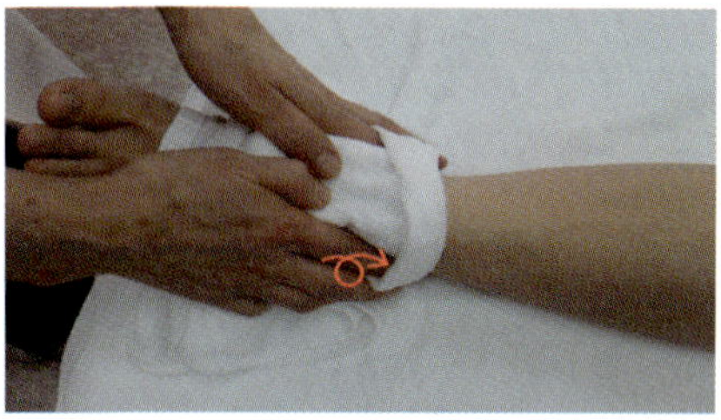

⑥ 복사뼈 굴려 닦아내기

복사뼈 부분을 감싸 굴려 닦아 준다.

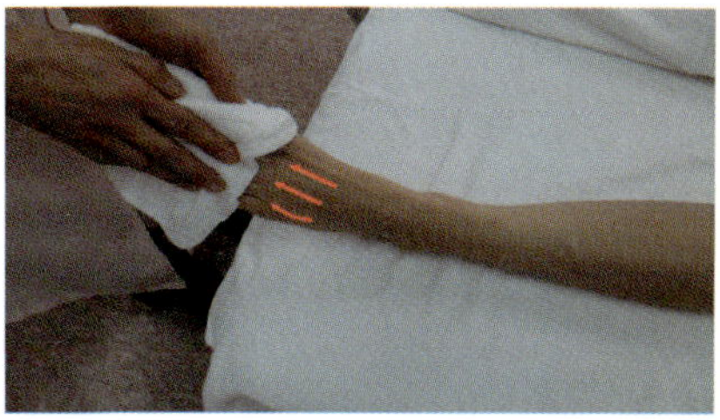

⑦ 발등과 발바닥 쓸어 닦아내기

발등과 발바닥을 감싼 후 동시에 쓸어내리고 닦아낸다.

3. 풋 크림(Foot Cream) 도포

① 발가락 흔들기

양 엄지를 각각 발가락 끝부분 사이에 끼워 가볍게 흔들어 준다.

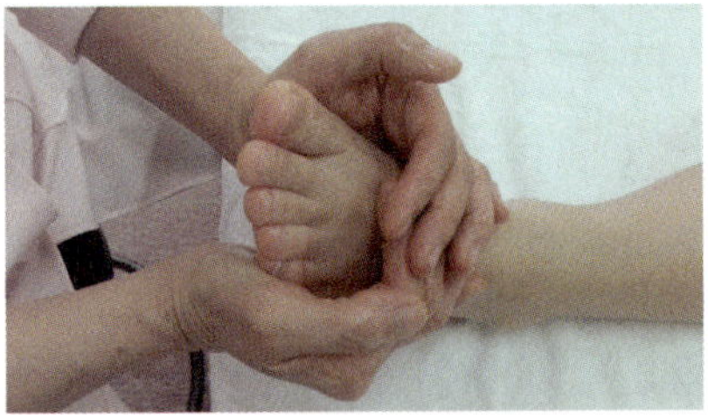

② 발가락, 발목 크림도포

발가락과 발목에 꼼꼼히 크림을 도포해 준다.

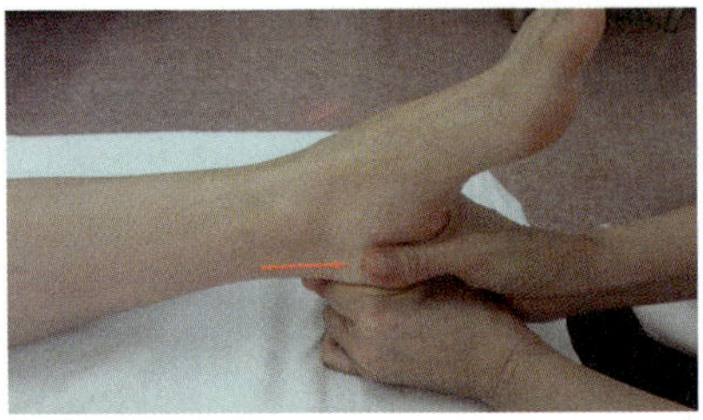

③ 뒷다리 당기기

발 뒤꿈치를 잡고 시술자 방향으로 가볍게 당겨 준다.

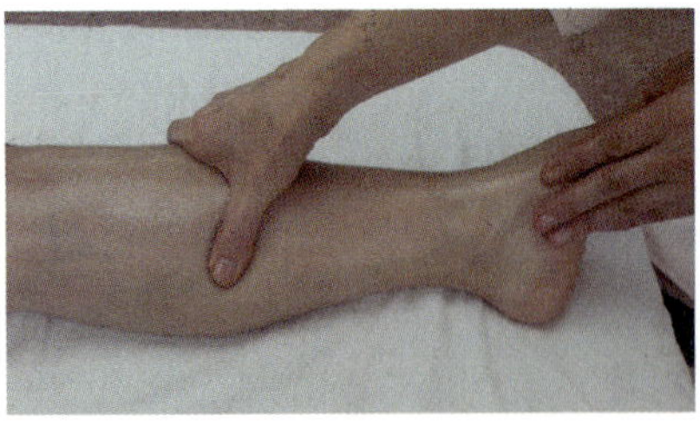

④ 발 뒤꿈치, 다리 내측 크림 도포

뒤꿈치부터 시작하여 발의 내측을 도포하여 준다.

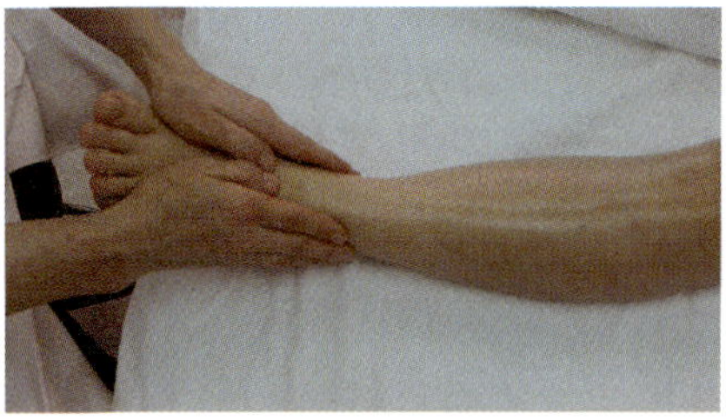

⑤ 발목에서 무릎까지 크림 도포

양손을 이용하여 발목에서부터 무릎까지 전체를 감싸 크림을 도포한다.

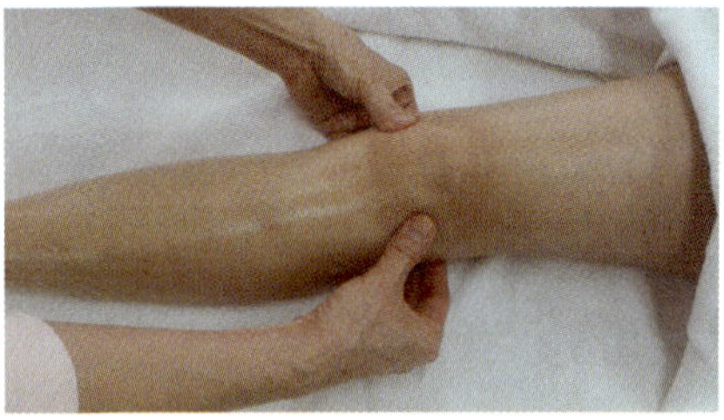

⑥ 음능천 수장 4지로 풀기

음능천(종아리 뒤쪽 정가운데)을 4지를 이용하여 풀어 준다.

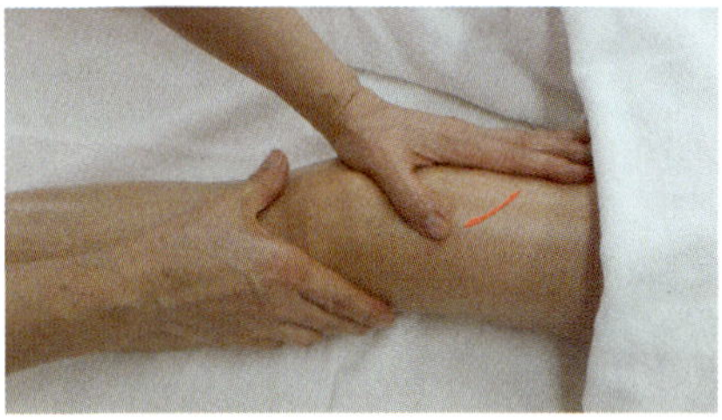

⑦ 무릎 위 20cm까지 크림 도포

무릎 위쪽까지 크림을 도포하여 준다.

4. 정맥 매뉴얼 테크닉

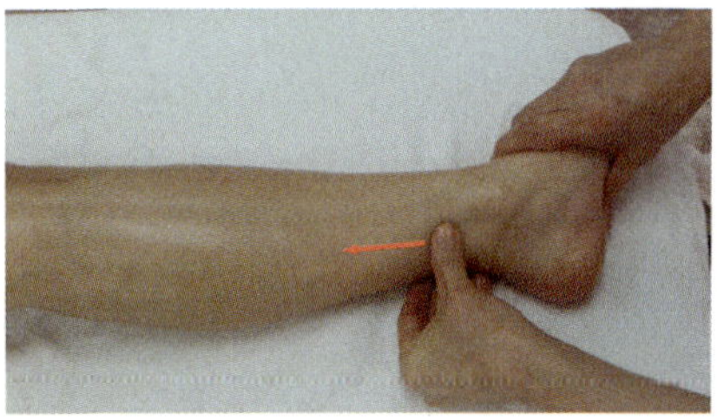

① 아킬레스건에서 무릎 밑 족삼리까지 쓸어올리기

아킬레스건에서 엄지와 4지로 나눈 후 무릎 밑쪽까지 쓸어올려 준다.

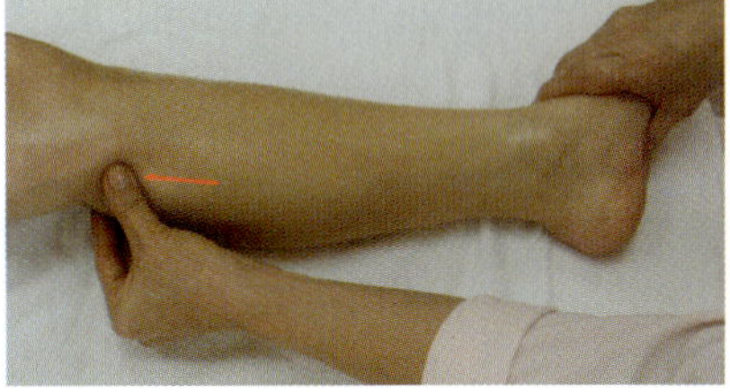

② 외측으로 내려오기 3회

손바닥을 모두 밀착시켜 발의 외측 부분으로 쓸어 내려온다.

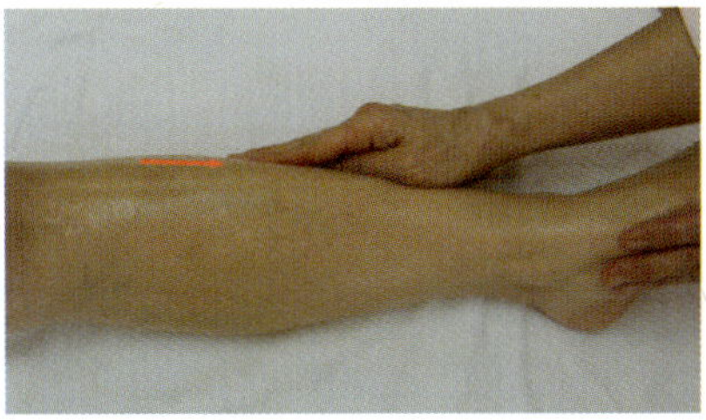

③ 주먹밀기 양손 이용

뼈는 닿지 않도록 하여 주먹을 쥐고 무릎 밑부분까지 밀어 낸다.

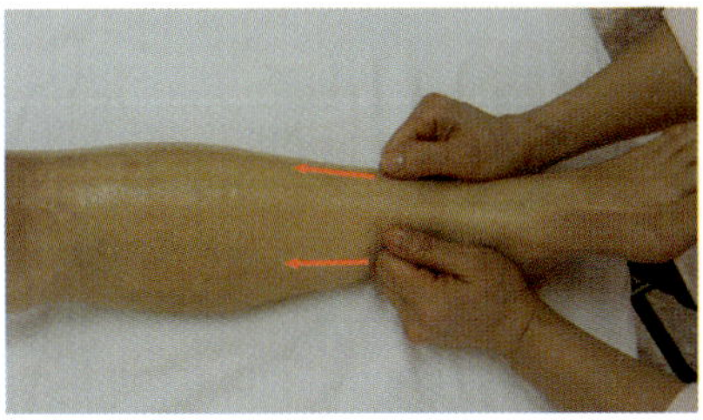

④ 손바닥 하지 밀착 쓸어내리기

양 손바닥을 모두 밀착시켜 하지의 옆면을 발목까지 쓸어 내린다.

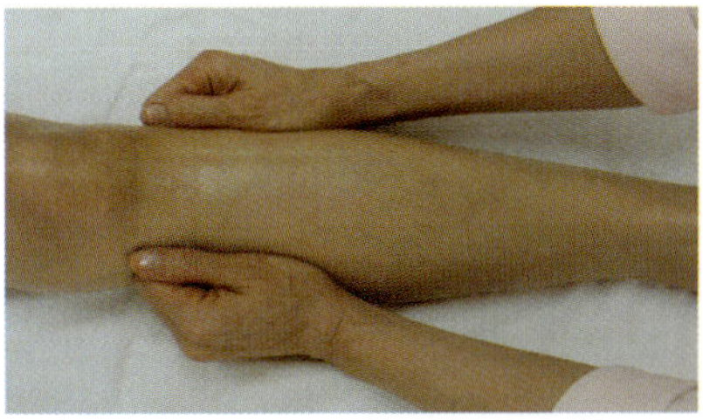

⑤ 소복기 육방송구 내측하지 엄지, 검지로 꼬집듯이 쓸어올리기

엄지와 검지를 내측 복사뼈에서 시작하여 꼬집듯이 쓸어 올린다.

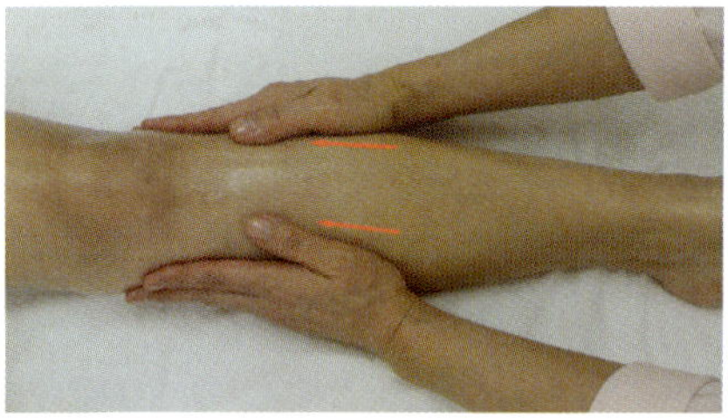

⑥ 경골, 비골 경계선 잡고 밀어올리기

엄지를 기준으로 하여 경골 경계선과 비골 경계선을 잡고 밀어올려 준다.

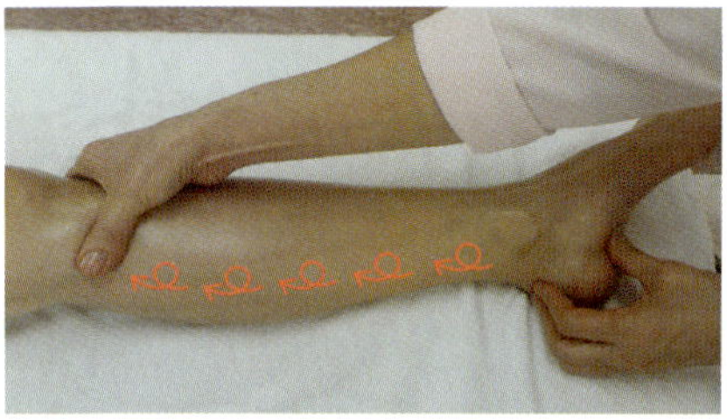

⑦ 발목에서 무릎 전까지 나선원 내측 쓸어주기

엄지를 이용하여 발목 내측부터 시작하여 원을 그리며 쓸어 올라간다.

⑧ 전체 쓰다듬기

마사지가 끝난 후 전체 쓰다듬기로 마무리한다.

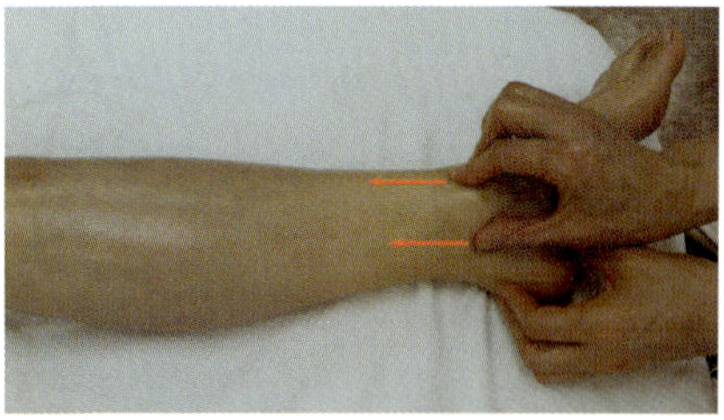

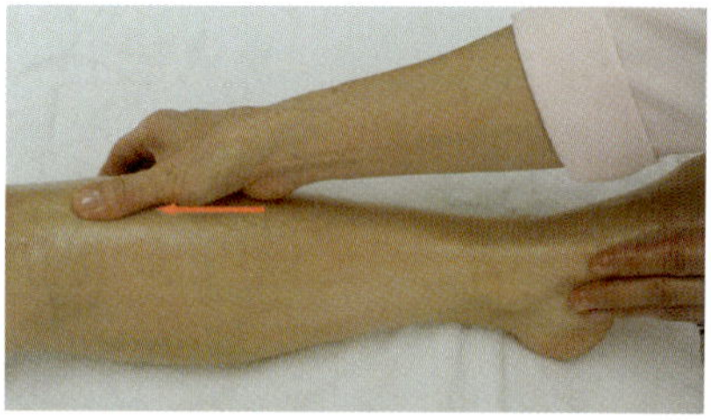

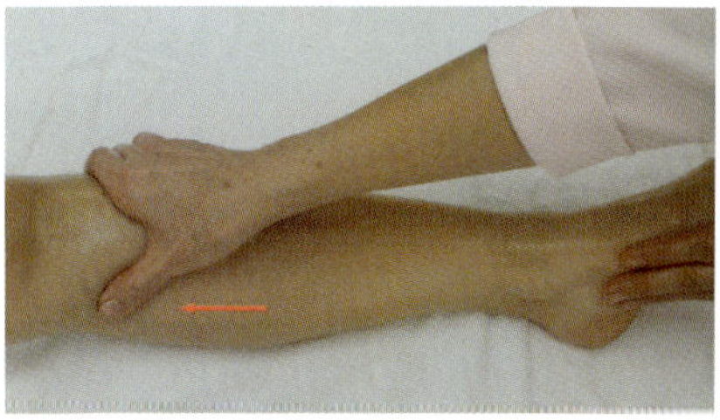

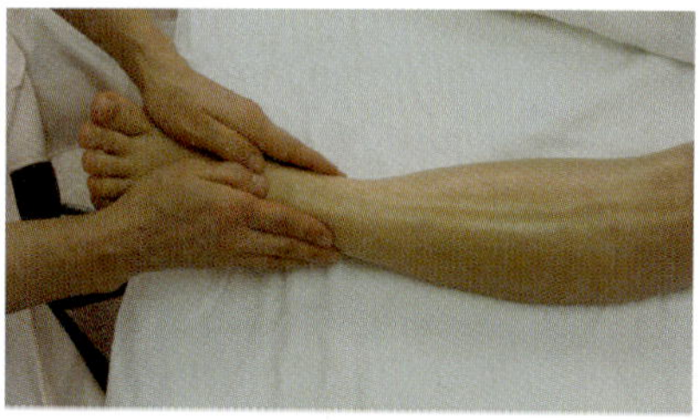

Chapter 5 발반사요법

- 발 반사요법의 혈액순환 원리
- 발 반사요법의 신경반사 원리
- 발 반사요법의 음양오행의 원리
- 인체 부위별 발 반사구 명칭과 효능 및 효과
- 발 반사요법의 실제
- 발 반사요법의 실기 A형
- 발 반사요법의 실기 B형
- 발 반사요법의 유의점
- 발 반사 자극후 나타날 수 있는 현상
- 발 관리를 해서는 안되는 경우

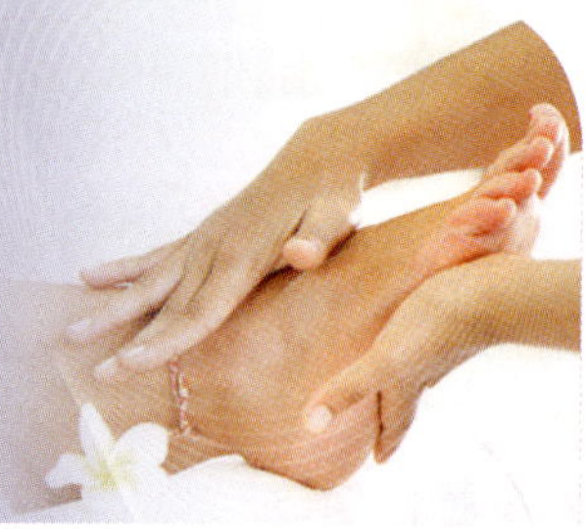

Chapter 5 발 반사요법

Foot reflex zone theraphy

Section 1 발 반사요법의 신경반사 원리

인체의 손과 발 끝에는 70%의 말초신경이 분포되어 있다. 특히 발에는 7,200여 개의 신경반사대가 있다. 반사부위를 자극하게 되면 그 반사부위에 해당되는 장기에 자극을 주므로 인체 각 장기의 기능 및 기혈을 조절하여 체내의 정기를 증강시켜 면역력을 향상시켜 주고 혈액순환을 원활하게 해준다.

따라서 질병을 예방할 수 있으며, 영양물질이나 산소를 세포에 운반하고 노폐물을 수거하여 수뇨관을 통해서 밖으로 배출시키는 작용을 도와주어 건강을 유지시킬 수 있다.

(1) 반사요법 이론

① 생체전기이론

인체는 약 70%가 수분으로 구성되어 있으며 전기가 흐르는 전도체이다. 물건끼리 마찰했을 때 전기가 생기듯 인체가 마찰하였을 때 생기는 전기를 생체전기라고 한다. 생체전기는 에너지이며 우리 몸에 활력을 불어넣는다. 우리의 몸에 흐르는 12경맥은 혈액이 흐르는 통로로 기(氣, 에너지)를 운반한다.

발을 자극하면 생체전기가 생겨 인체의 막힌 에너지를 순환시켜 준다. 발에 7,200여 개의 신경반사대가 있다는 것은 이러한 원리로 자극을 주었을 때 반응하는 반사점을 의미한다.

발에 노폐물이 많이 울체(鬱滯)되어 있으면 에너지가 흐르지 않고 자극을 주었을 때 순환된다.

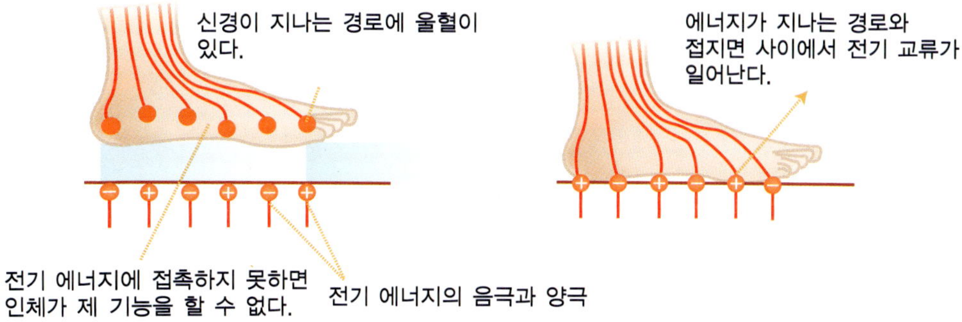

그림 5-1 발이 지표면에 닿았을 때 흐르는 생체 에너지 원리

② 반사구 구역

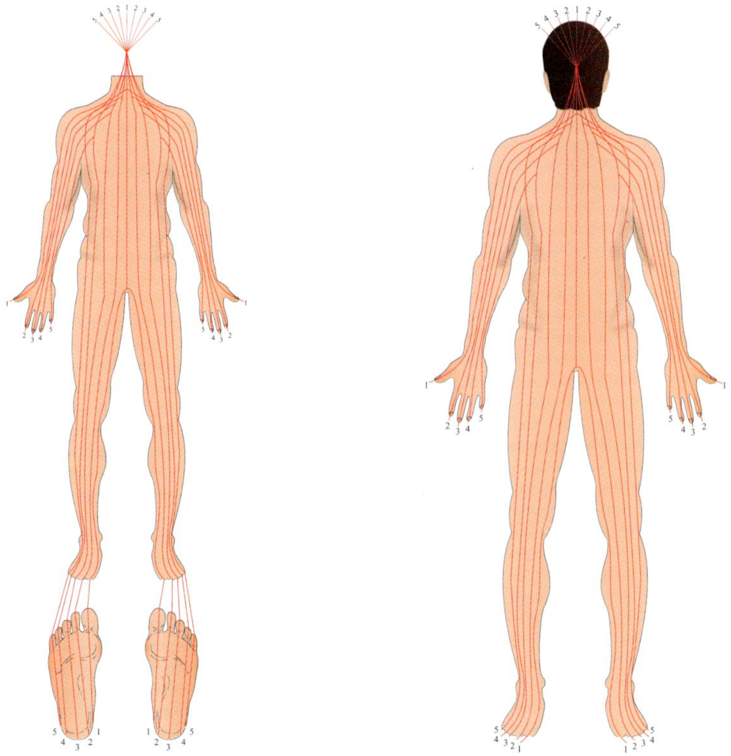

머리에서 손 · 발의 끝까지 수직으로 구분한 10개의 구역과, 손 · 발에 특정 반사점이 있다.

수직으로 올라간 구역선은 연수에서 교차한다.

그림 5-2 윌리엄 피츠제랄드의 신경반사구역

1917년 미국의 이비인후과 의사였던 윌리엄 피츠제랄드(William Fitzgerald)는 몸이 여러 개의 영역으로 구성되어 있음을 연구하여 발표하였다. 발 반사요법을 연구하는 많은 사람들이 발에 있는 7,200여 개의 신경반사점을 구역을 나누어 반사구를 만들었는데, 중국 족심도에서는 88개 구역으로 나누었고 오약석 신부는 임상학적인 관점에서 64개 반사구역으로 나누었다. 미국의 유니스 잉햄(Eunice Ingham) 여사 역시 인체해부학적 관점에서 64개 반사구역으로 나누었다.

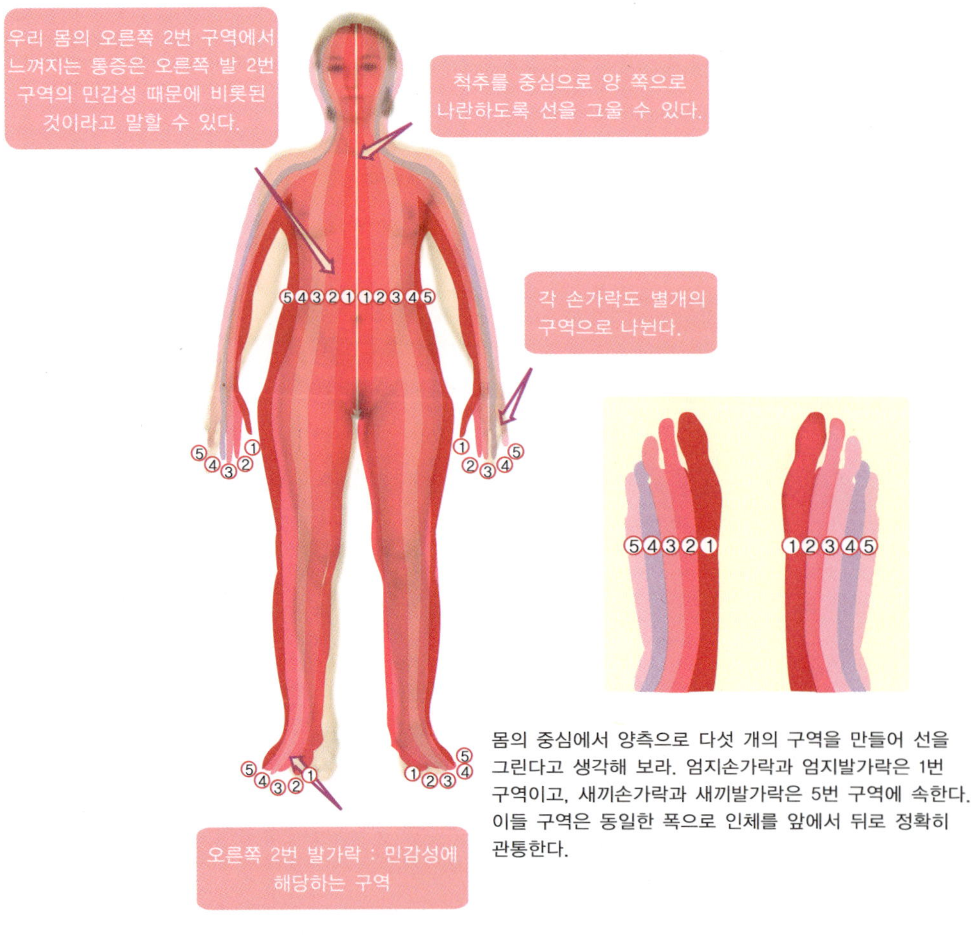

몸의 중심에서 양측으로 다섯 개의 구역을 만들어 선을 그린다고 생각해 보라. 엄지손가락과 엄지발가락은 1번 구역이고, 새끼손가락과 새끼발가락은 5번 구역에 속한다. 이들 구역은 동일한 폭으로 인체를 앞에서 뒤로 정확히 관통한다.

그림 5-3 5구역으로 구성된 인체의 반사부위

③ 반사점

반사요법(reflexology)은 엄지나 다른 손가락들, 그리고 지압봉을 이용하여 발이나 손에 압력을 가하는 방법이다. 손과 발의 특정 부위들은 각각 장기나 내분비 기관과 연관되어 있다. 이처럼 자극을 받으면 연관된 다른 장기에서 반응이 나타나게 되는데 그러한 부위를 반사점이라고 한다. 반사요법은 전인적인 관리로서 고객의 몸과 마음을 모두 고려하는 관리를 진행하여야 한다. 또한 증상을 관리하는 동시에 그 원인도 함께 관리하는 것이 목표라고 할 수 있다.

④ 발바닥에 투영된 인체의 반사이론(Reflex Theories)

발바닥에 투영된 인체는 인체해부학적 관점에서 반사구 구역을 이해하는 데 기초가 되었다.

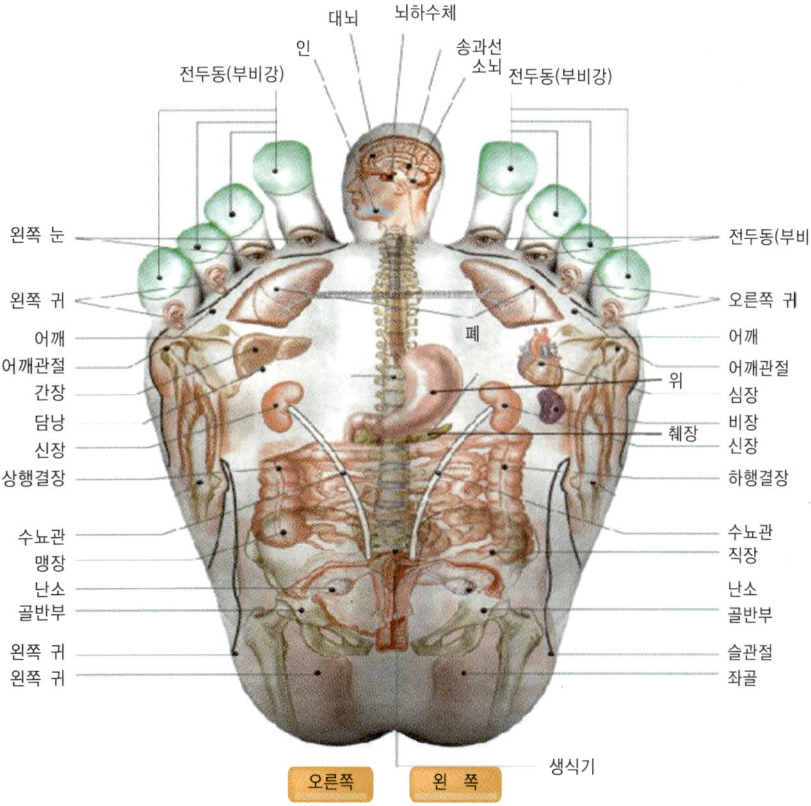

그림 5-4 해부학적 관점에서 본, 발 반사 원리

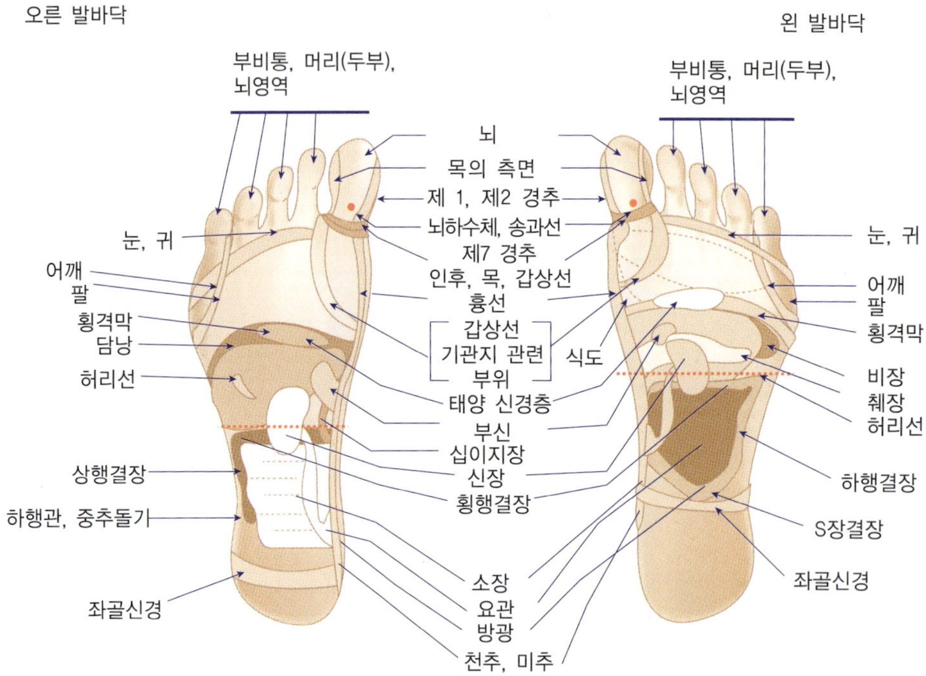

그림 5-5 잉햄(Ingham)의 오리지널 발 반사요법 도해

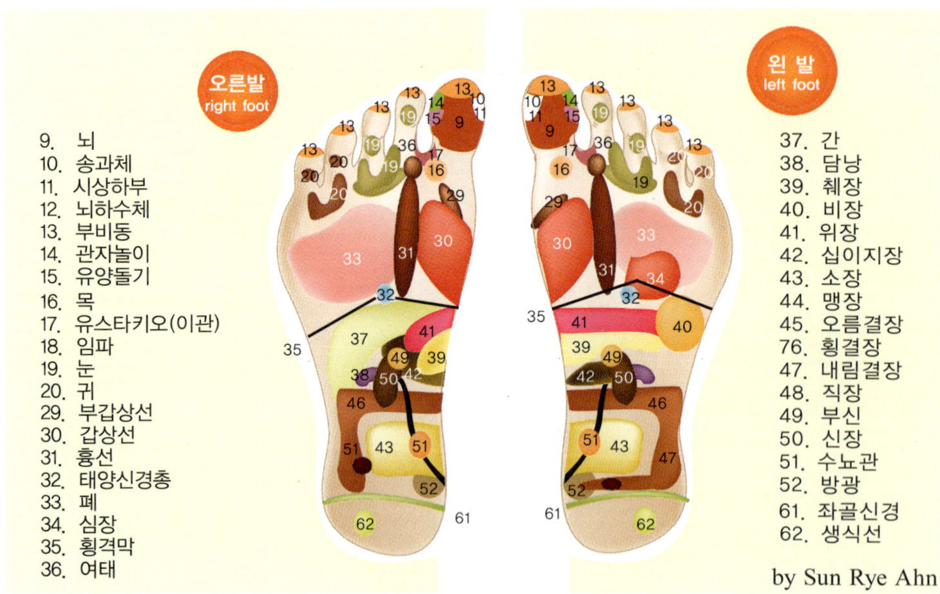

그림 5-6 잉햄의 발 반사구 도해를 참고한 발바닥 반사구 도표

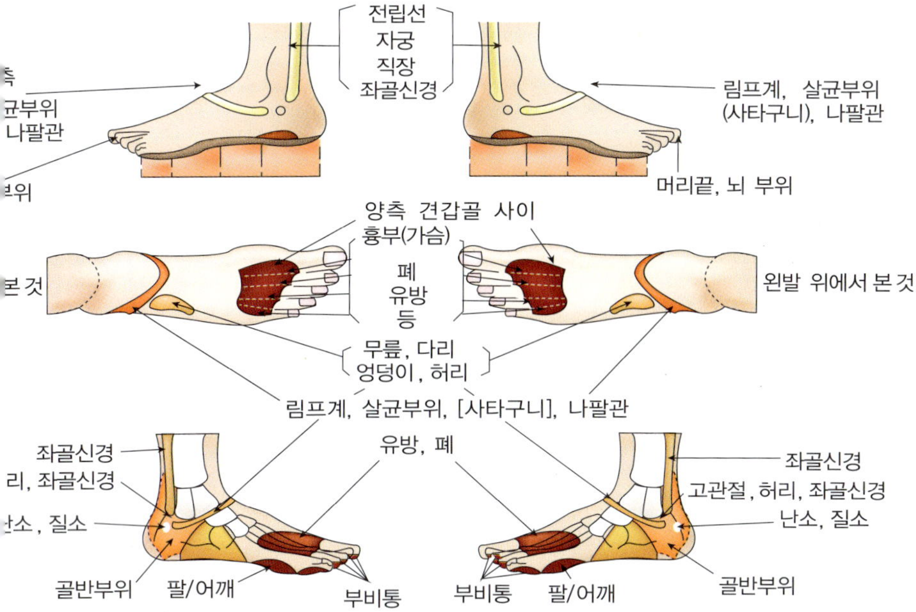

그림 5-7 잉햄의 발 반사구 도해를 참고한 발바닥 반사구

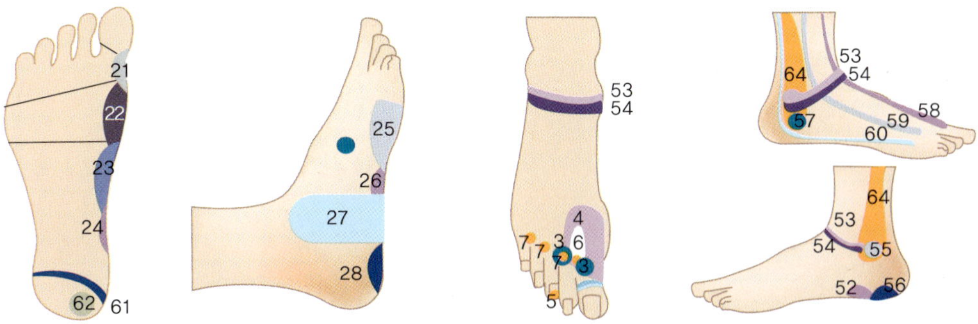

21. 경추
22. 흉추
23. 요추
24. 미추

25. 어깨
26. 팔꿈치
27. 고관절
28. 무릎

1. 입
2. 코
3. 편도선
4. 가슴
5. 누선
6. 식도
7. 상부임파선
8. 순환기
63. 언어

53. 서혜임파선
54. 나팔관
55. 자궁(전립선)
56. 질(음경)
57. 난소(고환)
58. 위경
59. 위경
60. 방광경
64. 신장, 방관

그림 5-8 잉햄의 발 반사구 도해를 참고한 발등 반사구 도표

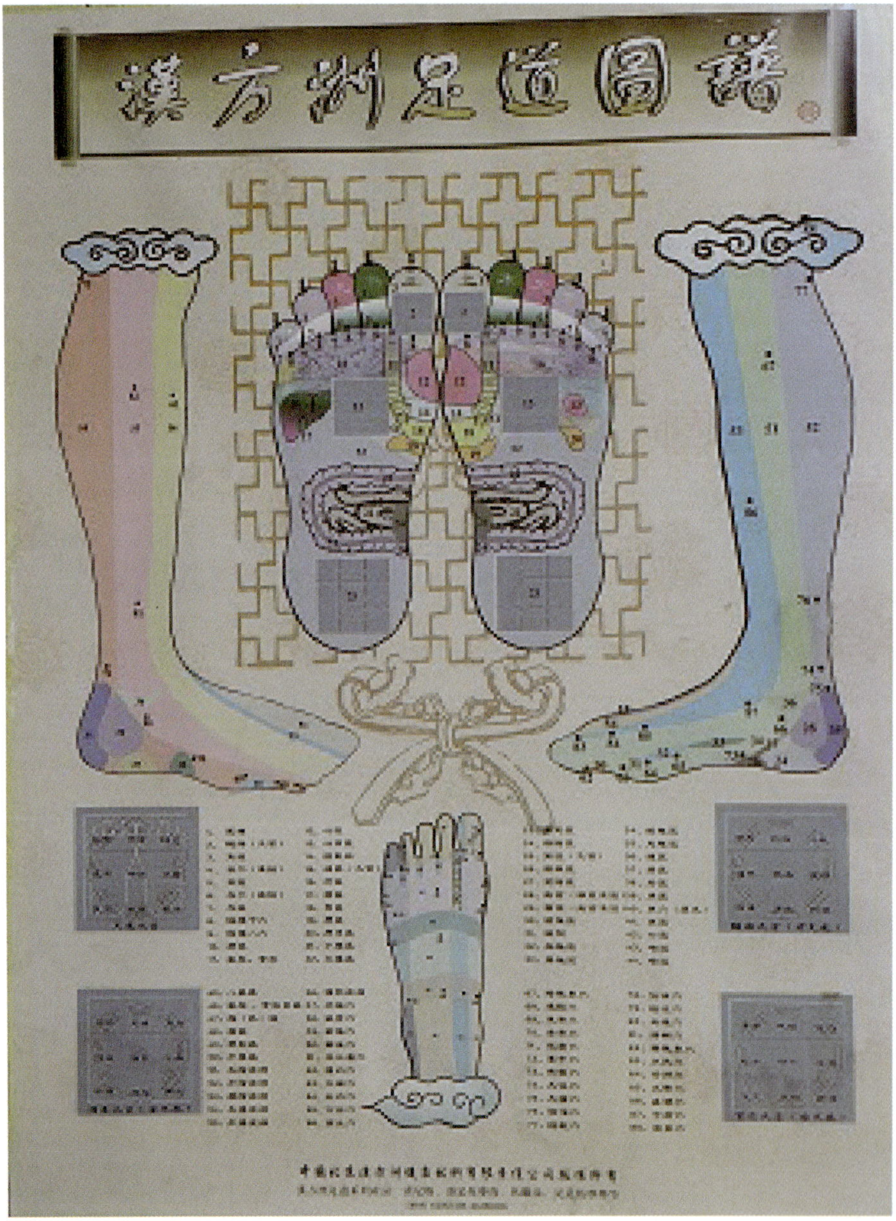

그림 5-9 족심도의 88개 반사구 도표

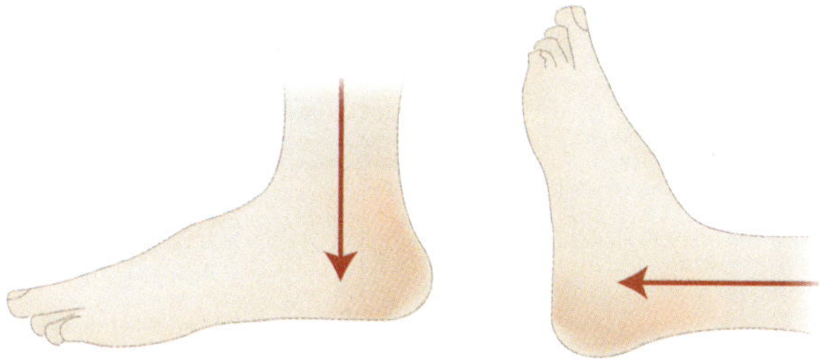

그림 5-10 발과 앉아 있는 사람

⑤ 기(氣) 혹은 에너지

반사요법은 기(氣)라고 하는 인체 내의 에너지 개념에 근거를 두고 있다. 이 에너지가 신체의 각 부분에 원활히 공급되면 몸이 건강해지고, 신체적·정서적으로 자연과 조화로운 상태를 유지하게 된다. 그러나 이러한 에너지의 흐름이 방해 받으면 질병과 통증을 유발할 수 있다. 따라서 반사요법의 개념은 자연스럽고 안전한 방법으로 생체 자체의 치유능력을 향상시키는 것으로 정리된다.

반사요법과 발 매뉴얼 테크닉 진행 시 신경을 따라서 뇌나 척수로 신호가 전달되어 노폐물의 생성이 감소되며 젖산, 요산, 칼슘 등의 노폐물의 감소는 체내 에너지 순환과 원활한 혈액순환에 도움이 된다.

⑥ 경락이론

반사요법의 다른 효과를 설명하는 경락이론(經絡理論)은 눈에는 보이지 않지만 침술, 지압 등의 기타 요법에 의해 에너지의 흐름을 원활히 해주면, 생체 에너지의 자연적 흐름을 회복시키는 기능이 있다고 한다. 제일 중요한 것은 관리해 주는 시술자나 관리는 받는 고객이나 서로에 대한 믿음을 갖고 있을 때 더 큰 효과를 얻을 수 있다는 점이다.

(2) 반사요법의 효능과 효과

① 심신의 긴장을 풀어 준다(릴렉스 효과).

② 신체 각 부위에 있는 독소를 분해시키는 데 도움을 준다.

③ 생체 에너지의 흐름을 향상시켜 준다.

④ 체내 분비되는 천연 물질인 엔도르핀 분비를 도와주어 기분이 좋아지고 통증을 감소시키는 데 도움을 준다.

⑤ 뇌의 신경전달물질인 세로토닌(serotonin)의 분비를 도와주어 정신적인 스트레스 해소에 도움을 준다.

⑥ 근 긴장도가 향상된다.

⑦ 혈액과 림프액의 순환 기능 향상에 도움이 된다.

⑧ 신체 각 부위에 균형을 주어 항상성을 회복하는 데 도움이 된다.

⑨ 자신이 질병에 미리 대처할 수 있는 자기치유능력 향상에 도움이 된다.

check point

발 반사를 포함한 반사요법은 급성통증, 만성통증, 두통, 관절의 불편, 수면장애, 소화기장애 등과 같은 스트레스에 의해 유발되는 질병에 잘 대처할 수 있는 자가 면역능력을 높이는데 도움을 준다.

Section 2 발 반사요법의 혈액순환 원리

인체의 모든 조직에서는 물질 대사가 이루어진다. 필요한 영양분과 산소는 일정한 관을 통하여 공급되며 대사 결과 폐와 신장을 통하여 CO_2(이산화탄소)와 노폐물을 체외로 배설시키고 산소와 CO_2를 교환한다.

순환계는 혈액을 운반하는 혈관계(blood vascular system)와 림프를 운반하는 림프계(lymphatic system)로 구성되어 있다.

1. 순환계의 구성

(1) 혈액을 운반하는 혈관계(blood vascular system)

심장, 혈관, 혈액

(2) 림프를 운반하는 림프계(lymphatic system)

혈액의 순환을 돕는 순환계의 일부로 인체방어 기능을 함(림프, 림프관, 림프절)

2. 전신의 혈관

(1) 신체를 순환하는 혈관계는 크게 폐순환과 체순환으로 나뉜다.

① **폐순환** : 우심실에서 시작, 폐를 경유한 뒤 좌심방으로 돌아온다.

② **체순환** : 좌심실에서 시작, 신체에 혈액을 공급한 뒤 우심방으로 돌아온다.

(2) 체순환(대순환)

온몸을 순환하는 혈액순환을 뜻하며 대순환이라고도 한다.

좌심실에서 나온 동맥혈은 말초 조직에서 모세혈관을 지나 물질대사에 필요한 영양분과 산소를 공급하고, 이산화탄소와 노폐물을 받은 정맥혈은 정맥을 통하여 우심방으로 들어오는 것을 체순환이라고 한다.

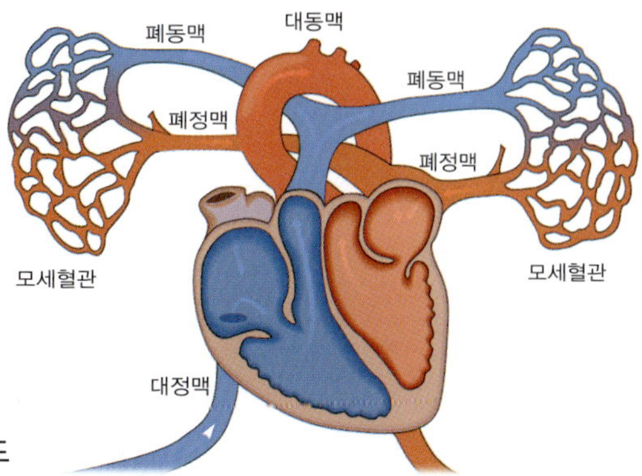

그림 5-11 폐순환의 혈류 모식도

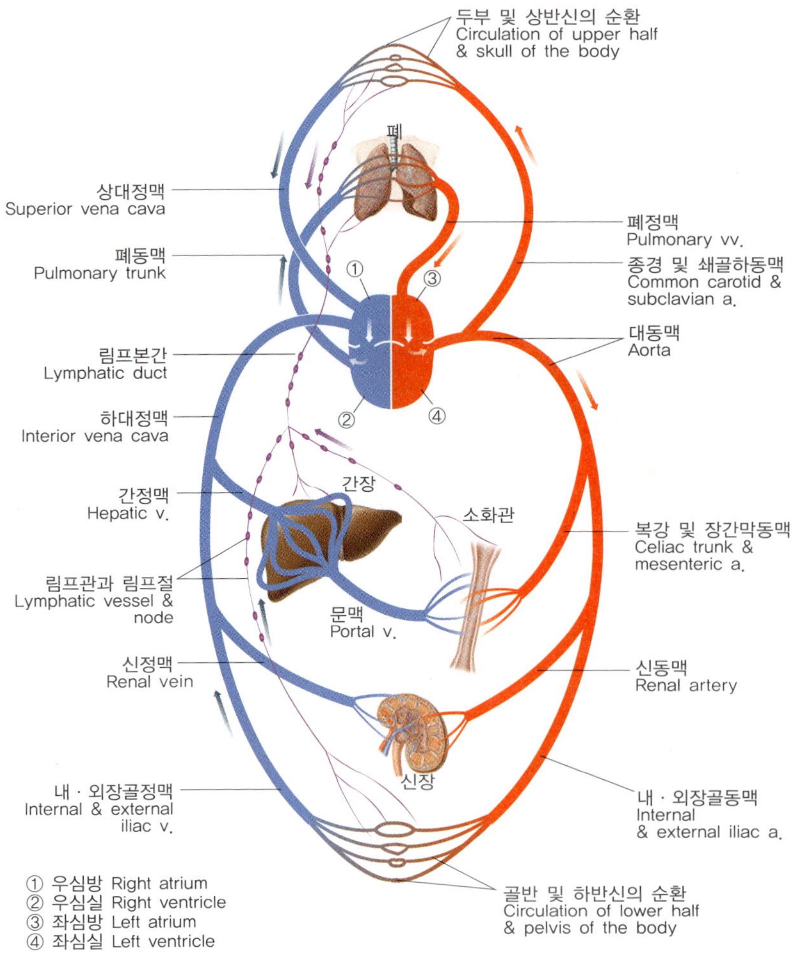

그림 5-12 체순환의 혈류 모식도

(3) 하지의 동맥(Arteries of Lower Limb)

하지에 분포하는 동맥은 대퇴동맥으로부터 시작되어 슬와동맥 → 전·후경골동맥 → 비골동맥 → 족배동맥 및 족척동맥으로 이어진다.

① 대퇴동맥 (femoral artery)

대퇴 전내측을 밑으로 하여 슬와로 들어간다.

② 슬와동맥 (popliteal artery)

대퇴동맥의 연속으로 슬와근 하면에서 전 및 후경골동맥(anterior & posterior tibial a.)으로 나누어진다.

③ 전경골동맥

슬와동맥에서 하퇴 전면으로 나와 하행하고 발등에 이르러 족배동맥이 된다.

④ 후경골동맥

슬와동맥의 종말지로서 하퇴 삼각 아래를 지나 경골내과 뒤를 따라 발바닥으로 나와서 내·외측 족척동맥(medial & lateral plantar a.)으로 나누어진다.

⑤ 하지에서 맥박을 촉지할 수 있는 동맥

무릎 뒤의 슬와동맥, 발등의 족배동맥, 발목 안쪽(경골내과 뒤)의 후경골동맥 등이다.

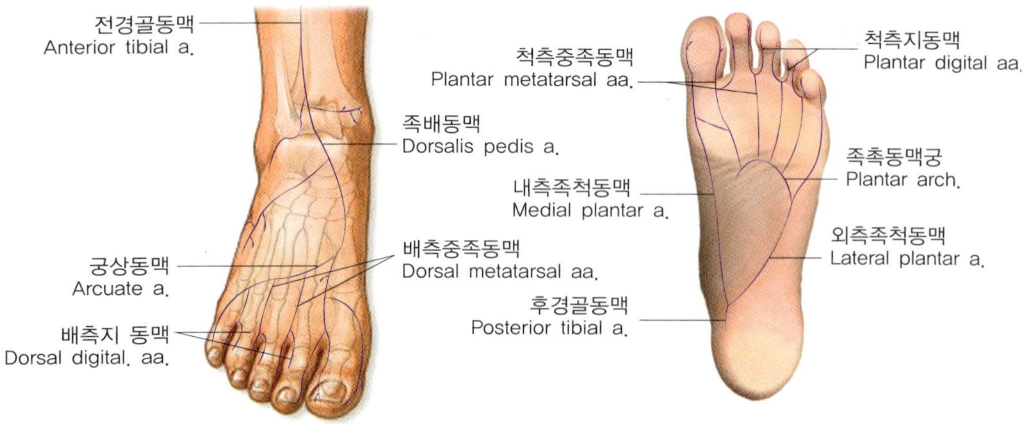

그림 5-13 발의 동맥

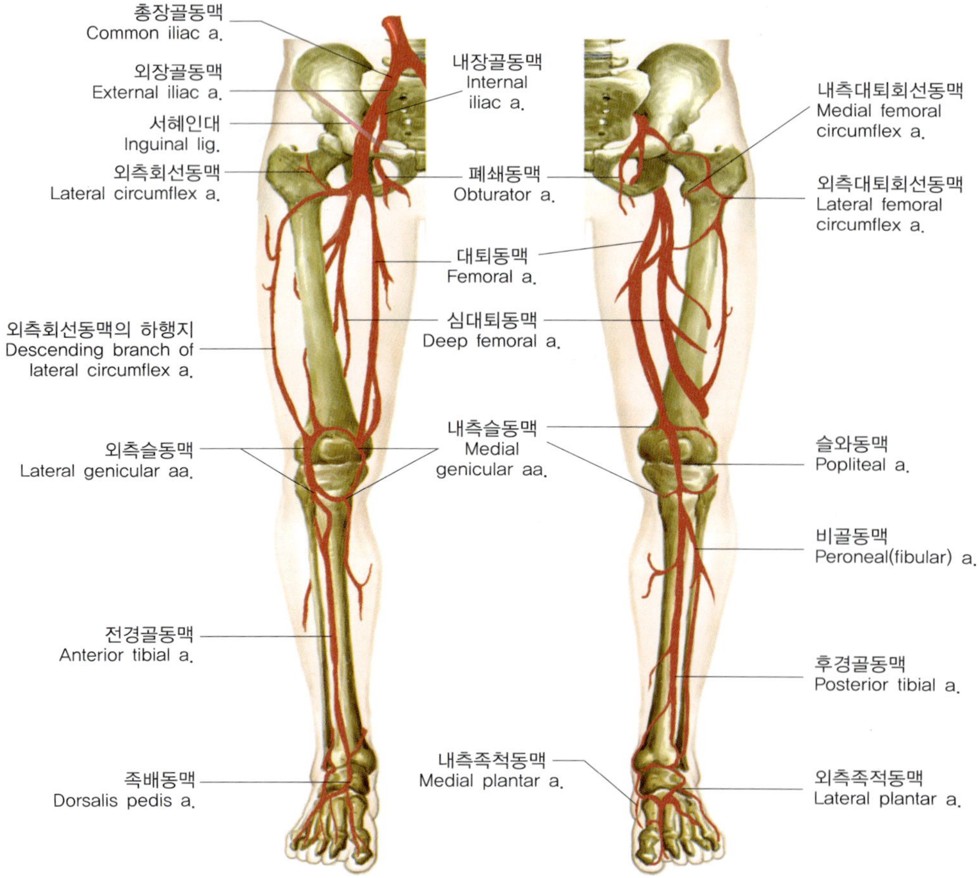

그림 5-14 하지동맥의 정면과 후면

(4) 하지의 정맥 (Veins of Lower Limb)

심정맥(deep vein)이라고도 하며 발바닥의 족척 정맥궁에서 내측과 외측의 족척 정맥이 기시하여 후경골정맥(posterior tibial v.)으로 들어가 발등의 족배 정맥망에서 전경골정맥이 시작된다. 후경골 정맥과 합쳐져 슬와정맥(popliteal v.)이 되며 대퇴정맥을 지나 서혜 밑을 지나 외장골 정맥으로 변하는 것을 말한다.

피정맥(superficial vein)은 주로 족배정맥궁에서 시작되어 대복재정맥과 소복재정맥으로 구분된다.

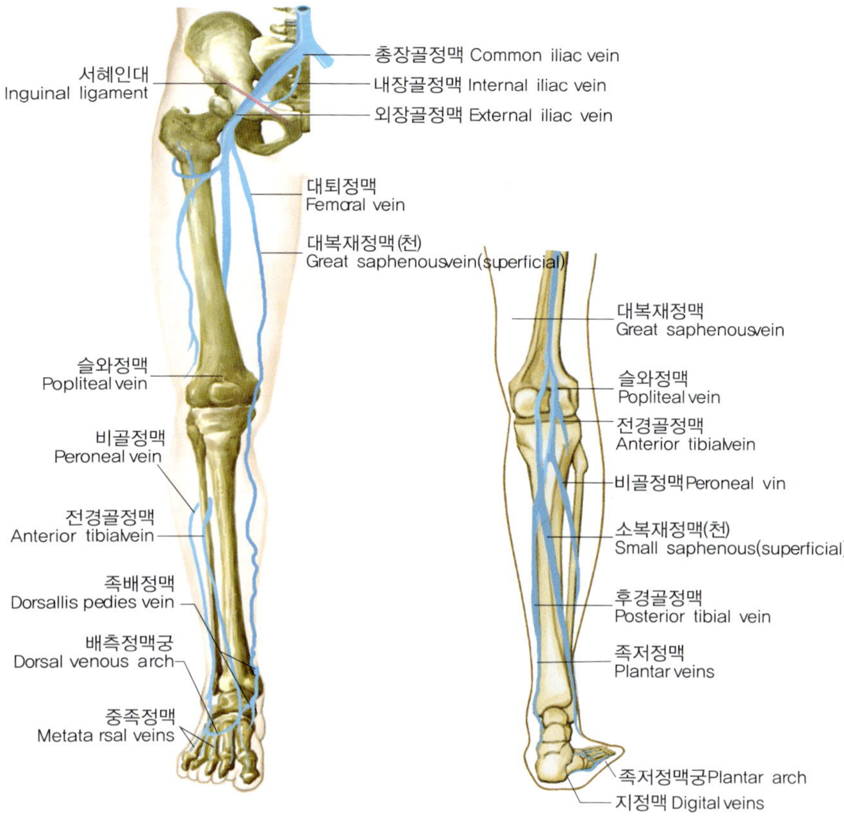

(a) 하지의 정면　　(b) 하퇴와 발의 후면

그림 5-15 하지정맥

Section 3 발 반사요법의 음양오행 원리

(1) 음양이란?

한의학에서 음양 이론은 인체의 구조를 설명하며, 생리기능과 병리변화를 설명한 것으로 질병의 진단에 이용되기도 한다. 모든 사물은 상대성, 일원성, 역동성을 갖고 상호의존 관계, 대립과 통일의 관계에 있다고 본다.

- 음(陰) : 차가움, 습함, 달, 땅, 물, 하강, 어둠, 억제, 혈, 여자, 오장
- 양(陽) : 따뜻함, 건조함, 해, 하늘, 불, 상승, 밝음, 흥분, 기, 남자, 육부

(2) 오행이란?

모든 사물은 목(木), 화(火), 토(土), 금(金), 수(水) 등 다섯 가지 기본 물질의 운동변화로 상생·상승·상극의 관계로 존재한다.

(3) 오행귀속

자연계						오행	인체						
오미	오색	오시	오기	오방	오계		오장	육부	오관	형체	오지	오성	역할
신맛	청, 녹	아침	풍	동	봄	목	간	담	눈	힘줄	노기	호	운동
쓴맛	적, 홍	낮	열	남	여름	화	심	소장	혀	혈	희락	소	순환
단맛	황색	한낮	습	중앙	늦여름	토	비	위	입	근육	우울	가	소화
매운맛	백, 회	저녁	건조	서	가을	금	폐	대장	코	피모	근심	곡	흡수
짠맛	검정, 보라	밤	한	북	겨울	수	신	방광	귀	뼈	놀람	신음	배설

(4) 오행의 상생상극 그림

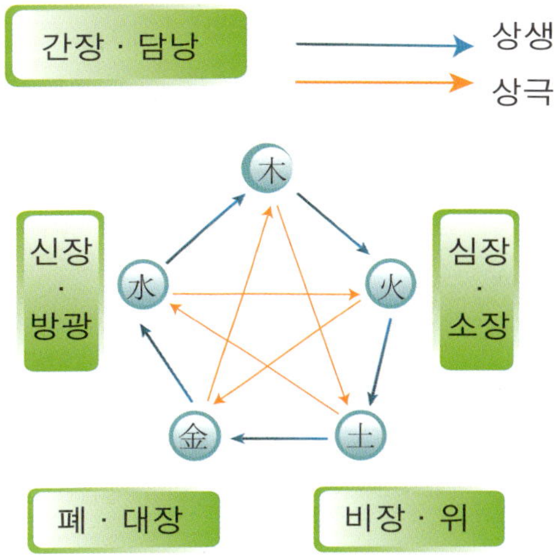

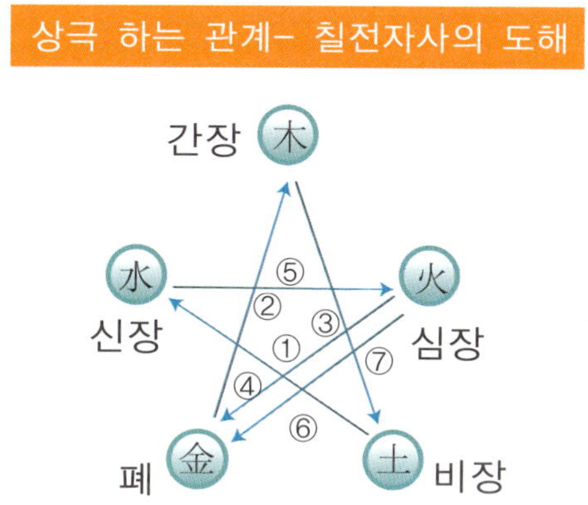

※ 나빠진 장기가 다른 장기를 나쁘게 만든다.

- '목(木)' 은 새싹이 대지를 뚫고 힘차게 올라오는 생명력을 의미한다.
- '화(火)' 는 불길이 위로 타올라 가듯 생명력이 가장 활발하게 활동하는 것을 의미한다.
- '토(土)' 는 목과 화, 금과 수 성질의 가운데로 중립을 지키고 균형을 잡아주며 조화를 이루는 힘을 의미한다. 예를 들면 계절과 계절 사이 환절기가 토에 해당한다.
- '금(金)' 은 순종하고 성숙하며 결실을 맺음을 의미한다.
- '수(水)' 는 비가 하늘에서 땅으로 내리듯이 생명력을 깊숙하게 간직하고 포용하는 것을 의미한다.

Section 4 인체 부위별 발 반사구 명칭과 효능 및 효과

(1) 오른발의 반사구

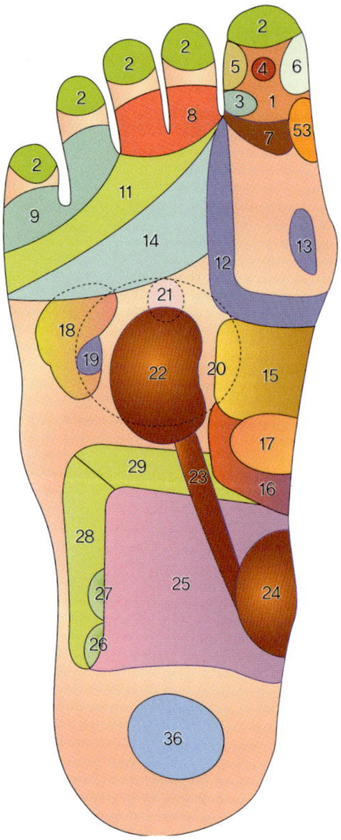

그림 5-6
오른발(right foot) 바닥의 반사대

1. 머리(Head) : 두통, 고혈압, 현기증, 불면증
2. 전두동(Frontal sinuses) : 두통, 불면증, 건망증
3. 소뇌(Cerebellum) : 기억력 감퇴, 어지러움
4. 뇌하수체(Pituitary gland) : 내분비 기능 실조, 불감증
5. 삼차신경(Temporal area) : 불면증, 편두통, 치통
6. 코(Nose) : 비염, 축농증, 습관성 코피
7. 목(Neck) : 기침, 쉰 목소리, 목의 통증, 기관지염
8. 눈(Eye) : 근시, 백내장, 각막염
9. 귀(Ear) : 중이염
11. 승모근(Trapezoid) : 어깨결림, 목결림, 손의 저림, 마비
12. 갑상선(Thyroid glands) : 불면증, 갑상선 기능 저하(비만관리), 갑상선 기능 항진(체중 감소)
13. 부갑상선(Parathyroid) : 구토, 수전증, 수족의 마비
14. 폐와 기관지(Lungs and Bronchi) : 가래, 폐렴, 기관지염
15. 위(Stomach) : 위염, 위경련, 위산 과다
16. 십이지장(Duodenum) : 배가 붓는 증상, 십이지장 궤양
17. 췌장(Pancreas) : 당뇨병, 신진대사장애, 장염
18. 간장(Liver) : 황달, 피로, 불면증
19. 담낭(Gall Bladder) : 간기능 활성화, 지방대사에 효과적

(2) 왼발의 반사구

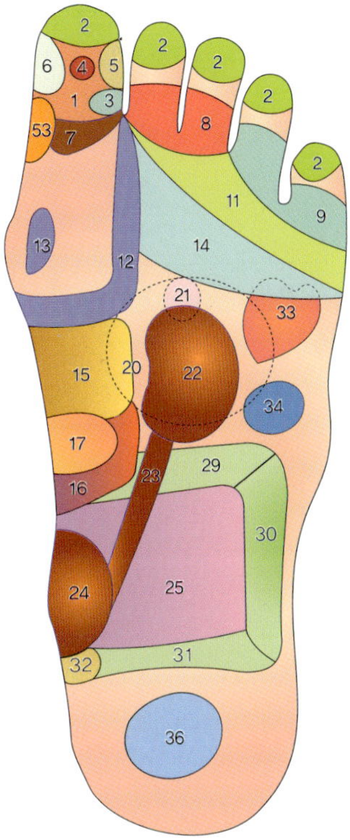

그림 5-7
왼발(Left foot) **바닥의 반사대**

20. 태양신경총(Solar plexus) : 몸살, 위경련
21. 부신(Adrenal glands) : 고혈압, 기관지 & 천식기 면역력 증강, 방광염
22. 신장(Kidneys) : 고혈압, 동맥경화, 부종, 신장결석, 이명
23. 수뇨관(Ureters) : 신장결석, 수뇨관결석, 비뇨염
24. 방광(Bladder) : 빈뇨증, 비뇨기계통
25. 소장(Small intestines) : 영양불량, 장염, 설사 및 복통
26. 맹장(Appendix) : 맹장, 하복부팽만
27. 회맹판(lieocecal value) : 복통, 복부팽만, 소화불량
28. 상행결장(Asernding colon) : 설사, 변비
29. 횡행결장(Transversume colon) : 복통, 장염, 변비, 설사
30. 하행결장(Descending colon) : 설사, 장염
31. 직장(Rectum) : 변비, 치질
32. 항문(Anus) : 치질, 직장암
33. 심장(Heart) : 심근경색, 심장질환
34. 비장(Spleen) : 식중독, 근육통증, 고혈압
36. 생식선(Genital glands) : 성기능 저하, 월경불순

(3) 내측의 반사구

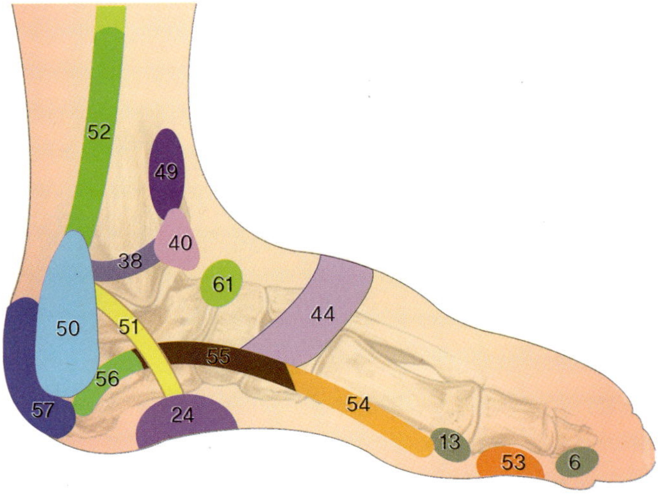

그림 5-8 발의 내측(Inside Area) 반사대

6. 코(Nose) : 비염, 축농증, 습관성 코피
13. 부갑상선(Parathyroid) : 구토, 수전증, 수족의 마비
24. 방광(Bladder) : 빈뇨증, 비뇨기계통
38. 고관절(Hip-joint) : 관절통, 허리통증
40. 하부 림프선(Lymph gland) : 면역력 증가
50. 자궁, 전립선(Uterus, Prostate) : 생리통, 자궁내막염, 전립선비대, 빈뇨
51. 음경, 질, 요도(Penis, Vagina, Rectum) : 요실금, 요도염
52. 항문, 직장(Anus, Rectum) : 치질, 직장암
53. 경추(Cervical vertebra) : 두통, 현기증, 구역질
54. 흉추(Dorsal vertebra) : 디스크, 어깨저림
55. 요추(Lumbar vertebra) : 요통, 골다공증, 좌골신경통
56. 천추(선골)(Sacrum) : 미골통증, 좌골신경통
57. 미골(Coccyx) : 좌골신경통

(4) 외측의 반사구

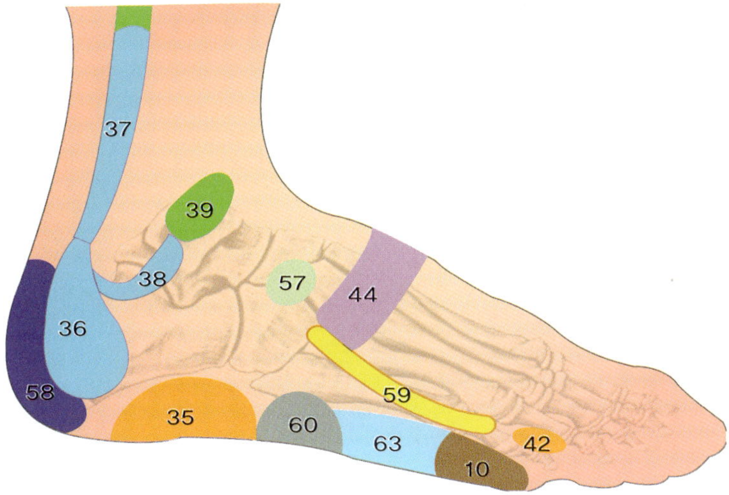

그림 5-9 발의 외측(Outside Edge) 반사대

10. 어깨(Shoulder) : 사·오십견, 팔의 마비
35. 무릎(Knee) : 관절염
36. 난소, 고환(Genital glands) : 불감증
37. 하복부(Relaxation of the Abdomen) : 생리불순
38. 고관절(Hip-joint) : 허리통증
39. 상부 림프선(Lymph-gland, Upper body) : 자궁암, 면역력 증가
42. 반규관, 평형기관(Balance organ) : 멀미, 어지럼증
43. 흉부(Cheat) : 가슴질환
44. 횡격막(Diaphragm) : 구토, 딸꾹질
58. 외미골(Lateral Coccyx) : 발꿈치통증
59. 견갑골(Scapular) : 어깨통증
60. 팔목관절(Elbow joint) : 신경통, 관절염
63. 팔(Arms) : 팔꿈치통증

(5) 발등과 종아리 반사구

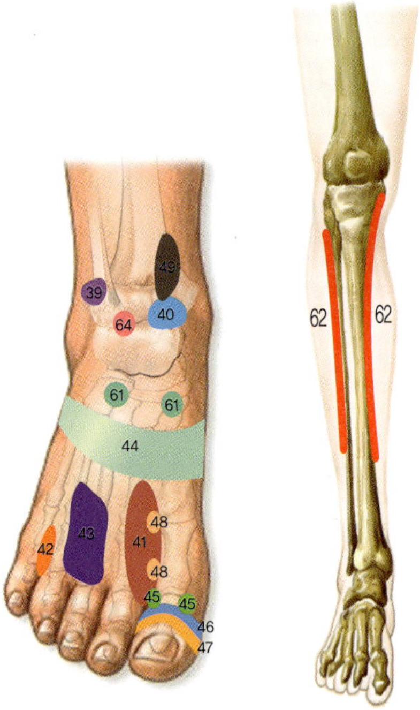

그림 5-10
발등 부위의 반사대

39. 상부 림프선(Lymph-gland, Upper body) : 자궁암, 면역력 증가
40. 복부 림프선(Lumph-gland, Abdomen) : 면역력 증가
41. 흉부 림프선(Lumph-gland, Thorex) : 면역력 증가, 감기 예방
42. 반규관, 평형기관(Balance, organ) : 멀미, 어지럼증
43. 흉부(유방, Chest) : 가슴질환
44. 횡격막(Diaphragm) : 구토, 딸꾹질
45. 편도선(Tonsils) : 편도선 비대
46. 하악(Maxilla lower jaw) : 치통, 구강염
47. 상악(Submaxilla upper jaw) : 치통, 구강염
48. 성대(Larynx and Wind pipe)
49. 서혜부(Groin) : 성기능 감소
61. 늑골(Ribs) : 늑막염
62. 좌골신경(Sciatic nerve) : 당뇨, 요통, 냉증

(6) 팔과 다리의 상응반사 부위

▶ 인체 상부와 하부의 대응관계

1. 머리(Head) : 두통, 고혈압, 현기증, 불면증
2. 전두동(Frontal sinus) : 두통, 불면증, 건망증
3. 소뇌(Cerebellum) : 기억력감퇴, 어지러움
4. 뇌하수체(Pituitary gland) : 내분비기능 실조, 불감증
5. 삼차신경(Temporal area) : 불면증, 편두통, 치통
6. 코(Nose) : 비염, 축농증, 습관성 코피
7. 목(Neck) : 기침, 쉰 목소리, 목의 통증, 기관지염

Section 5 발 반사요법의 실제

발 반사요법을 시행할 때는 시술자의 손 관절을 보호하기 위해 지압봉을 사용한다. 지압봉을 사용할 때는 항상 손과 함께 움직여 고객에게 부드러운 느낌을 주어야 하며 지압봉 자극 후 바로 손으로 마사지해 준다.

1. 지압봉의 사용

(1) 지압봉 종류와 용도

① A봉

- 기본적인 힘을 가할 때 사용한다.(약 3kg 미만의 압력)
- 초보자 및 자가 사용 시 사용한다.
- 반사구 위치를 수직으로 누르거나, 측면을 이용하여 문지를 때 사용한다.

② B봉

- 반사구를 쓸어올리거나 내릴 때 또는 넓은 경우에 사용한다.
- 발등이나 발뒤꿈치에 사용한다.

③ C봉

- 강한 지압을 할 때 사용한다.
- 자신의 발을 직접 자극할 때 사용한다.
- 반사구의 위치가 깊고 좁은 경우에 사용한다.
- 치유효과를 얻고자 할 때 사용한다.

(2) 지압봉 잡는 방법

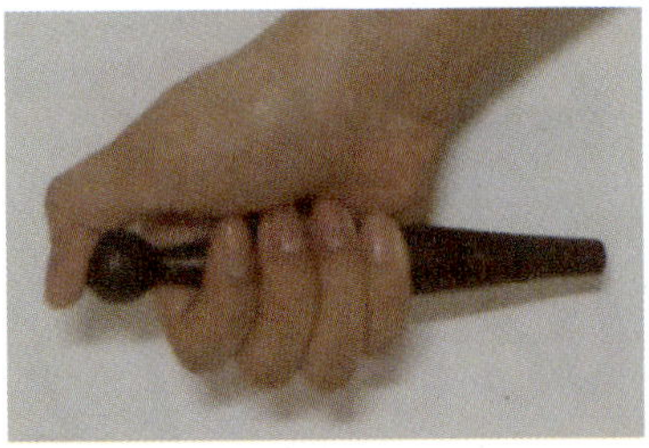

① A봉의 엄지손 머리잡기
기본 반사구를 할 때 자세

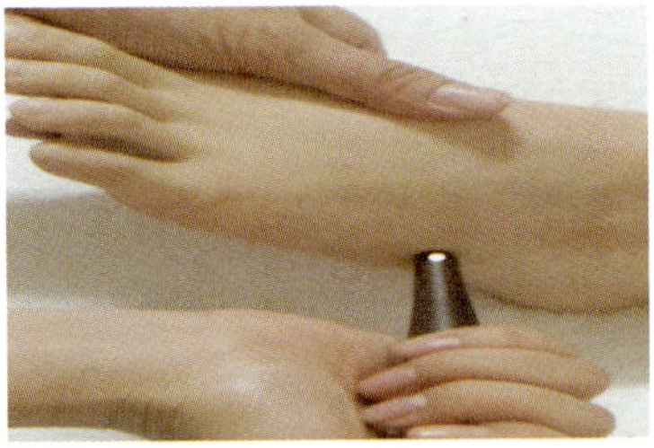

② A봉의 엄지손 중간마디 잡기
무릎 반사구 할 때 자세

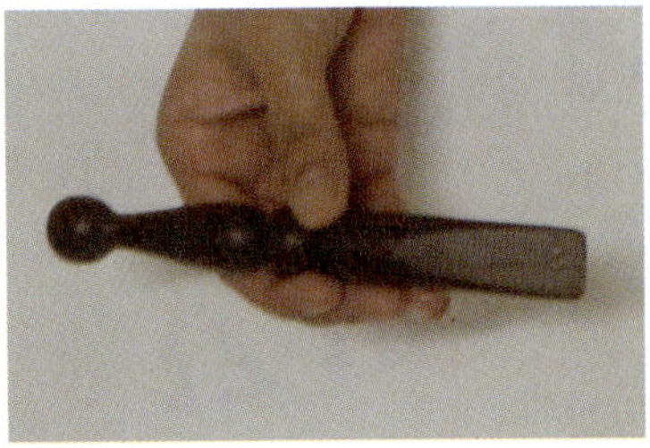

③ B봉의 손가락 중간마디 잡기
뇌하수체, 대뇌, 소뇌, 눈, 귀, 3차신경, 림프, 아래턱, 윗턱, 안면신경, 발등, 생식선을 자극할 때 자세

④ B봉의 뒤로 젖히기 동작
어깨, 팔, 팔꿈치, 외미골, 내미골, 코, 경추, 부갑상선, 흉추, 요추, 자궁전립선, 난소, 정소 자극 시의 자세

(3) 지압봉 사용 시 주의사항

① 지압봉으로 반사구의 위치를 누른 후, 엄지를 제외한 손가락으로 원을 그리듯 가볍게 마사지한다.

② 원을 그리듯 풀어 줄 때에는 시계방향으로 시술한다.

③ 반사구를 지압할 때는 접촉하는 면과 지압봉이 직각(90°)이 되도록 4초 동안 누른다.

④ 지압봉으로 반사구를 누르거나 문지르는 경우 고객의 표정을 보면서 힘을 조절하여 시술한다.

⑤ 시술 시 처음에 누르는 압은 정상압의 70~80% 정도만 한다. 처음부터 강한 압력으로 자극하여 상대방이 아픔을 느낄 경우 불쾌감과 거부감으로 근육이 경직되어 효과가 반감될 수 있다.

⑥ 반사구를 자극할 때 고객이 불쾌감이나 거부감을 표현할 경우 즉시 부드러운 동작으로 바꾼다.

⑦ 반사구 부위와 위치에 따라 봉 끝에 크림을 묻혀 손과 함께 문질러 피부와 지압봉 사이에 일어나는 마찰을 감소시킨다(흉추, 요추, 미골, 자궁, 전립선, 정소, 난소).

⑧ 반사구 부위를 봉으로 눌러 봉이 미끄러질 경우에는 봉 끝에 크림을 묻히지 않고 실시한다(전두동, 방광).

⑨ 반사구 자극 시 지압봉으로 뼈가 다칠 우려가 있는 부위는 반대쪽 손가락으로 봉이 미끄러지지 않도록 지지하여 실시한다.

(4) 지압봉 사용 후 보관방법

사용 후 흐르는 수돗물에 중성세제로 깨끗이 닦아 물기를 제거한 후 자외선 살균 소독기에 보관한다.

Section 6 발 반사요법 실기 A형

1. 기본 반사구(배설기계, 비뇨기계 반사구)

발 반사요법을 실시할 때 노폐물의 배설을 촉진시키기 위해 제일 먼저 신장·수뇨관·방광·요도 반사구를 해 준다.

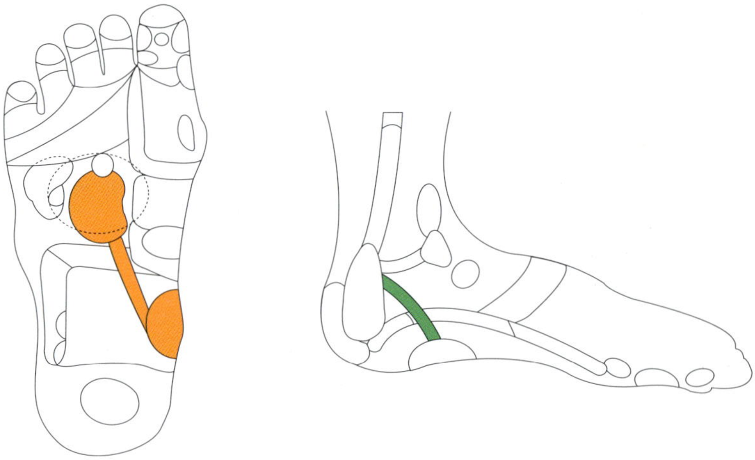

(1) 반사구 위치

① 부 신 : 신장의 위에 위치
제2, 3중족골의 사이로 세로 제Ⅱ선으로부터 약간 떨어진 곳(용천혈)

② 신 장 : 제11흉추에서 제3요추 사이에 걸쳐 위치

③ 수뇨관 : 신장의 아래쪽에서부터 주상골의 내측 아래 사선으로 연결

④ 방 광 : 복사뼈의 내측으로 종골, 주상골, 제1쐐기골이 형성하는 아치 위

⑤ 요 도 : 내측 복사뼈 밑, 목발골과 종골 사이

(2) 자극방법

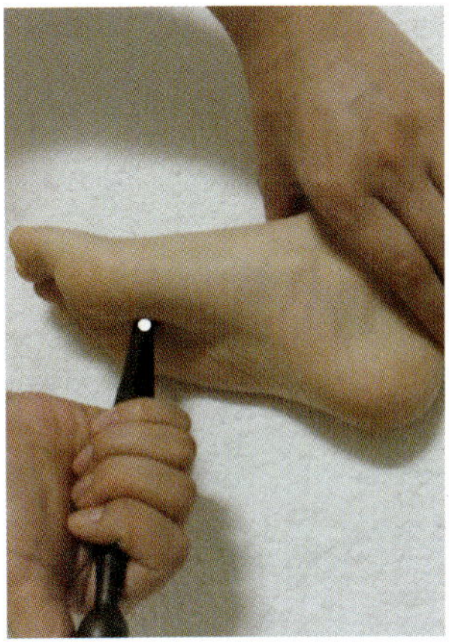

① 신장 반사구

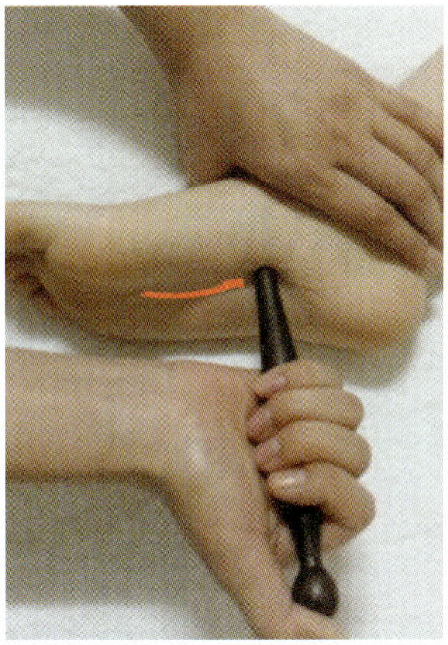

② 수뇨관 반사구

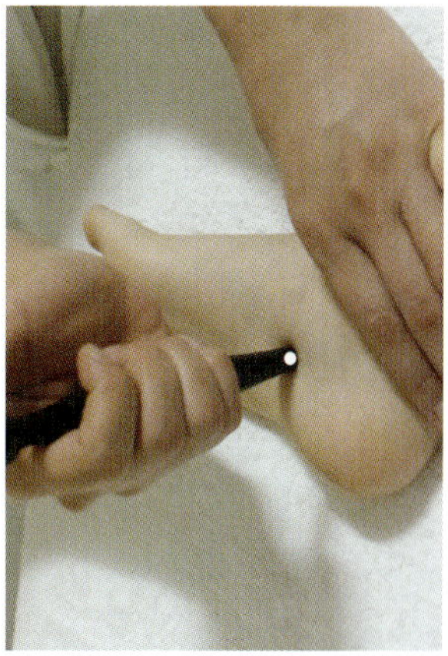

③ 방광 반사구

- 신장(4초씩 3회 누름) → 수뇨관(9번 미끄러지듯) → 방광(4초씩 3회 누름) → 요도(엄지손가락을 이용하여 9번 미끄러지듯) (반사구를 자극할 때마다 손실기를 해 준다.)

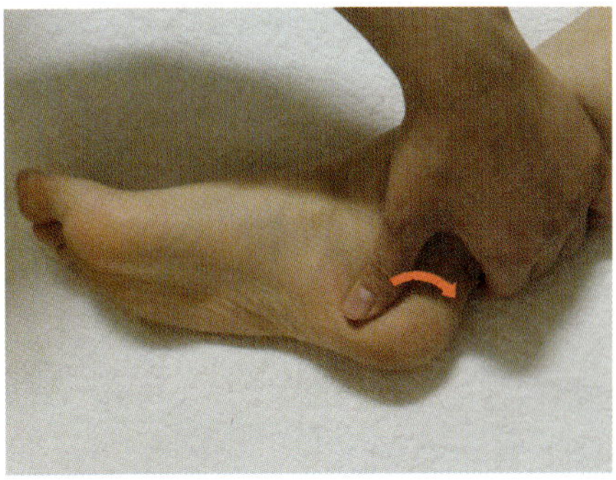

④ 요도반사구

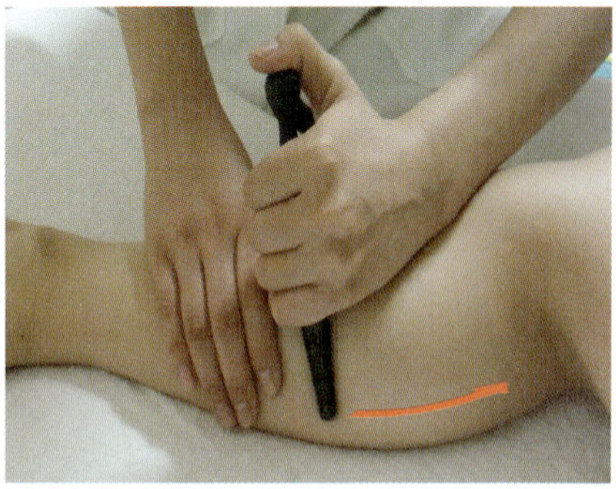

⑤ 지압봉을 이용하여 쓸어주기

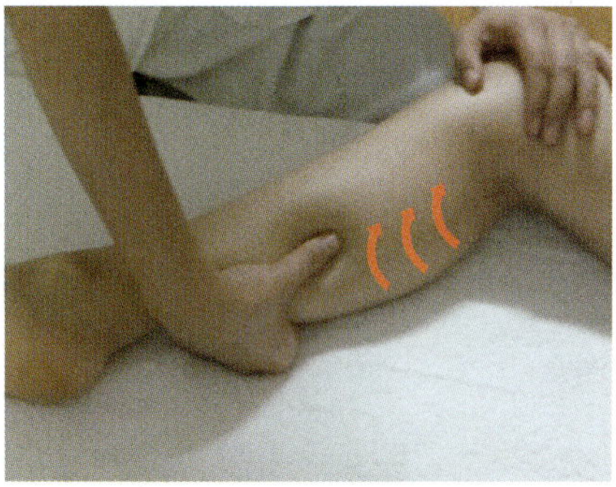

⑥ 손으로 정맥 쓸어주기

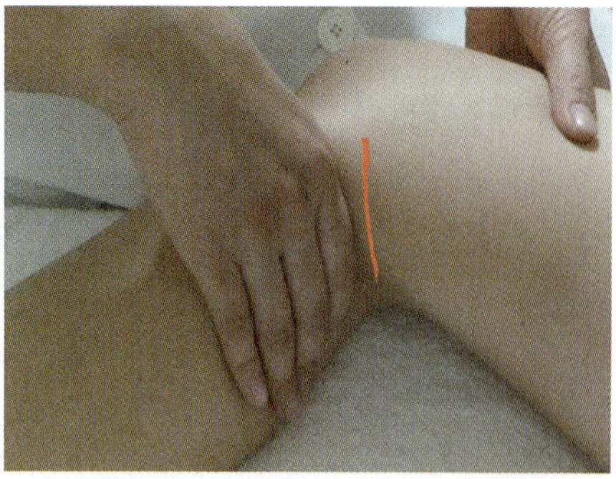

⑦ 슬와부 마무리

2. 척추 반사구

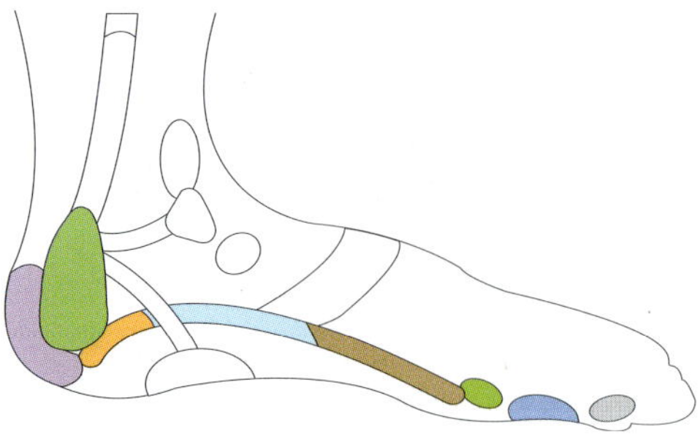

(1) 반사구 위치

① 코 : 엄지발가락의 내측 옆(엄지발톱 옆)

② 경 추 : 제1지 기절골의 내측 부위에 위치

③ 부갑상선 : 제1지 기절 내측 옆

④ 흉 추 : 제1지 중절골 내측을 따라 위치

⑤ 요 추 : 제1설상골과 주상골의 1/3 부분에 위치

⑥ 천 추 : 발 뒤꿈치 종골내측 부위에 약간 아치 모양으로 위치

⑦ 미 골 : 종골 끝에서 복사뼈 내측 아래

⑧ 자궁·전립선 : 발 뒤꿈치 내측 복사뼈 아래에 위치

(2) 자극방법

B봉으로 반사구마다 9회씩 쓸어 준 후 손실기를 해준다.

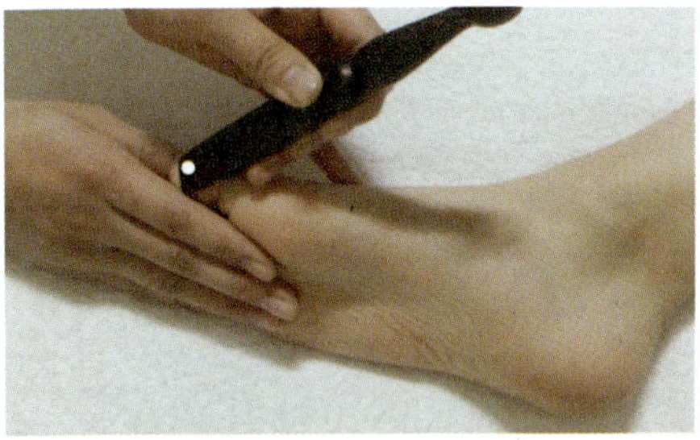

① 코

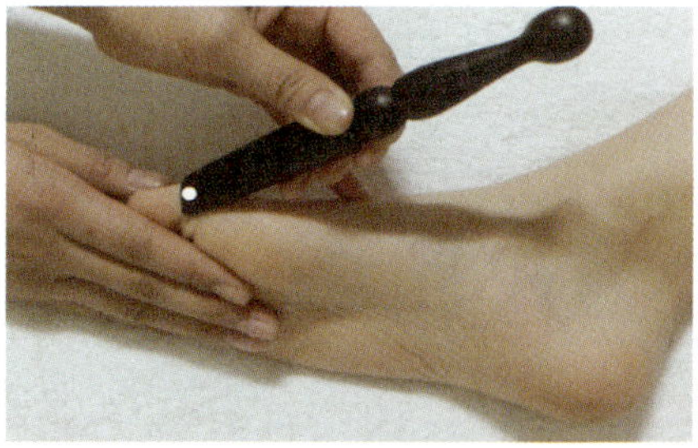

② 경추

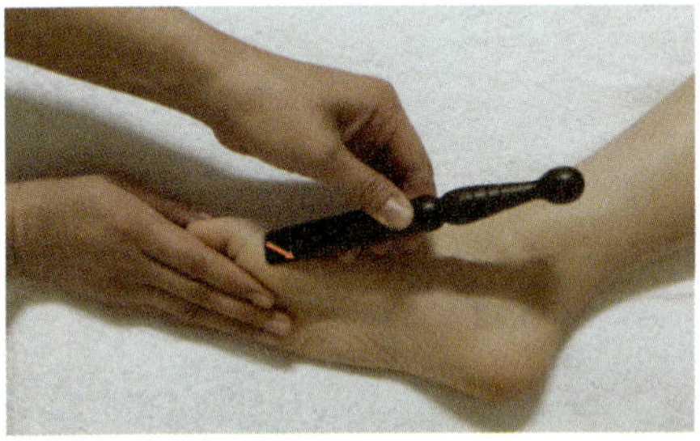

③ 부갑상선

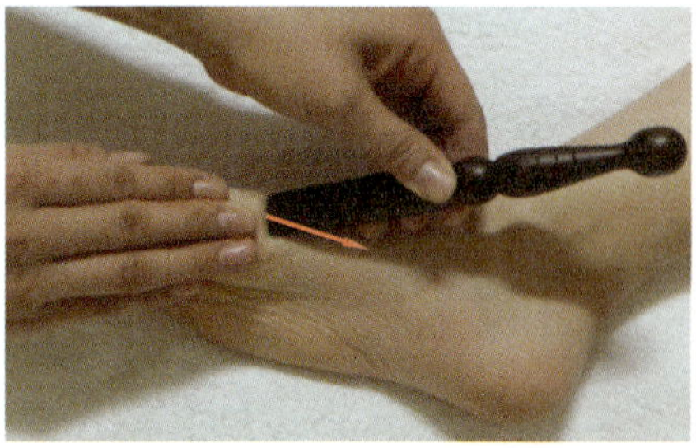

④ 흉추

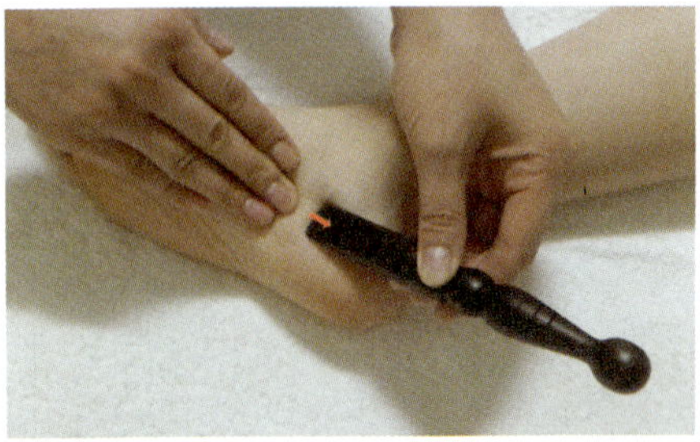

⑤ 요추

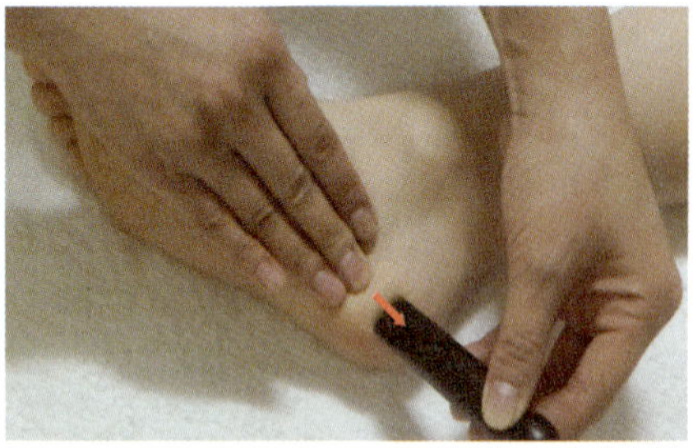

⑥ 미골

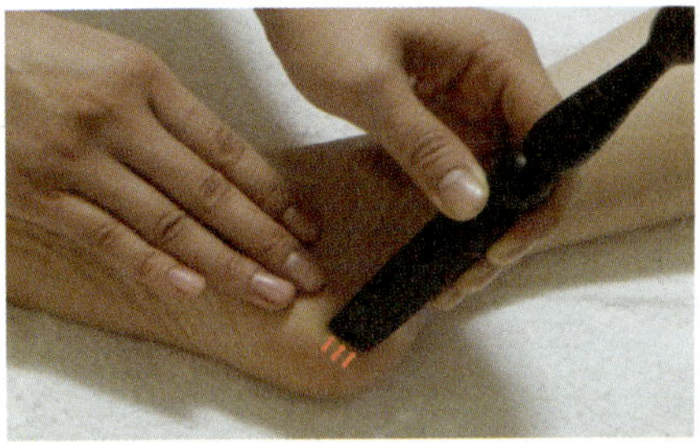

⑦ 자궁, 전립선

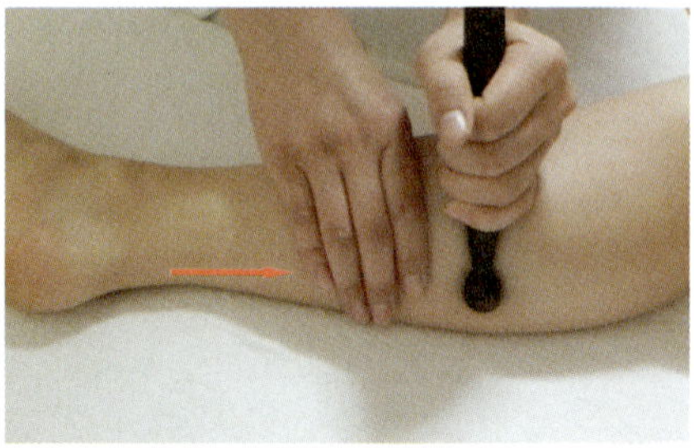

⑧ 정맥 쓸어올리기

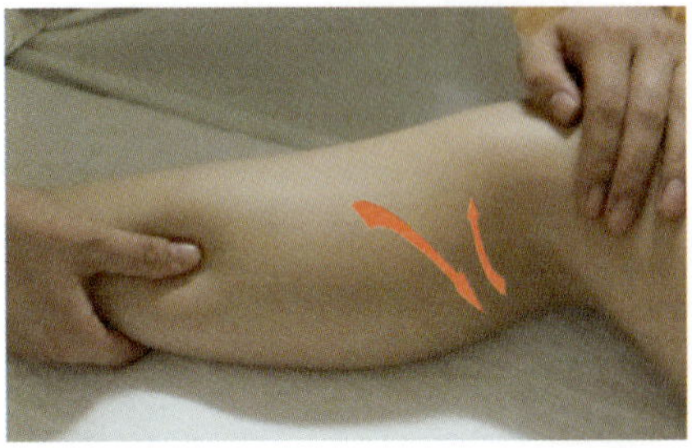

⑨ 정맥 손으로 쓸어올리기

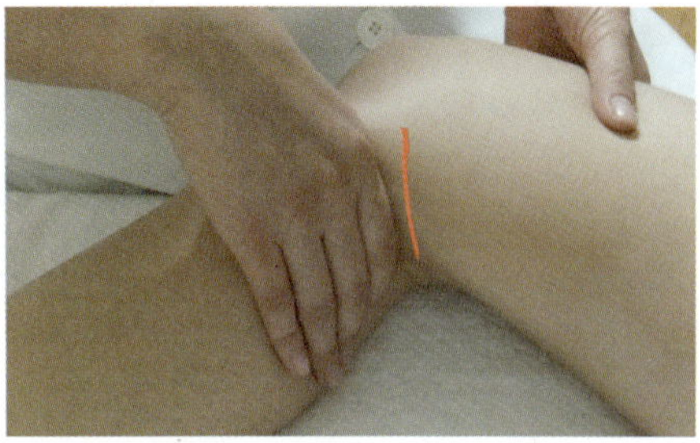

⑩ 슬와부 마무리

3. 전두동 반사구

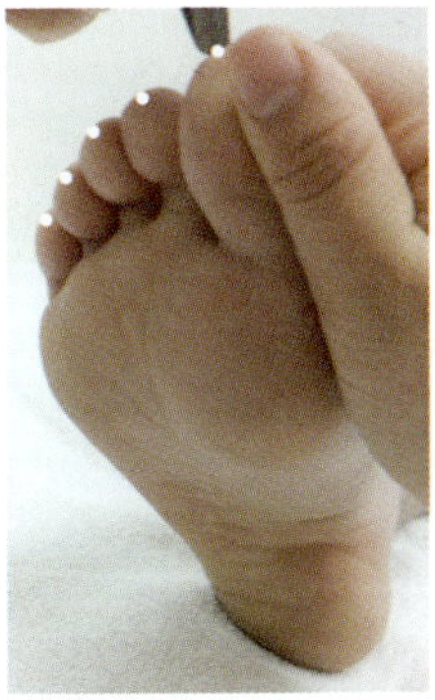

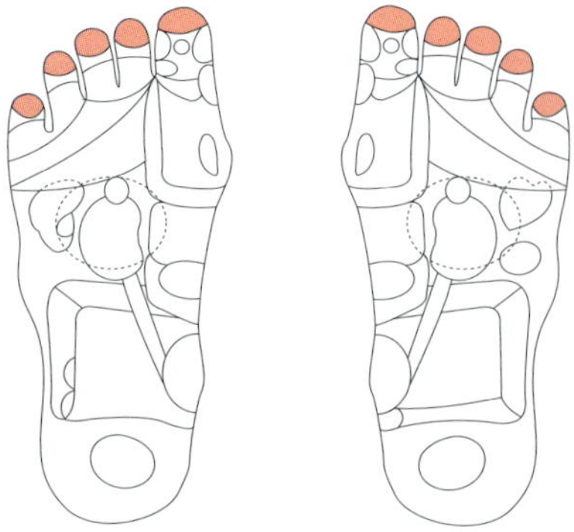

(1) 반사구 위치

전두동 : 각 발가락 끝의 둥근 부위

(2) 자극방법

① 발 끝부분을 자극한다(전두동).

② B봉을 이용하여 4초씩 3번 지그시 누른 후 엄지손가락으로 자극된 부위를 부드럽게 마사지한다.

4. 뇌하수체, 대뇌, 소뇌 반사구

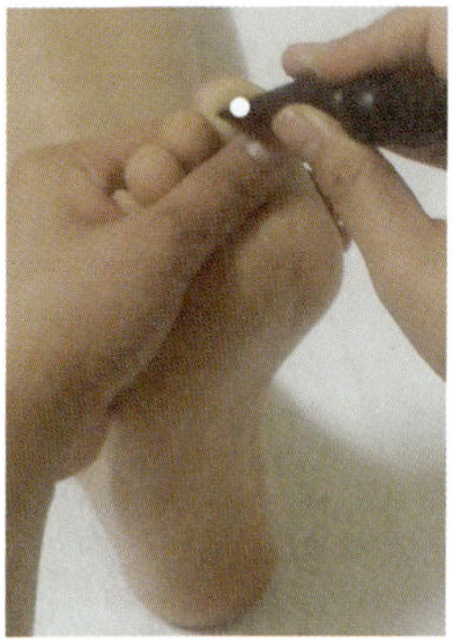
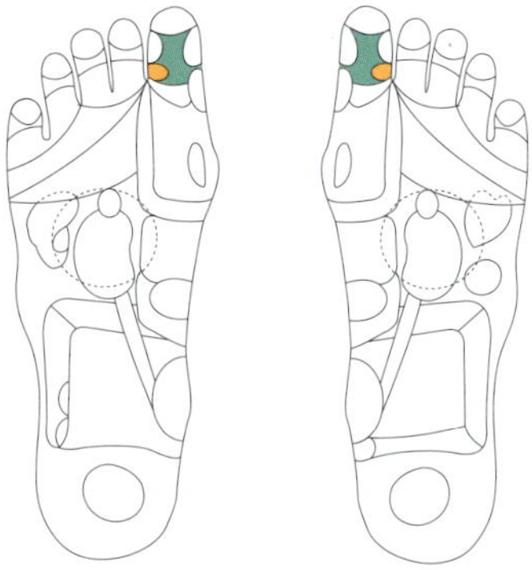

(1) 반사구 위치

뇌하수체, 대뇌, 소뇌 : 엄지발가락 족문부분 중앙의 가장 높은 부위

(2) 자극방법

B봉을 이용하여 긁어 준다.

5. 목 반사구

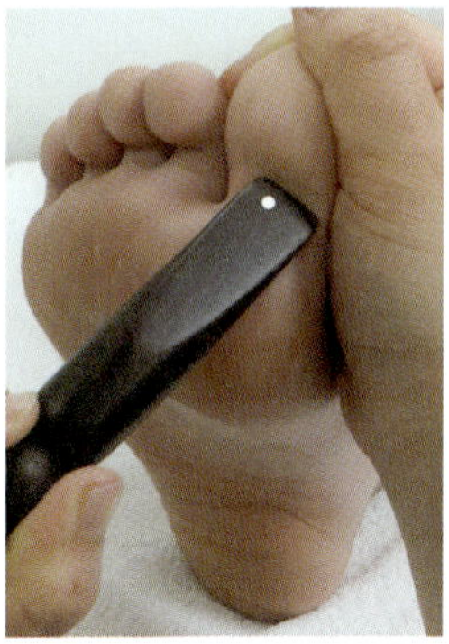
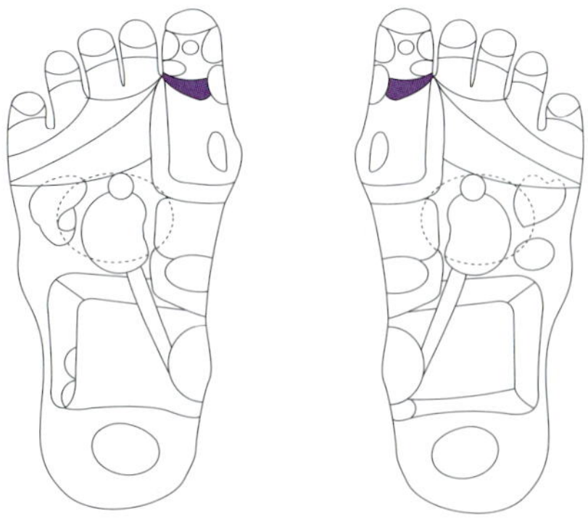

(1) 반사구 위치

엄지발가락의 바닥면이 접히는 부위에 위치

(2) 자극방법

B봉을 사용하여 엄지발가락이 접히는 부분을 가볍게 발바닥 쪽으로 파내 준다. 발가락 뿌리 부분을 1/3로 나누었을 때 한 곳을 3회씩 3번 반복한다.

6. 눈 반사구

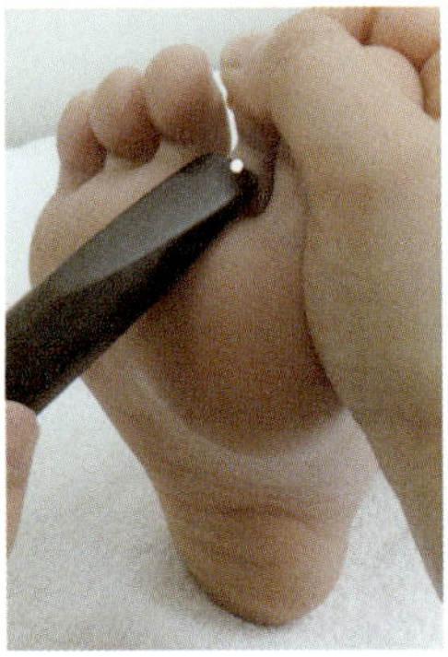
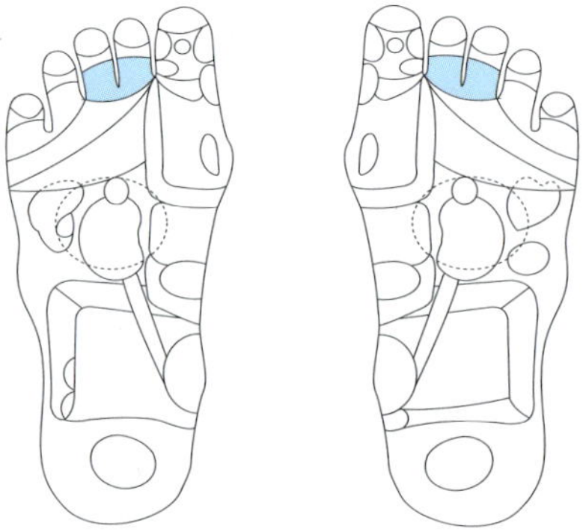

(1) 반사구 위치

제2, 3지 발가락의 뿌리 부분에 위치

(2) 자극방법

① 제2, 3지 뿌리 부분을 B봉을 사용해 아래로 미끄러지듯 가볍게 자극한다.
② 3회씩 3번 자극하고 손으로 가볍게 문지른다.

7. 귀(이명 멀미, 평형감각) 반사구

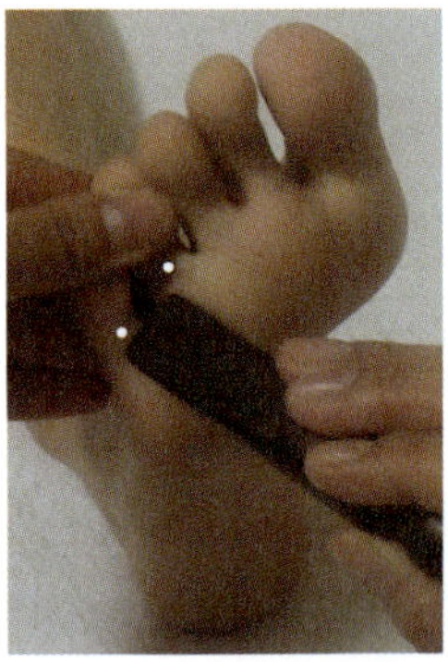
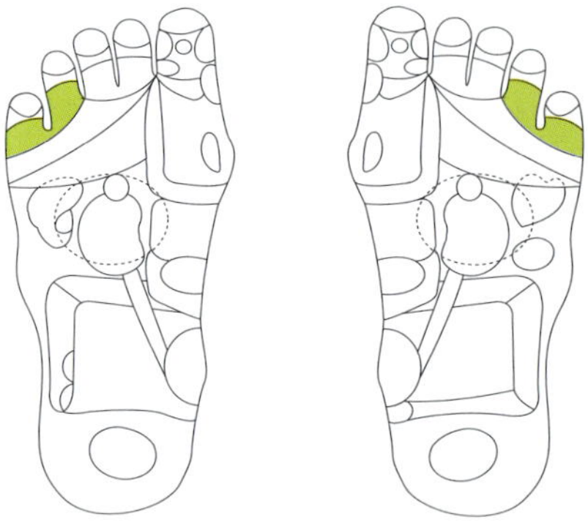

(1) 반사구 위치

제4, 5지 발가락의 뿌리 부분에 위치

(2) 자극방법

① 제4, 5지 뿌리 부분을 B봉에 크림을 묻혀 위에서 아래로 미끄러지듯 자극을 준다.
② 3회씩 9번 자극하고 엄지손가락으로 부드럽게 마사지해 준다.

8. 삼차신경

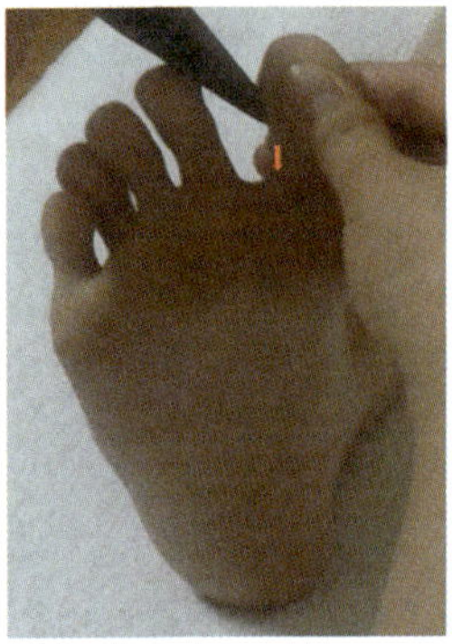
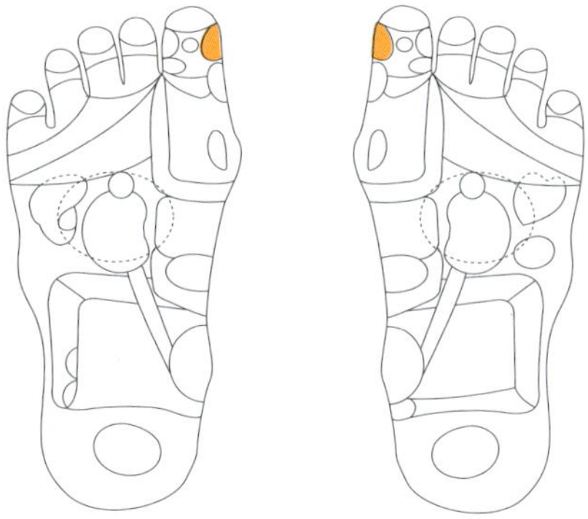

(1) 반사구 위치

양엄지 발가락의 외측면에 위치

(2) 자극방법

삼차신경(안면신경)은 눈·코·입·귀를 관장하는 신경으로, B봉에 발 크림을 묻혀 발끝에서 발가락 사이가 아프지 않도록 부드럽게 자극한다.

9. 림프선

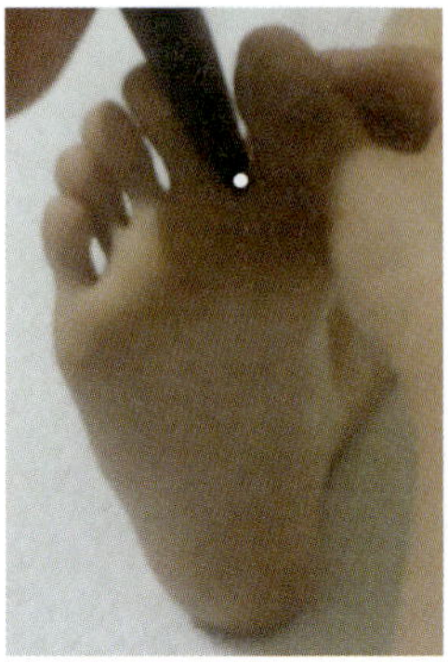

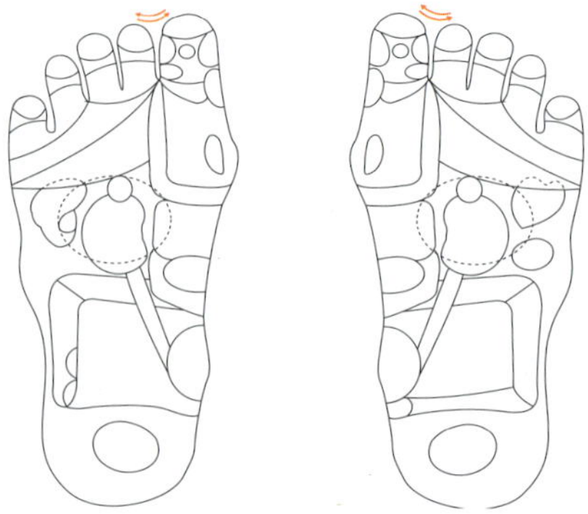

(1) 반사구 위치

발가락 사이에 위치

(2) 자극방법

면역력을 강화시키는 림프의 반사부위로, 발가락 사이를 B봉이나 엄지손가락으로 교차하듯이 아프지 않도록 자극한다. 무좀이 있는 발은 하지 않는다(3회).

10. 갑상선 반사구

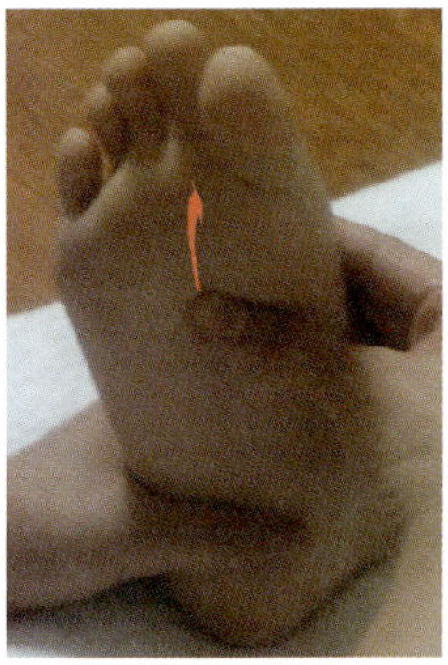

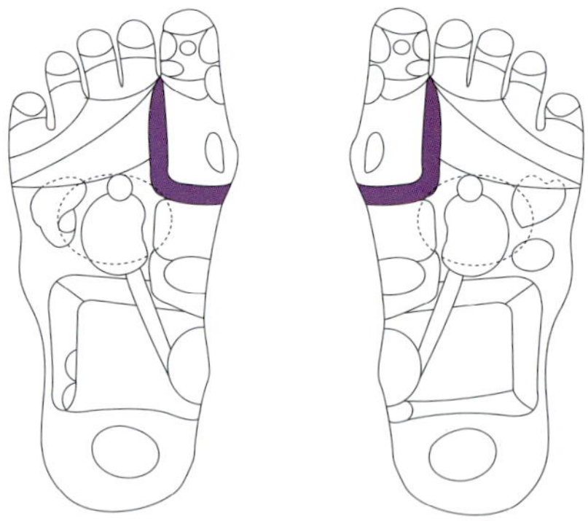

(1) 반사구 위치

제1중족골 엄지발가락과 검지발가락 사이의 내측에 위치

(2) 자극방법

엄지손가락을 이용하여 중족골 사이를 L자 모양으로 자극한다(9회).

11. 승모근 반사구

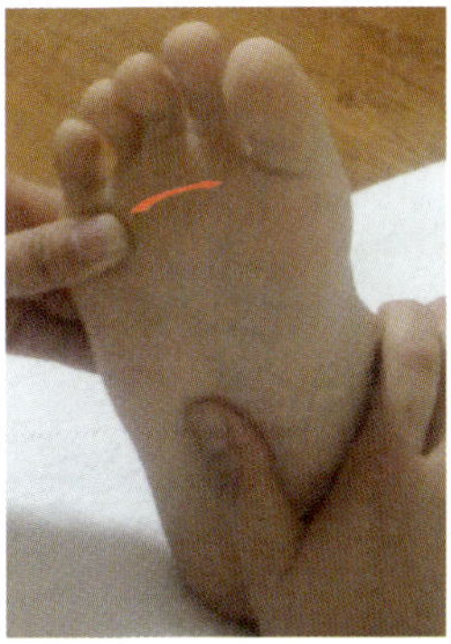

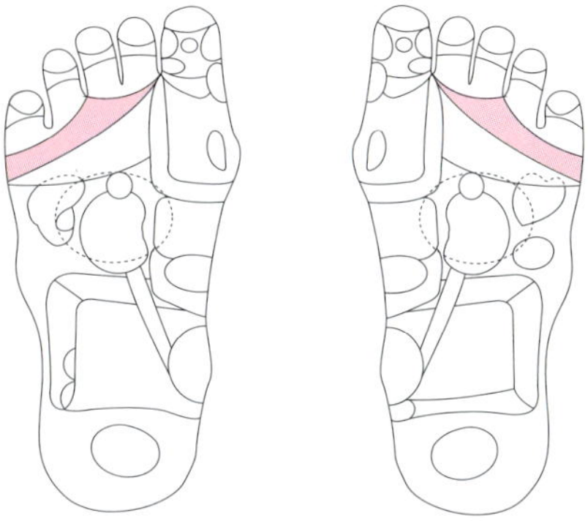

(1) 반사구 위치

제 2, 3, 4, 5지 기절골과 중졸골이 접히는 부위에 위치

(2) 자극방법

엄지를 이용하여 5지에서 2지쪽으로 엄지손가락의 지문부위를 이용하여 자극한다(9회).

12. 폐, 기관지 반사구

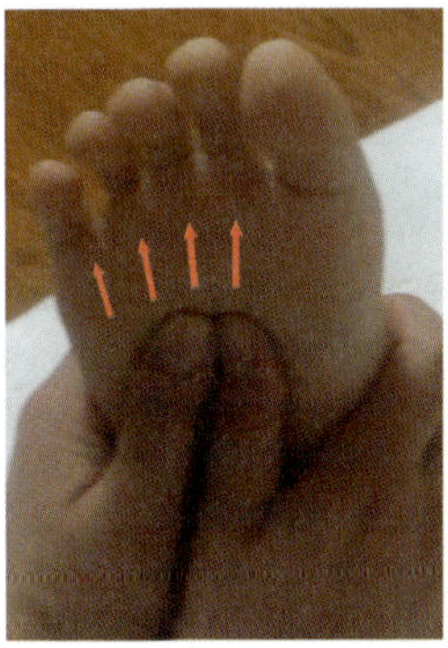

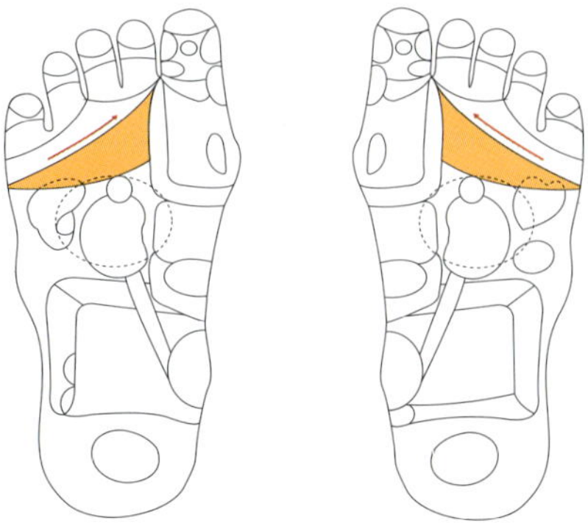

(1) 반사구 위치

발바닥 제2, 3, 4, 5번째 중족골 위에 위치

(2) 자극방법

양 엄지손가락을 이용하여 발가락뼈 사이를 자극한다(9회).

13. 위 반사구

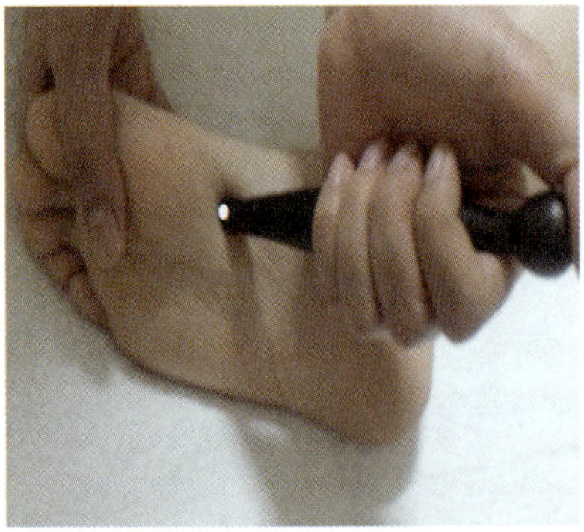

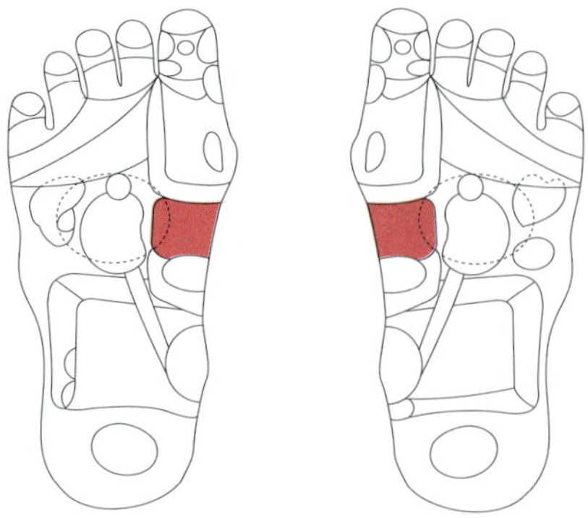

(1) 반사구 위치

제1중족골 중앙 부위, 갑상선 바로 밑에 위치

(2) 자극방법

① 봉으로 자극할 때 – 4초 동안 누른 후 손으로 문질러 압통을 완화시켜 준다.

② 손으로 자극할 때 – 엄지손가락으로 원을 3회 그려 주고 4초간 정지해서 지그시 눌러 준다.

14. 췌장 반사구

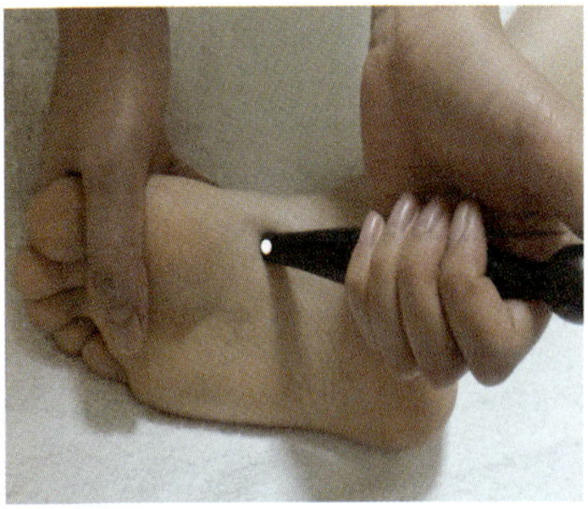

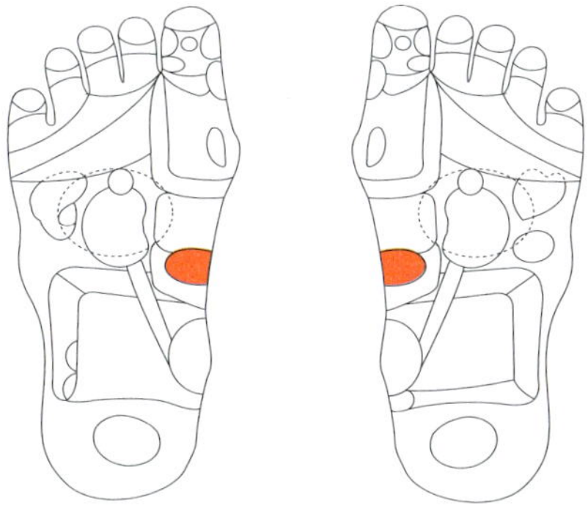

(1) 반사구 위치

제1중족골 중간, 위 바로 아래에 위치, 십이지장의 윗부분

(2) 자극방법

① 봉으로 자극할 때 – 4초 동안 누른 후 손으로 문질러 압통을 완화시켜 준다.

② 손으로 자극할 때 – 엄지손가락으로 원을 그리듯 3회 천천히, 그리고 4초 동안 고정한 후 지그시 눌러준다.

15. 십이지장 반사구

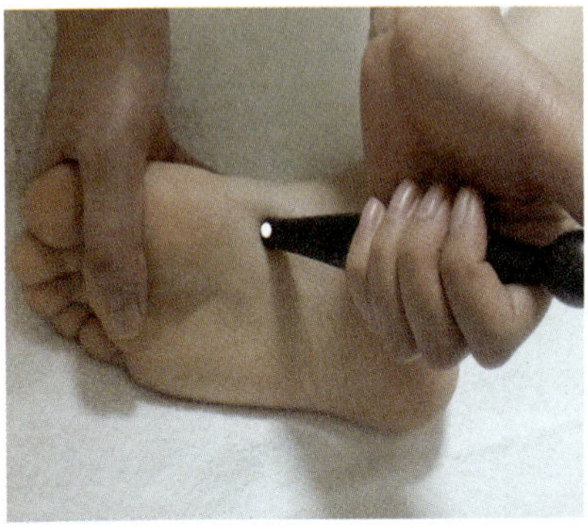

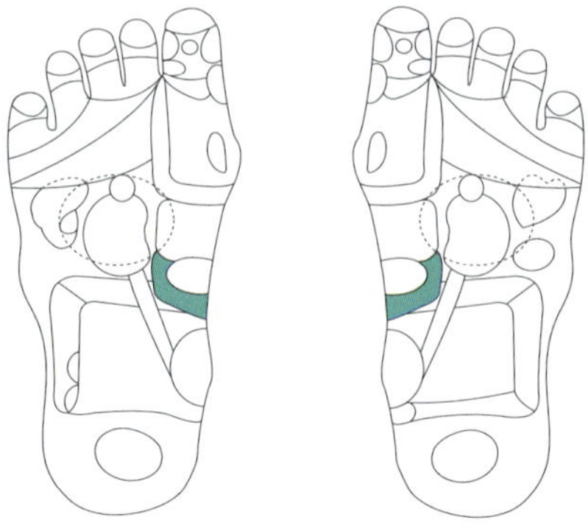

(1) 반사구 위치

발바닥 제1중족골, 췌장 바로 밑에 위치

(2) 자극방법

① 봉으로 자극할 때- 4초 동안 고정시켜 지그시 눌러준 후 엄지손가락으로 원을 그리며 마무리해 준다. 3회 반복한다.

② 손으로 자극할 때 - 엄지손가락으로 원을 그리듯 3회 천천히 돌리고 4초 동안 고정한 후 지그시 눌러 3회 반복한다.

16. 소장 반사구

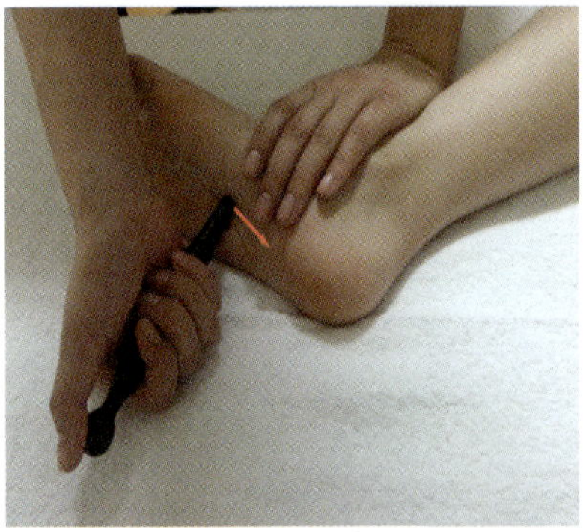

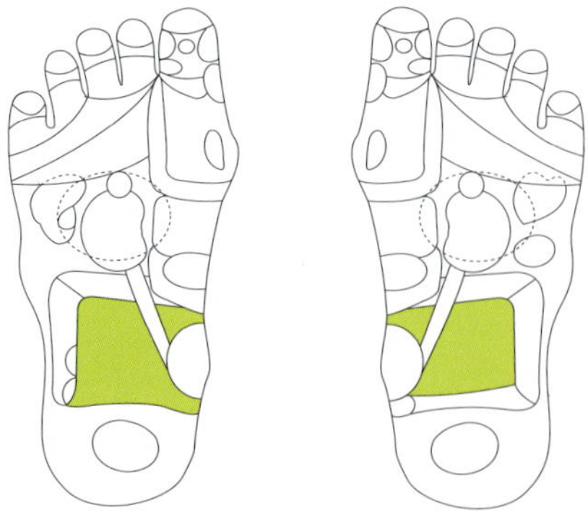

(1) 반사구 위치

제1중족골 움푹 들어간 부위 아래쪽에 위치한 발바닥 아치 전체

(2) 자극방법

① 봉으로 자극할 때 - 용천부터 지그시 일정한 압력으로 눌러 발바닥 아치가 끝나는 지점에서 미끄러지듯 흉추, 요추, 부위까지 3회 이상 반복한다. 아프거나 간지러워하면 손으로 자극한다.

② 손으로 자극할 때 - 엄지손가락을 이용하여 용천에서 발바닥 아치가 끝나는 지점까지 미끄러지듯 일정한 압력으로 자극한다. 3회 이상 반복한다.

③ 소화기계통의 가스찬 데, 비만의 자극법

17. 맹장 반사구(오른발)

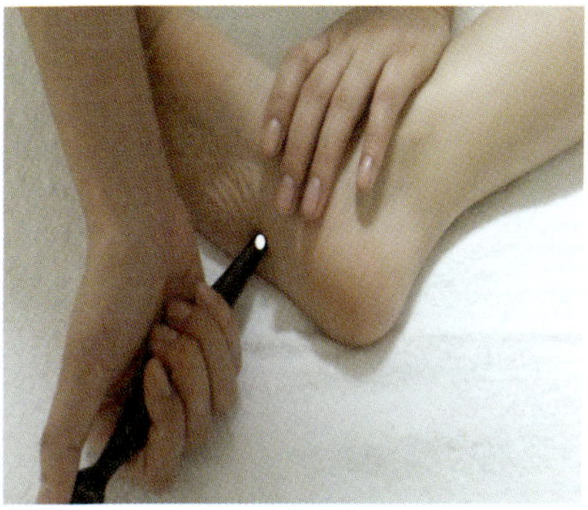

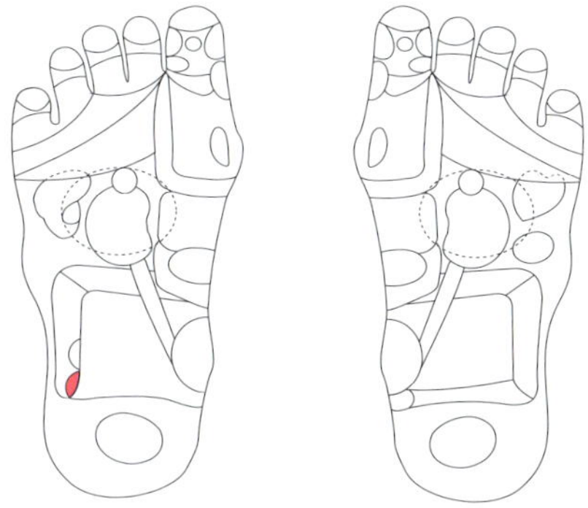

(1) 반사구 위치

회맹판 아래에 있으며 오른발에만 위치

(2) 자극방법

① 봉으로 자극할 때 – 작은 봉을 이용하여 회맹면 아래를 강하게 4초씩 3회 이상 반복하여 누른다.

② 반사가 잘 되지 않는 부위로 봉만 사용하여 누른다.

18. 상행결장(대장) 반사구(오른발)

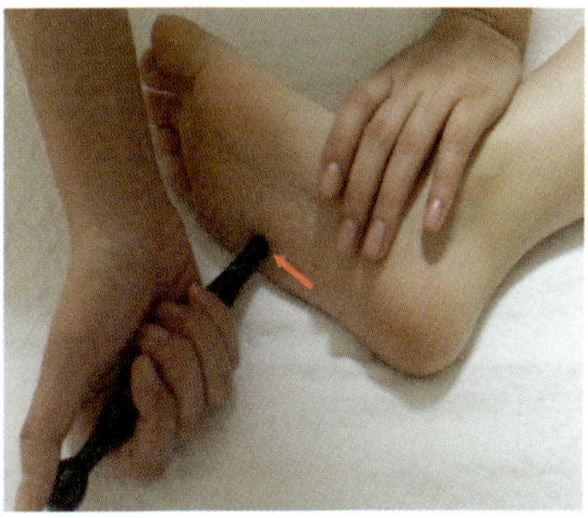

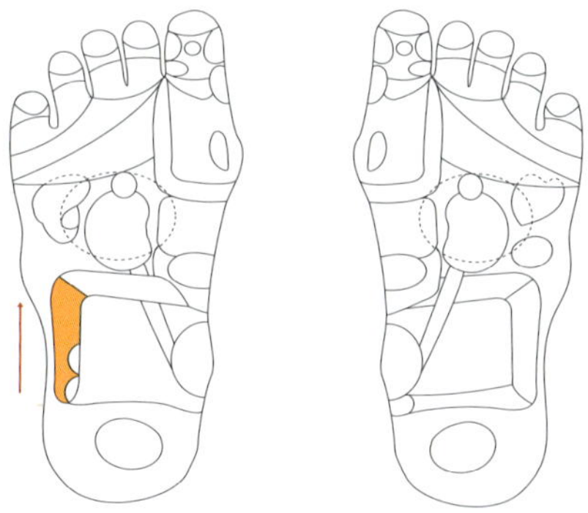

(1) 반사구 위치

오른쪽발 종골 상부 1/3 지점에서 중족골 제4, 5지 사이로 상행한다.

(2) 자극방법

① 봉으로 자극할 때 – 오른발의 제5지와 수직이 되는 부위를 4초씩 고정시켜 봉으로 누른 후 가볍게 손으로 문지른다. 4초씩 3회 반복한다.

② 손으로 자극할 때 – 엄지손가락을 이용하여 발뒤꿈치에서 새끼발가락 쪽으로 미끄러지듯이 문지른다.

19. 횡행결장(가로결장) 반사구

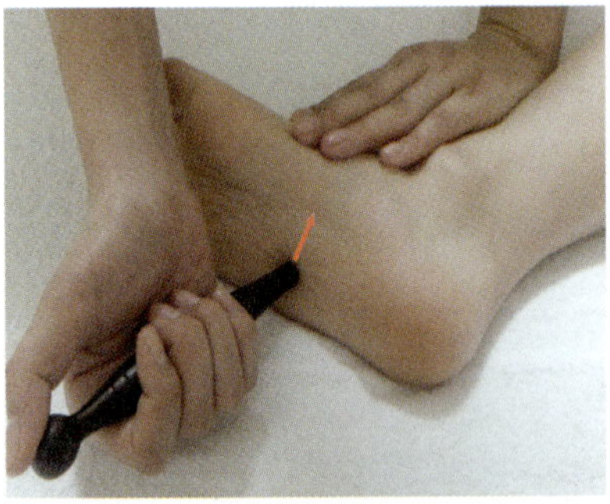

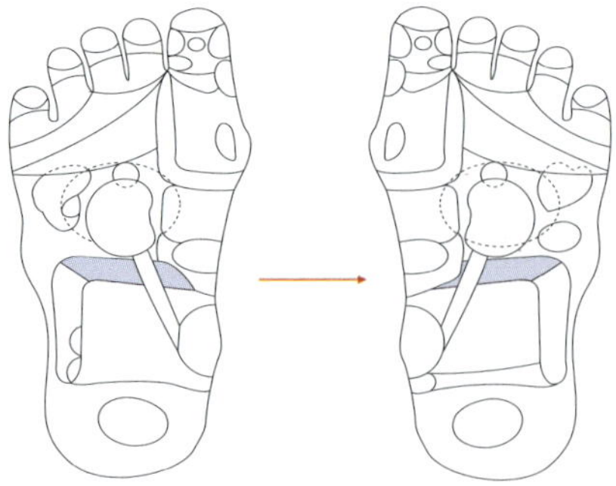

(1) 반사구 위치

① 왼발 십이지장 아래 외측 방향으로 제4, 5지 중족골 사이에 위치

② 오른발은 상행결장에 이어 내측으로 횡단하여 십이지장 아래에 위치

(2) 자극방법

① 봉으로 자극할 때 – 십이지장에서 시작하여 4초씩 고정시켜 지그시 1번씩 누른 후 점을 찍듯 화살표 방향으로 이동한다. 봉으로 누른 후에는 엄지손가락으로 문질러 준다.

② 손으로 자극할 때 – 엄지손가락에 크림을 묻혀 미끄러지듯 화살표 방향으로 자극한다. 9회 이상 반복한다.

20. 하행결장(내림결장) 반사구(왼발)

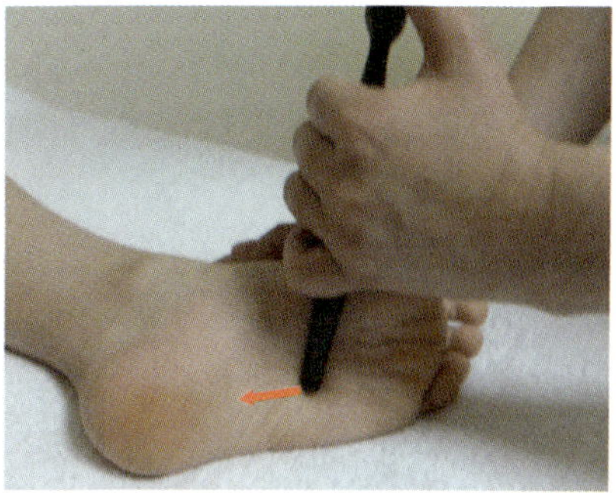

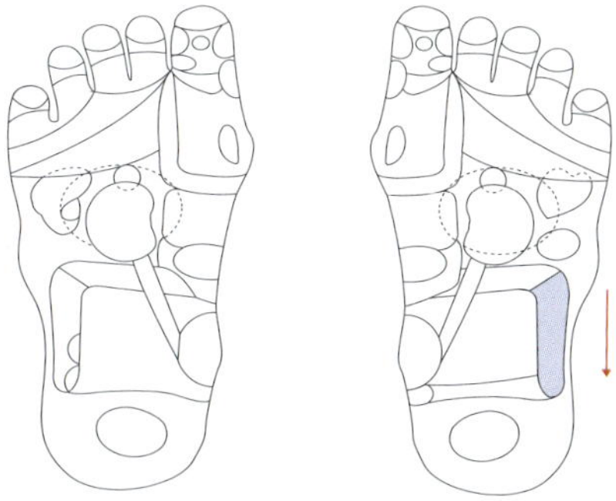

(1) 반사구 위치

왼쪽발바닥의 제4, 5지 바깥쪽을 따라 하행하여 종골 1/3까지

(2) 자극방법

① 봉으로 자극할 때 – 제4지 밑으로 위치하여 화살표 방향으로 4초씩 누른 후에 손으로 마사지 한다.

② 손으로 자극할 때 – 엄지손을 이용하여 제4지 밑부분에서 발뒤꿈치 쪽으로 미끄러지듯 9회 이상 반복하여 자극한다.

21. 직장 반사구(오른발, 왼발)

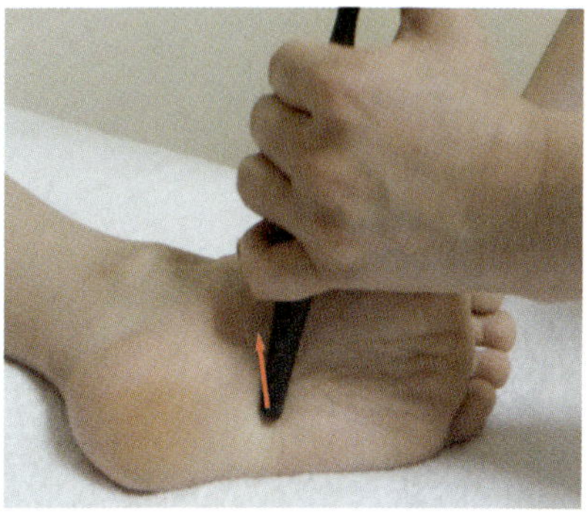

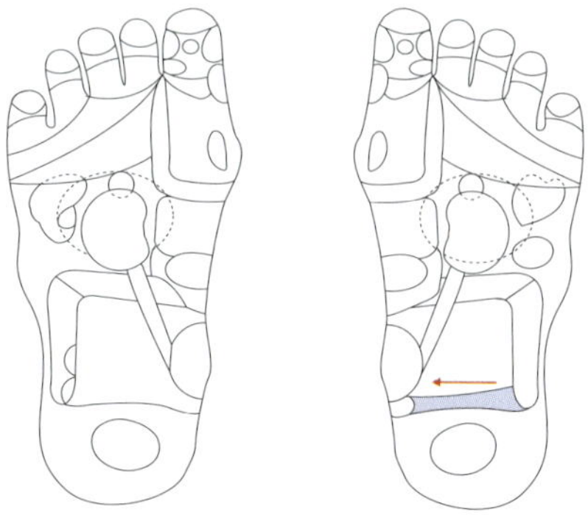

(1) 반사구 위치

① 오른발 내측 복사뼈 위에서 경골을 따라
② 왼발 바깥측 복사뼈 위에서 비골을 따라 무릎 아래까지

(2) 자극방법

손으로 자극할 때 – 엄지손과 종아리에 크림을 바른 후 안쪽 복사뼈에서 경골을 따라, 바깥쪽 복사뼈에서 비골을 따라 슬와부까지 엄지손가락으로 세워 밀어 올린다.(3회 반복)

22. S자 결장 밑 직장의 반사구

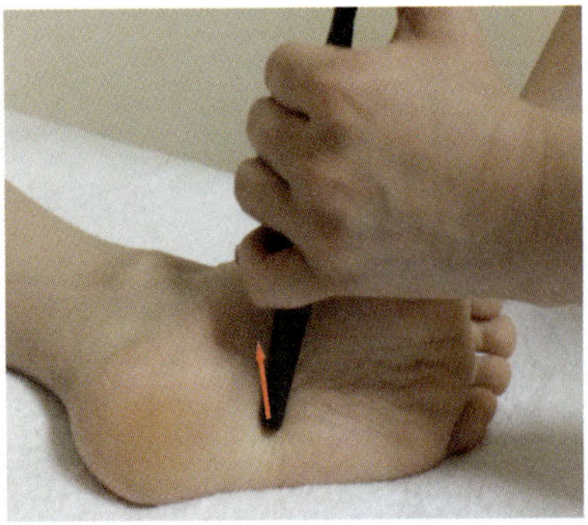

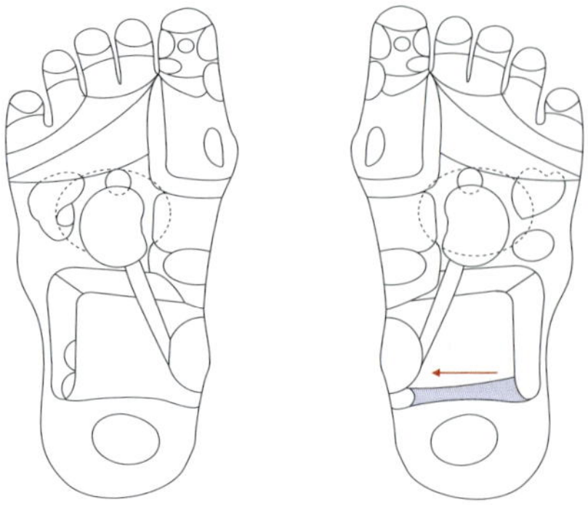

(1) 반사구 위치

하행결장에 이어 횡측 제Ⅲ선상에서 내측으로 종골 상부 가장자리부터 발 뒤꿈치까지 이르고 항문으로 연결된다.

(2) 자극방법

① 봉으로 자극할 때 – S자 결장은 왼발에만 있으므로 발바닥 아치가 끝나는 부분에 위치한다. 제4지쪽에서부터 시작하여 4초씩 고정시킨 후 지그시 눌러 3회씩 반복하여 화살표 방향으로 이동한다. 봉으로 자극한 후엔 반드시 엄지손가락 밑부분으로 부드럽게 마사지하여 압통을 사라지게 한다.

② 손으로 자극할 때 – 엄지손가락으로 힘껏 발바닥 안쪽으로 밀어 준다. 12 번 반복한다.

23. 항문(치질) 반사구(왼발)

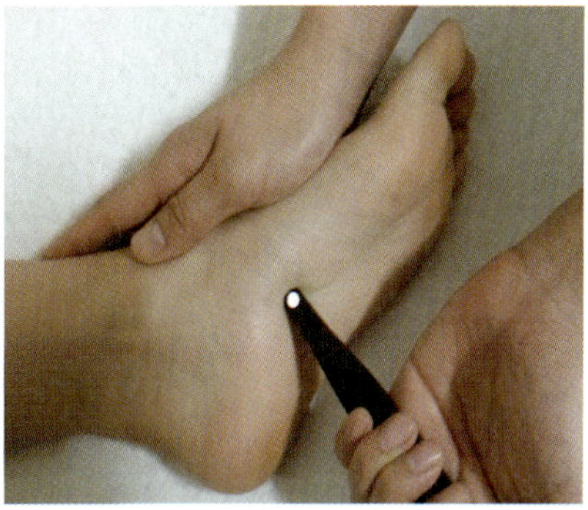

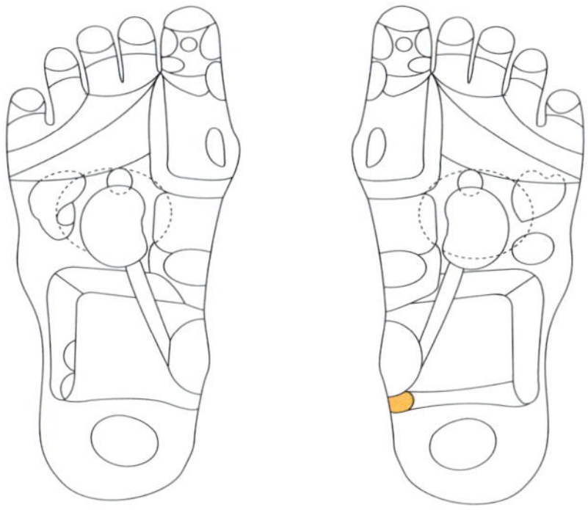

(1) 반사구 위치

왼발 제1지 아래 종골의 내측 위에 위치

(2) 자극방법

① 봉으로 자극할 때 – 방광 반사부위 밑에서 시작하여 직각으로 4초 이상 지그시 누른 후 엄지손으로 원을 그리듯 문지른다. 3 회 이상 반복한다.

② 손으로 자극할 때 – 엄지손가락으로 10초 이상 강하게 눌러도 좋으며, 1 분 이상 자주 실시한다.

24. 회맹판 반사구(오른발)

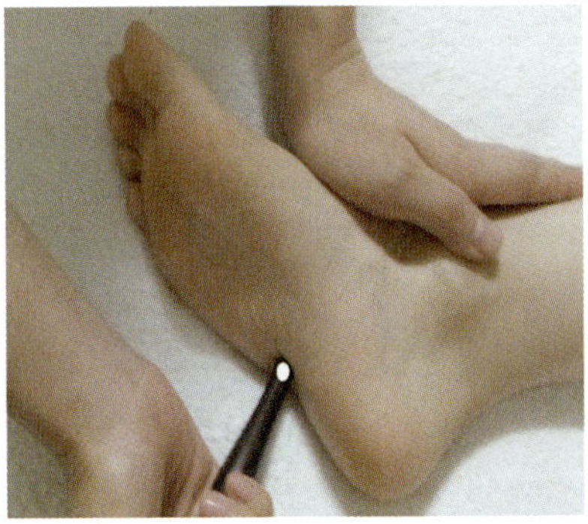

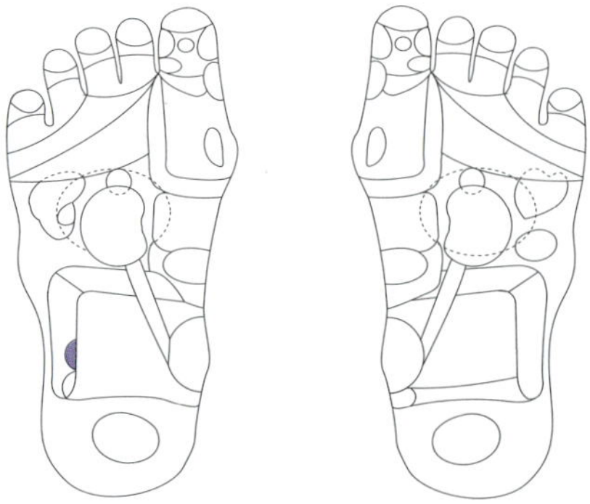

(1) 반사구 위치

오른발 제4지 발바닥 수직선상에 위치

(2) 자극방법

① 봉으로 자극할 때 – 종골 위 맹장 위에서 시작하여 직각으로 4초 이상 지그시 누른 후 엄지손가락으로 원을 그리듯 문지른다. 압통을 거의 느끼지 못하는 곳으로 작은 봉을 사용해도 무방하다. 3회 이상 반복한다.

② 손으로 자극할 때 – 반사가 잘 되지 않는 부위이므로 봉을 이용하여 자극한다.

25. 심장, 비장 반사구(왼발)

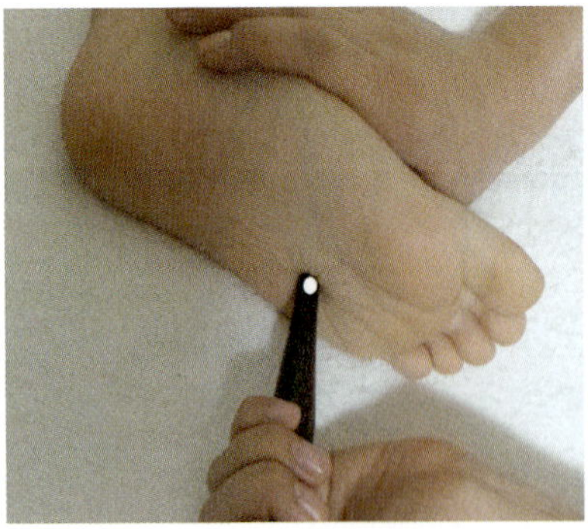

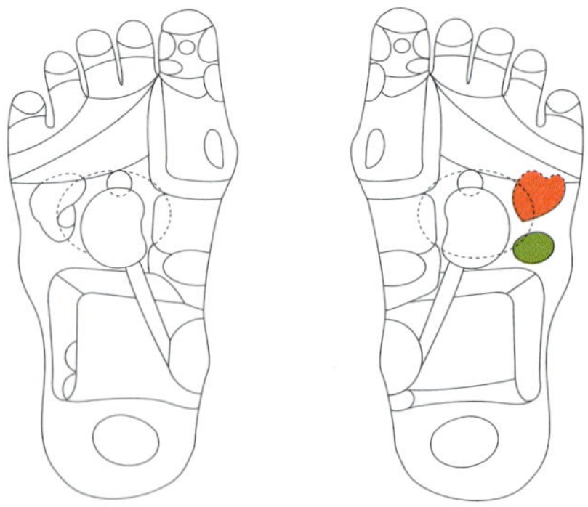

(1) 반사구 위치

① 심 장 : 왼발 제4지와 5지 사이 중족골 상부부위

② 비 장 : 왼발 제4지와 5지의 중족골 기부에서 발의 외측 가까이 위치한 원형의 반사구

(2) 자극방법

① 봉으로 자극할 때 – 왼발 제4지에서 수직으로 내려온 후 상응부위에서 수평으로 만나는 지점을 4초 이상 지그시 누르고 나서 엄지손으로 원을 그리듯 문지른다. 3회 이상 반복한다.

② 손으로 자극할 때 – 상응부위를 지그시 누르면서 반복하여 자극한다. 9회 이상 반복한다.

※ 심장, 비장 반사구는 왼발에만 위치하고 있다.

26. 간, 담 반사구(오른발)

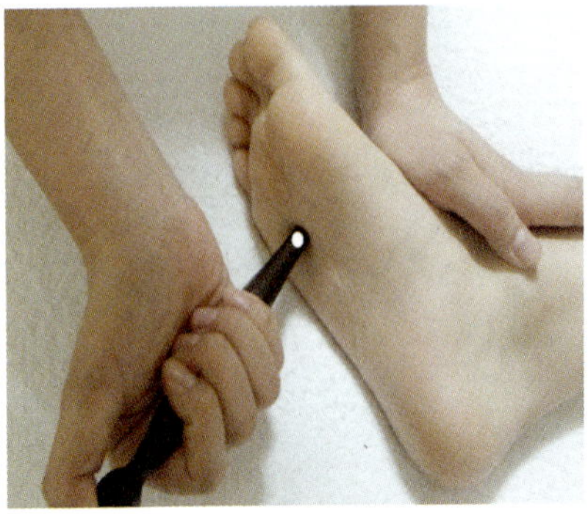

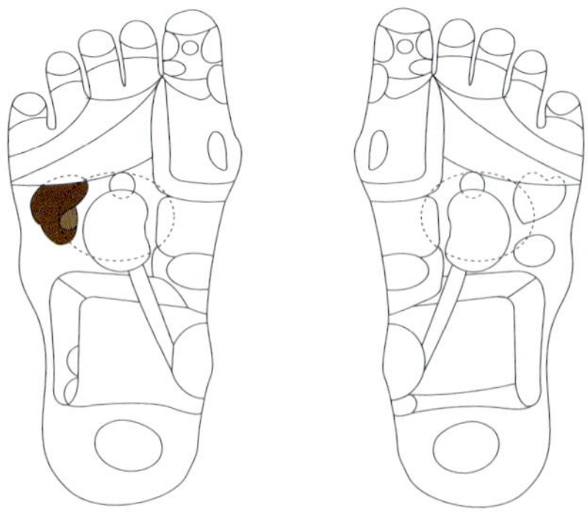

(1) 반사구 위치

① 간 장 : 오른발 제4지와 5지의 중족골 사이의 중간에 위치(폐반사구와 겹쳐 있다)

② 담 낭 : 오른발 제4지 중족골 사이, 간 아래 위치 (간장에 포함)

※ 간, 담 반사구는 오른발에만 위치하고 있다.

(2) 자극방법

봉으로 자극할 때

오른발 제4지에서 수직으로 내려오는 발바닥 아치 부분으로 4초 이상 지그시 누른 후 엄지손으로 원을 그리듯 문지른다.(3회 이상 반복) 간, 담 부위를 동시에 자극한다.

9회 이상 반복하며 반사가 잘 되지 않는 부분이므로 C봉을 사용하는 것이 적절하다.

27. 생식선 반사구(왼발, 오른발)

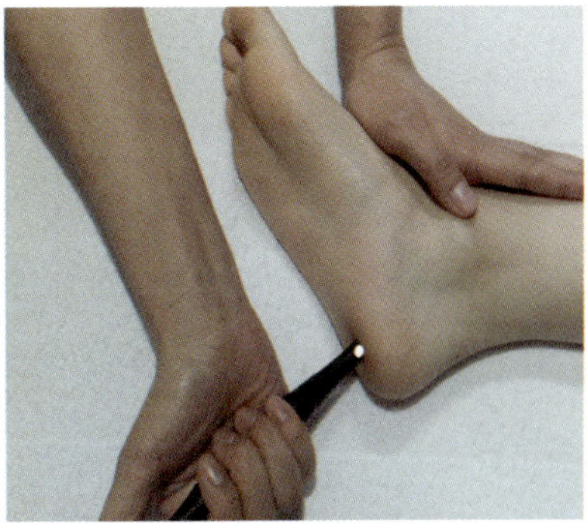

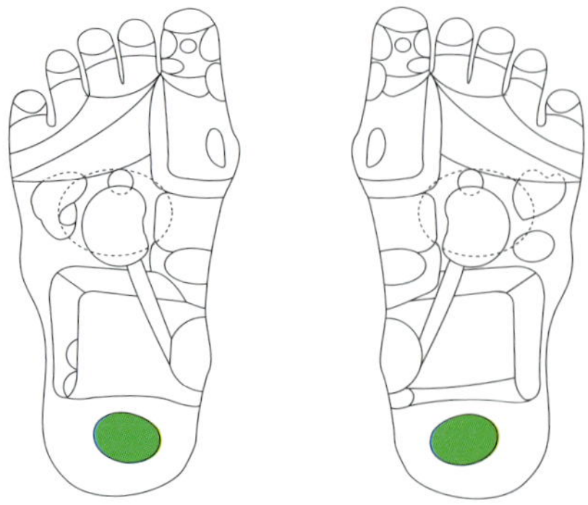

(1) 반사구 위치

발바닥 종골 중앙(골반강)과 그 주변, 발 뒤꿈치의 중앙에 위치

(2) 자극방법

① 봉으로 자극할 때 – 각질이 있는 부분이므로 자극적이어도 무방하며, B봉으로 이용할 경우 뒤꿈치쪽으로 미끄러지듯이 자극해주며 A봉으로 자극 시 반사구 부위를 4초 이상 지그시 누른다. 9회 이상 반복한다.

② 손으로 자극할 때 – 엄지손가락을 이용하여 반사구 부위를 4초 이상 지그시 누른다. 9회 이상 반복한다.

28. 상악 · 하악, 편도 반사구

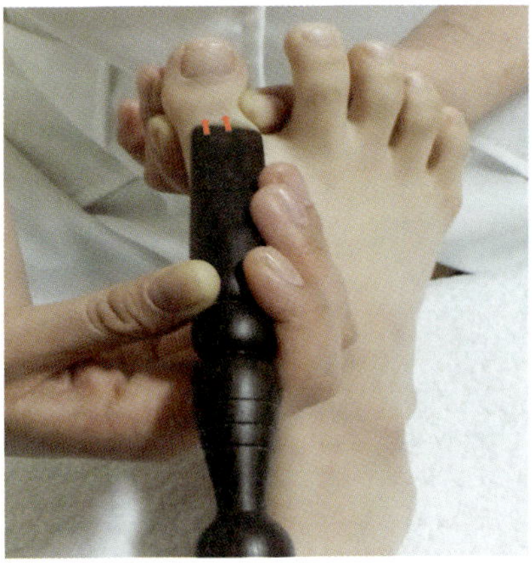

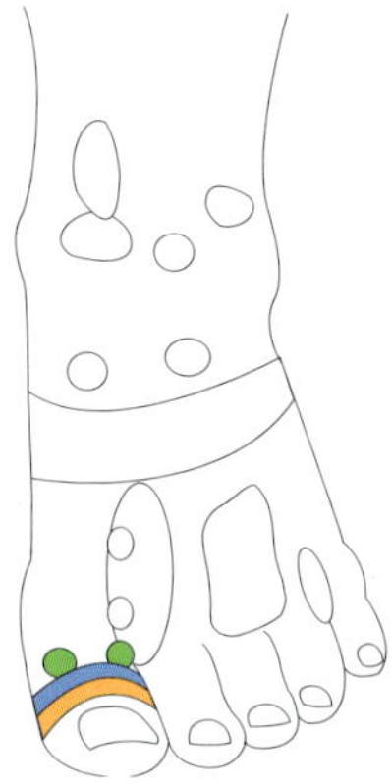

(1) 반사구 위치

① 상악(위 턱) : 제1지 말절 하부(발톱 아래)
② 하악(아래턱) : 제1지 기저(상악 아래)
③ 편 도 : 제1지 상악, 하악의 양쪽 옆에 위치

(2) 자극방법

① 봉으로 자극할 때 – B봉에 크림을 묻힌 후 화살표 방향으로 강약을 조절하여 쓸어 올린다. 9회 이상 반복한다.
② 손으로 자극할 때 – 엄지손가락에 크림을 바른 후 화살표 방향으로 발가락 등을 미끄러지듯이 누른다. 9회 이상 반복한다.

29. 치아 및 안면표정 근육 반사구

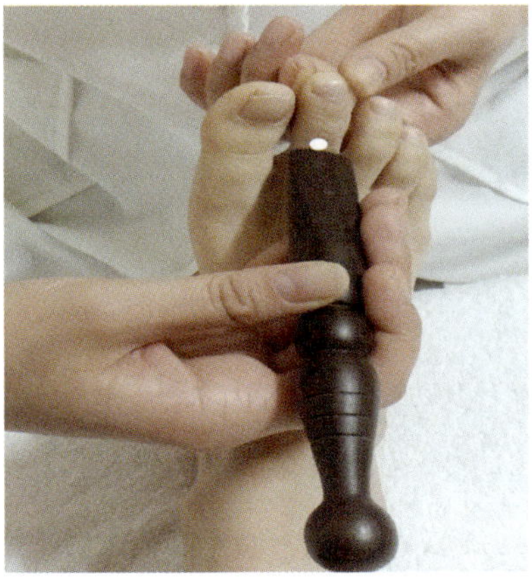 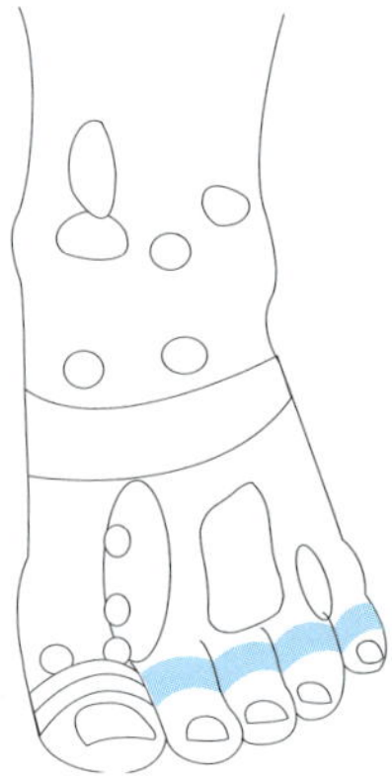

(1) 반사구 위치

① 제1지의 관절을 사이에 두고 말절은 상악의 앞 치아, 기절은 하악의 앞 치아

② 제2지의 내측이 제2치 앞 치아, 외측 제3치

③ 제3지의 내측이 제4치, 외측 제5치

④ 제4지의 내측이 제5치, 외측 제6치

⑤ 제5지 사랑니

(2) 자극방법

① 봉으로 자극할 때 – B봉에 크림을 묻혀 발등 쪽으로 가볍게 쓸어 자극해 준다. 9회 이상 반복한다.

② 손으로 자극할 때 – 엄지와 검지를 이용하여 4초 동안 지그시 누른다. 9회 이상 반복한다.

30. 어깨, 팔, 팔목 관절 반사구(왼발, 오른발)

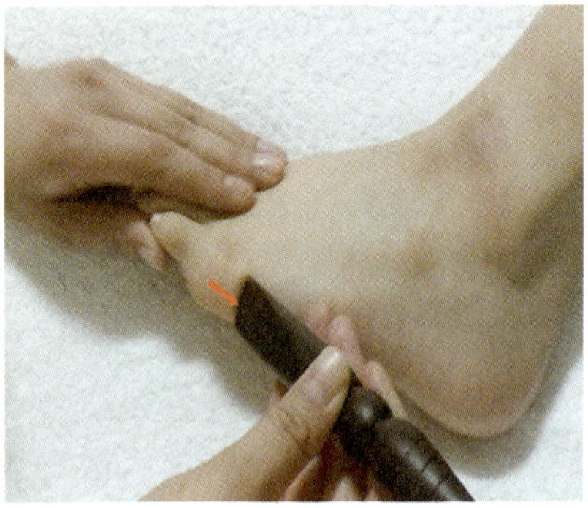
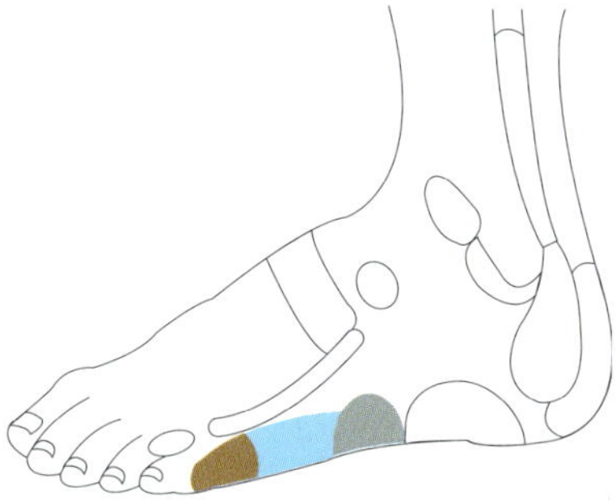

(1) 반사구 위치

① 어깨관절 : 발의 외측 제5중족골 말초부, 튀어나온 부위

② 팔 : 발의 외측 제5중족골, 어깨와 팔꿈치 사이

③ 팔목 관절 : 제5중족골의 기부

(2) 자극방법

봉으로 자극할 때 –B봉으로 화살표 방향으로 미끄러지듯 발꿈치 쪽으로 쓸어내린다. 4회 이상 반복한다.

31. 무릎 반사구(왼발, 오른발)

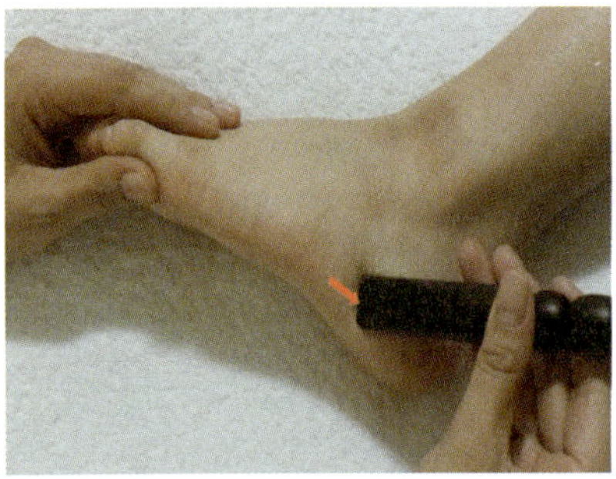
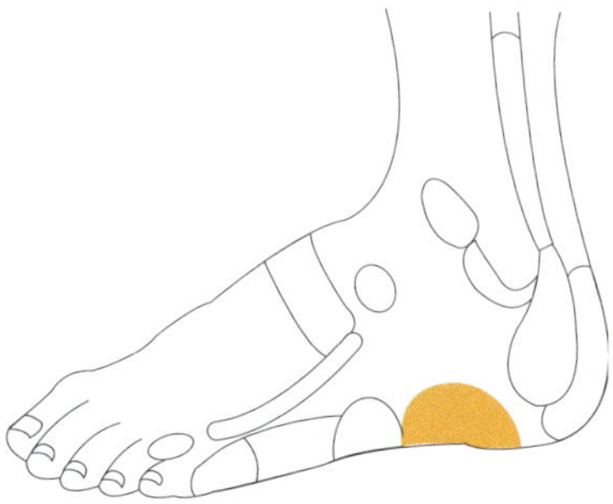

(1) 반사구 위치

외측 복사뼈 바로 아래 발뒤꿈치 가장자리에 위치

(2) 자극방법

봉으로 자극할 때 – 반사구가 깊숙한 곳에 있어 C봉을 이용할 시 4초 이상 지그시 누른 후 손으로 원을 그리듯 문지른다. 5회 이상 반복한다(B봉을 이용해도 된다).

32. 외미골 반사구(왼발, 오른발)

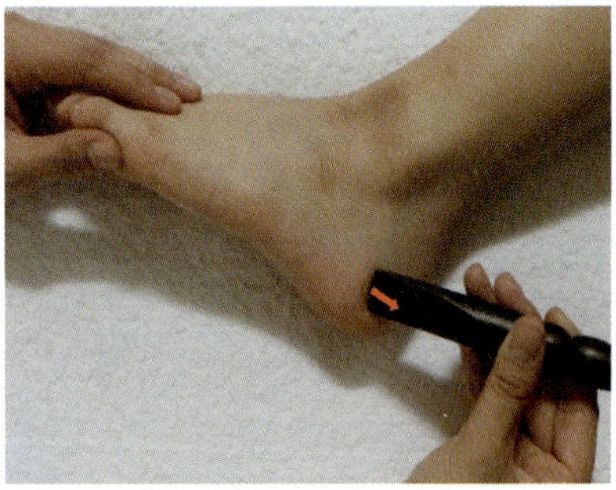

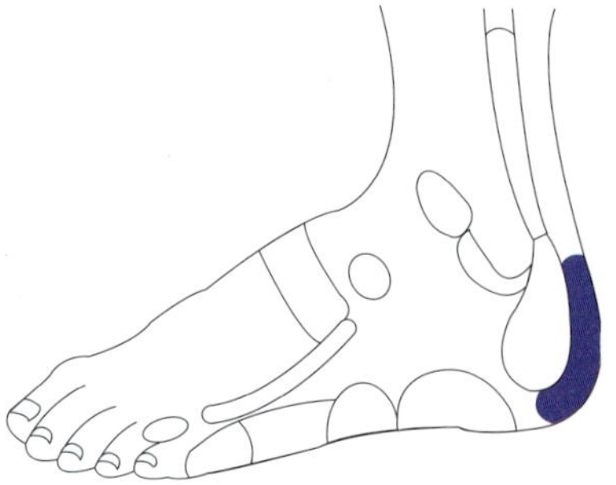

(1) 반사구 위치

발뒤꿈치에 위치

(2) 자극방법

① 봉으로 자극할 때 – 반사구가 뒤꿈치에 위치하고 있어 딱딱하므로 손보다 B봉을 이용해 크림을 도포한 후 화살표 방향으로 쓸어 준다. 9회 이상 반복한다.

② 손으로 자극할 때 – 엄지손을 이용하여 미끄러지듯이 문지른다.

33. 난소, 고환 반사구

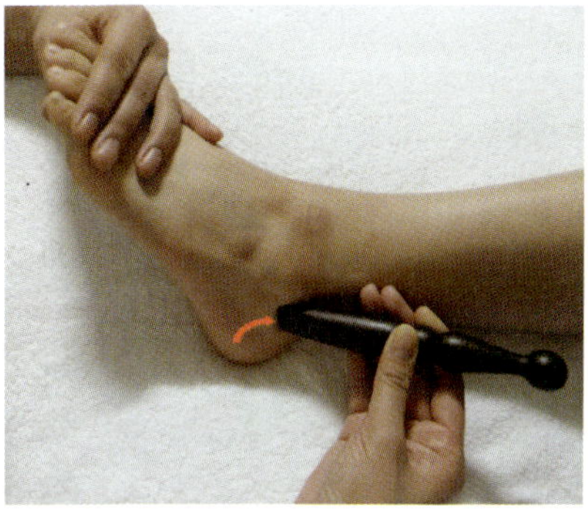

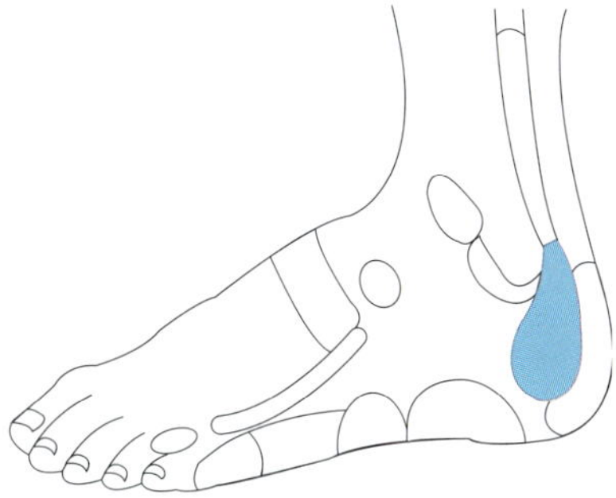

(1) 반사구 위치

난소, 고환 : 발의 외측 복사뼈와 종골 뒤쪽 가장자리를 잇는 중앙선에 위치

(2) 자극방법

① 봉으로 자극할 때 – B봉을 이용하여 밑에서 위의 방향으로 쓸어낸다.
② 손으로 자극할 때 – 엄지를 이용하여 반사구 부위를 위로 향하게 하여 쓸어 준다.

34. B봉을 이용한 발등 동작

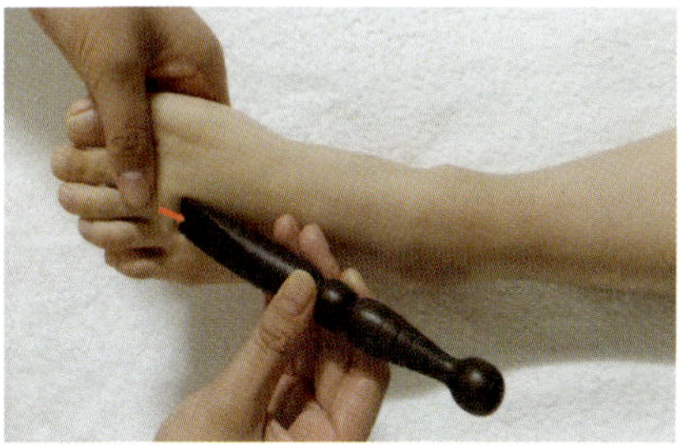

① 발등 크림으로 쓸어 올리기

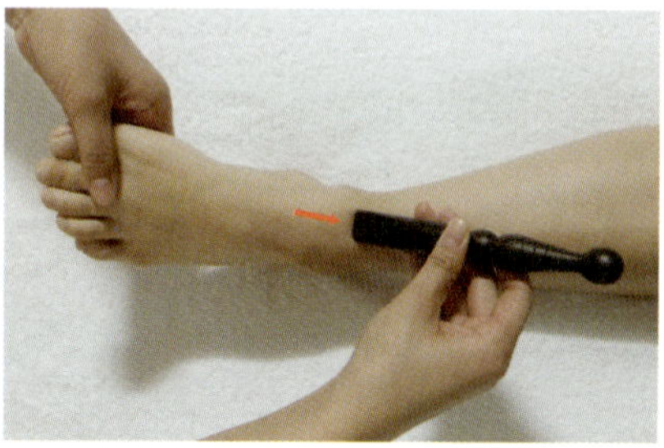

② B봉을 이용하여 발목에서 쓸어 올리기

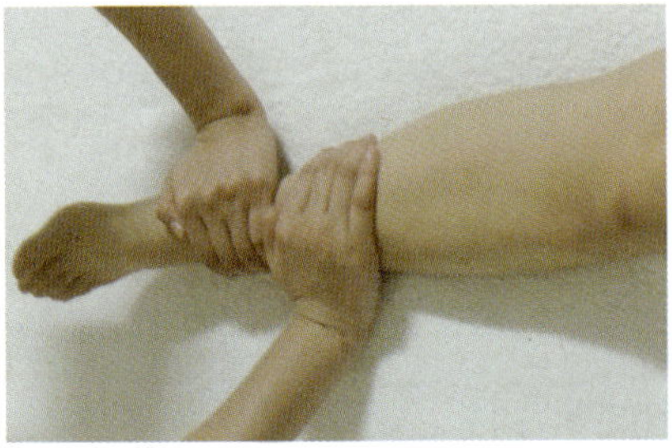

③ 전경골근(정강이뼈옆)
쓸어 올리기

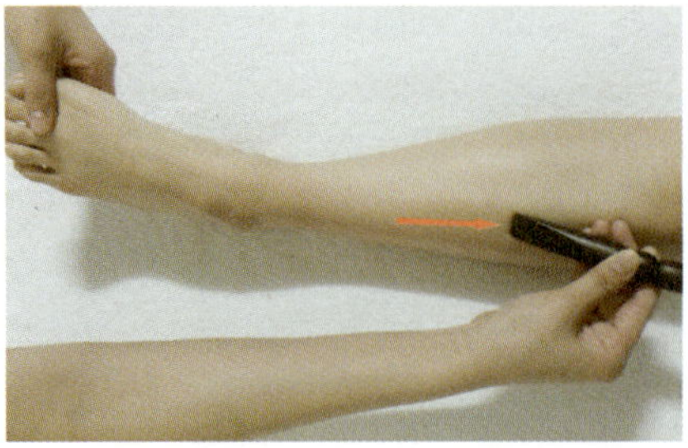

④ 발목에서 시작하여
종아리 전체 쓸어 올리기

35. 손으로 하는 발등 동작

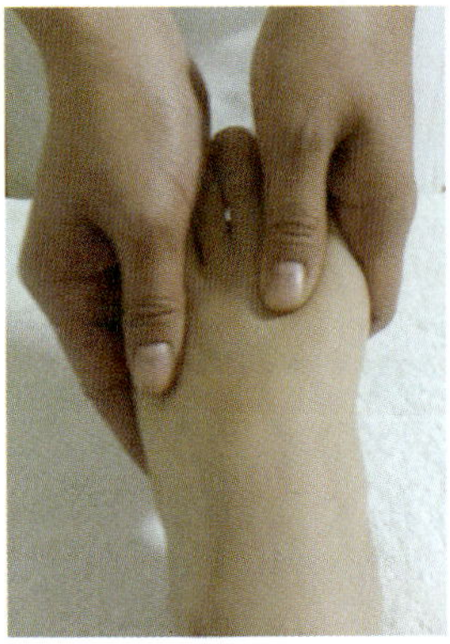

① 상부 임파선

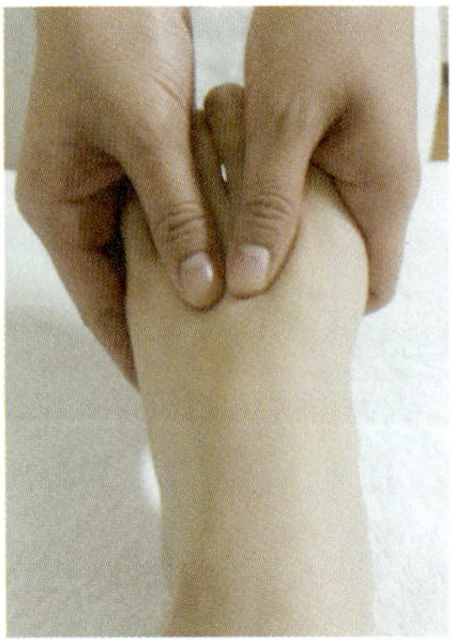

② 흉부

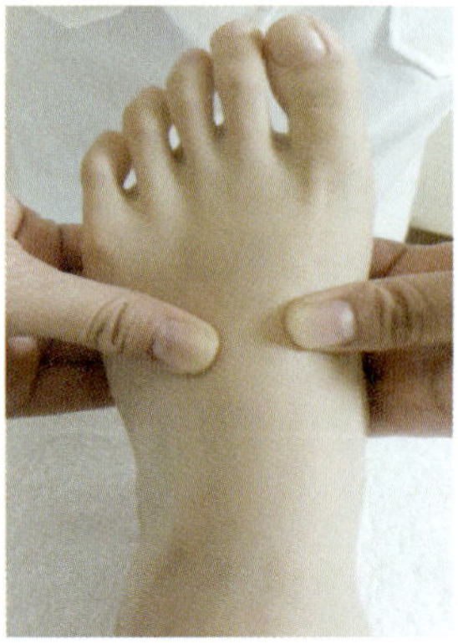

③ 횡격막

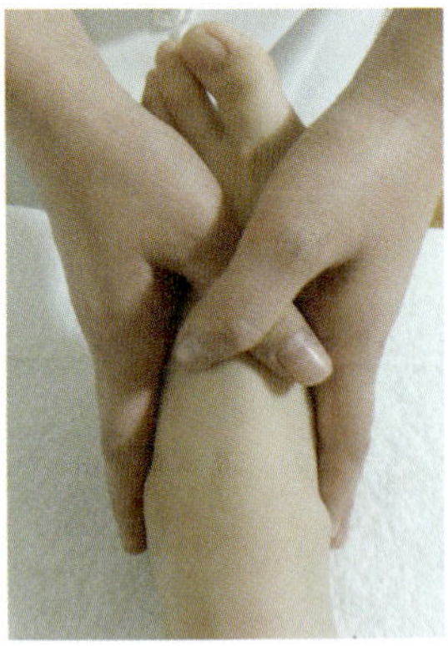

④ 서혜부 임파선

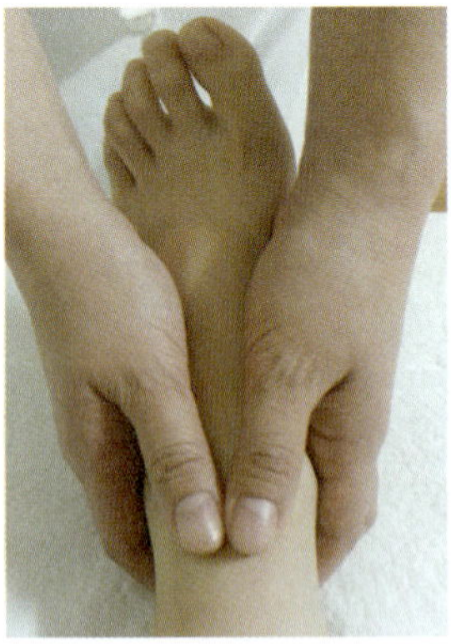

⑤ 복사뼈 둘레

36. 식도 · 성대 반사구

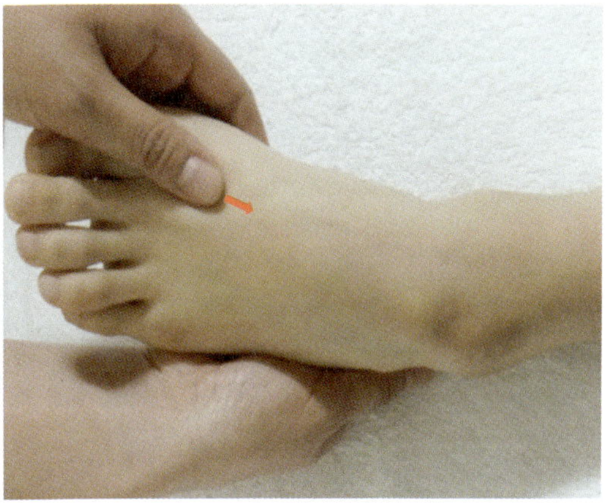

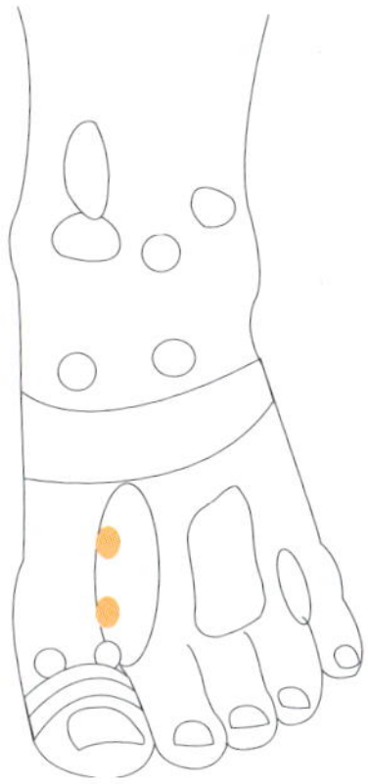

(1) 반사구 위치

발등 제1지와 2지 사이의 중족골 사이

(2) 자극방법

손으로 자극할 때 – 뼈의 측면에 반사부위가 위치하기 때문에 봉을 사용하지 않으며, 엄지손가락의 지문 부분을 이용하여 크림을 묻힌 후에 미끄러지듯 나른다. 12회 이상 반복한다.

37. 흉부 림프 반사구(왼발, 오른발)

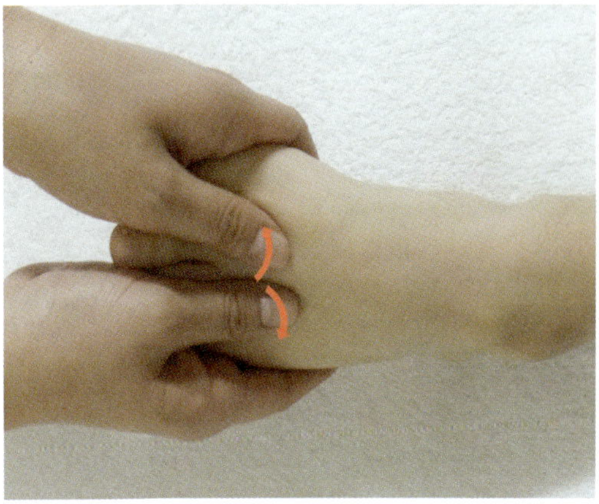

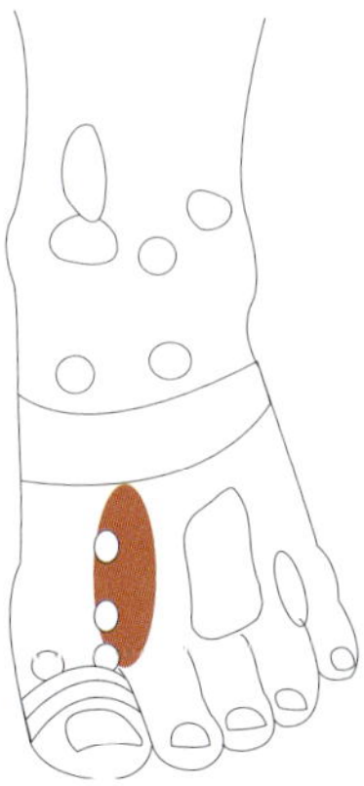

(1) 반사구 위치

제2, 3, 4지의 중족골 중앙에 위치

(2) 자극방법

손으로 자극할 때 – 뼈와 상피조직이 가까이 있어 봉을 사용할 수가 없다. 엄지에 크림을 묻힌 후 제3, 4중족골 사이를 문지른다. 9회 이상 반복한다.

38. 평형감각기관 및 삼반귀관(오른발, 왼발)

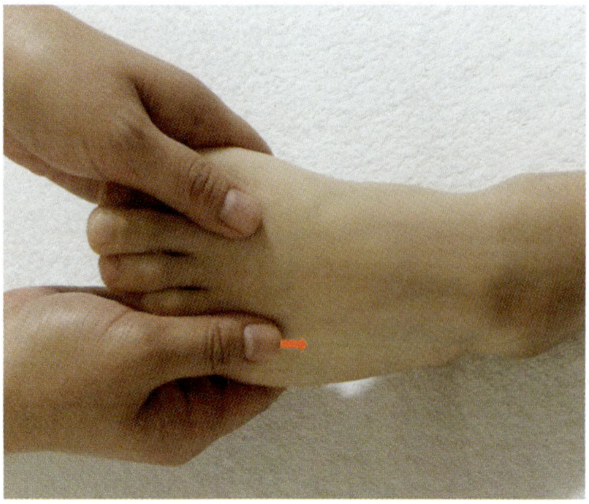

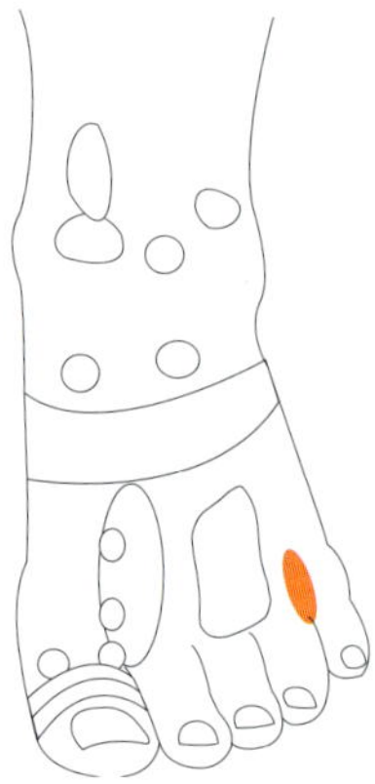

(1) 반사구 위치

발등쪽 제4, 5지 사이 중족골의 상부에 위치

(2) 자극방법

손으로 자극할 때 – 4초 이상 지그시 누르면서 화살표 방향으로 이동한다. 9회 이상 반복한다.

39. 견갑골 반사구(왼발, 오른발)

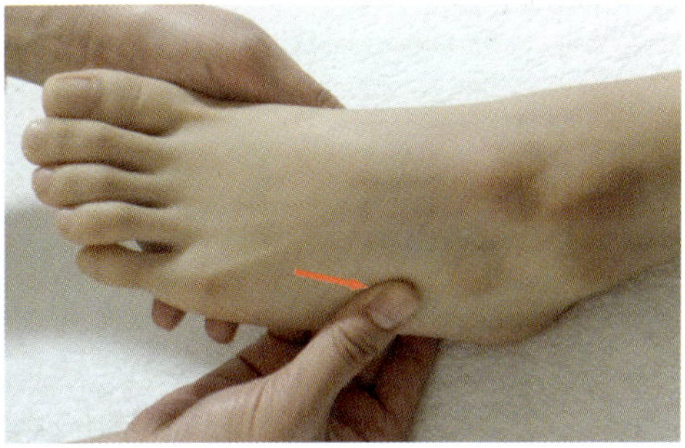

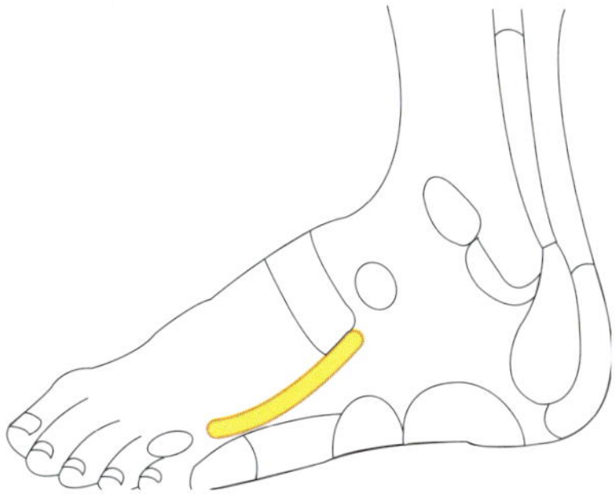

(1) 반사구 위치

제5중족골 발등 부위에 위치

(2) 자극방법

손으로 자극할 때 – 제5중족골 발등 부위를 엄지의 내측을 이용하여 4초 이상 누른 후 화살표 방향으로 이동한다. 9회 이상 반복한다.

40. 횡격막 반사구(왼발, 오른발)

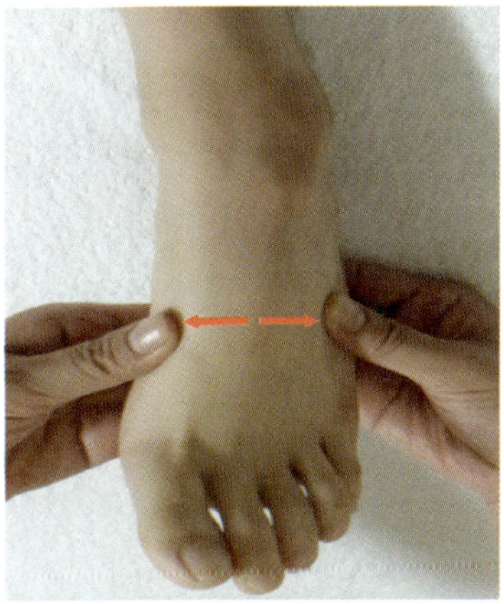

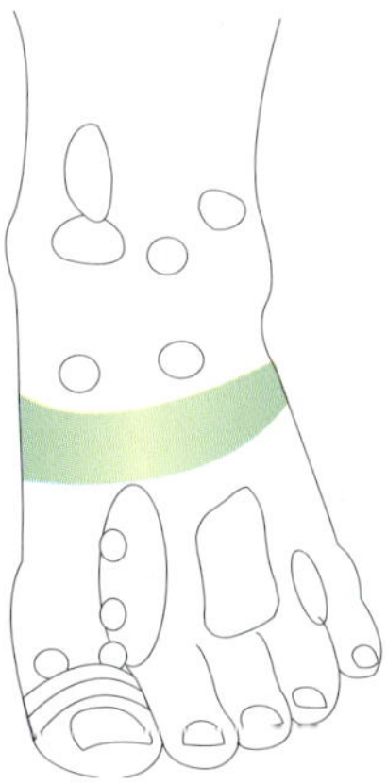

(1) 반사구 위치

발등의 횡축 제1~4중족골 중앙 가로에 위치 (올라온 부위)

(2) 자극방법

손으로 자극할 때 – 크림을 도포한 후 양손의 엄지를 엇갈리듯 문지른다. 9회 이상 반복한다.

41. 상반신 림프 반사구(오른발, 왼발)

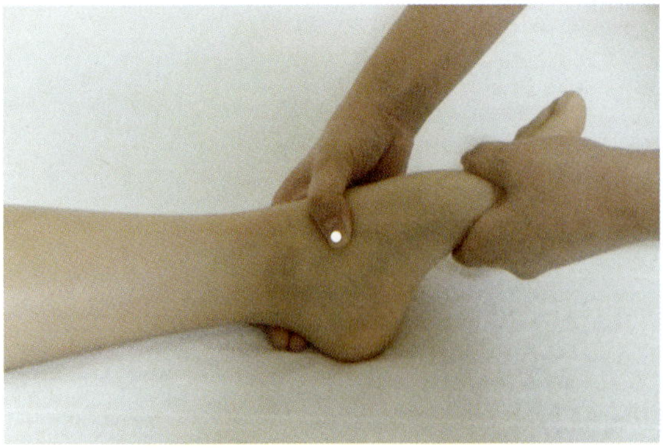

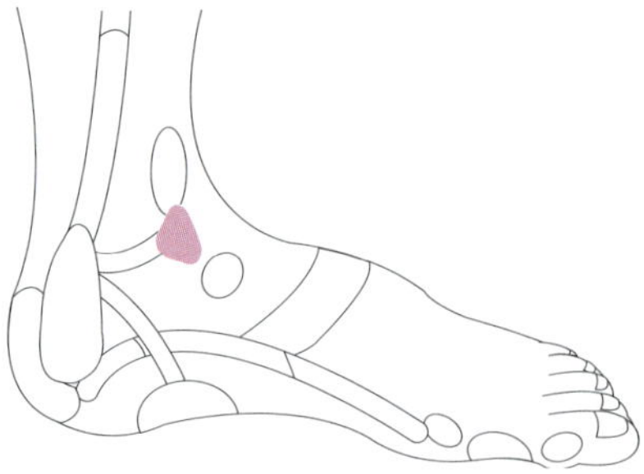

(1) 반사구 위치

발의 안쪽 복사뼈 옆에 위치

(2) 자극방법

손으로 자극할 때 – 반사구의 위치가 관절 사이에 있으므로 봉을 사용하지 않는다. 엄지손가락을 이용하여 지그시 누르며 원을 그려 준다. 3회 이상 반복한다.

42. 늑골 및 장골 반사구(왼발, 오른발)

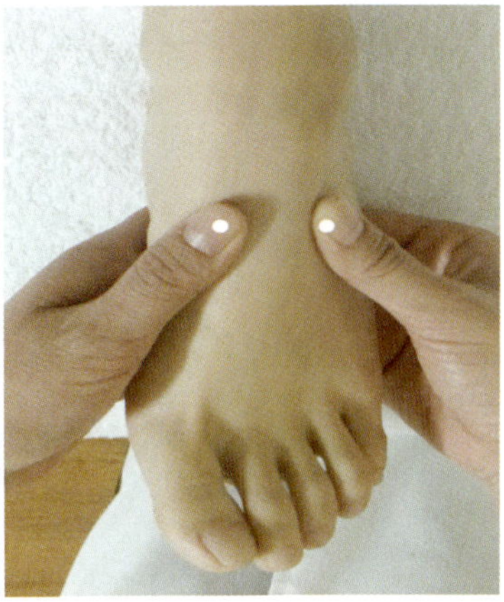

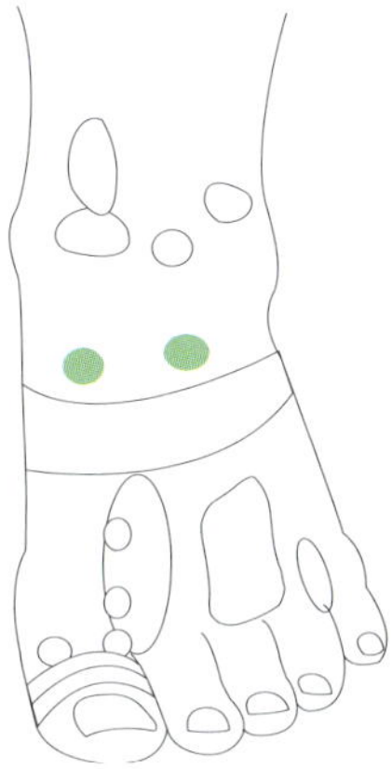

(1) 반사구 위치

반사구 횡격막 윗부분에 위치

(2) 자극방법

손으로 자극할 때 – 엄지를 이용하여 4초 이상 지그시 누르며 원을 그려준다. 3회 이상 반복한다.

43. 하복부 림프선 반사구

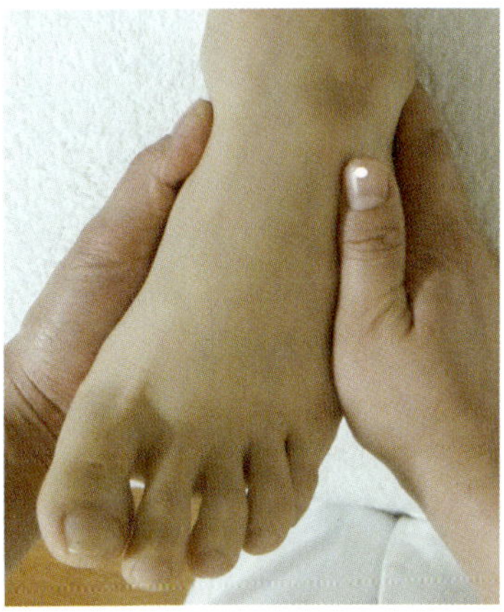

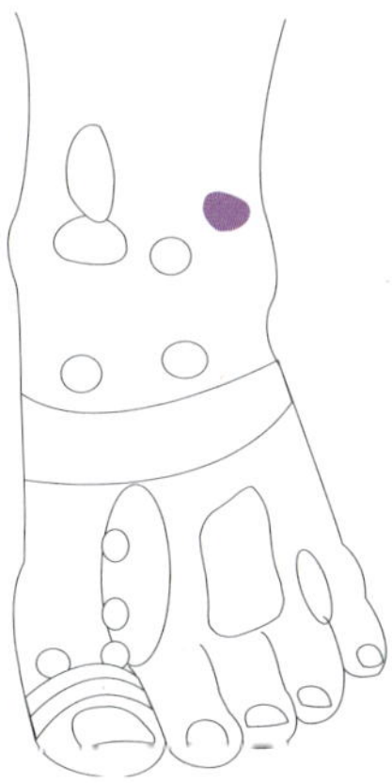

(1) 반사구 위치

발의 바깥쪽 복사뼈 윗부분에 위치

(2) 자극방법

손으로 자극할 때 – 엄지손가락을 이용하여 원을 그리듯 누른다. 3회 이상 반복한다.

44. 고관절 반사구

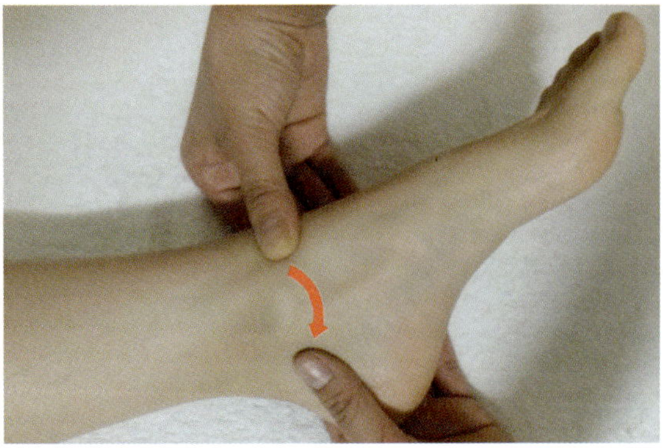

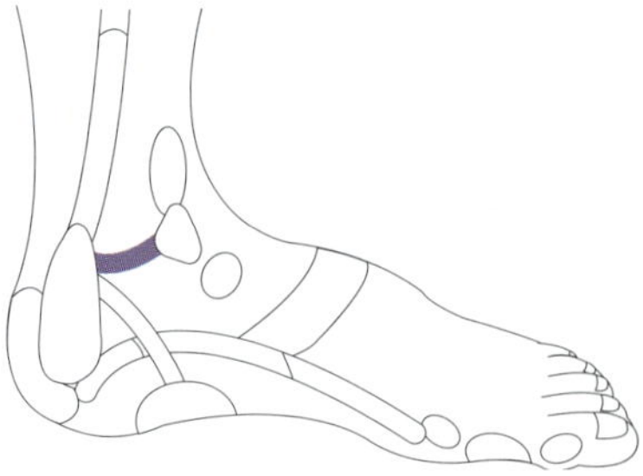

(1) 반사구 위치

발의 내외측 복사뼈 밑

(2) 자극방법

손으로 자극할 때 – 관절 사이에 반사구가 위치하기 때문에 봉을 사용하지 않고 엄지손가락을 이용하여 원을 그리듯 누른다. 3회 이상 반복한다.

45. 서혜부 림프선 반사구

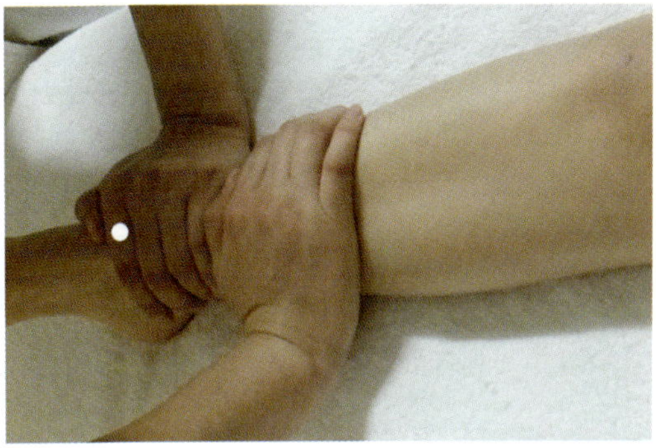
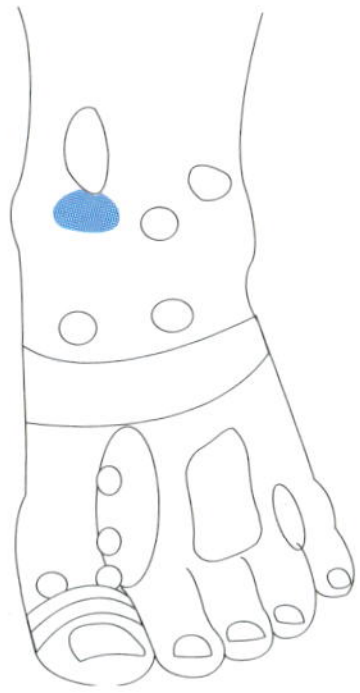

(1) 반사구 위치

발등의 안쪽 복사뼈와 바깥쪽 복사뼈를 이은 선 사이의 가운데에 위치

(2) 자극방법

손으로 자극할 때 – 엄지손가락 2개를 포개어 지그시 누르는 동작을 4회 이상 반복하고 엄지손의 지문 부위로 발목을 향해 미끄러지듯 누른다. 9회 이상 반복한다.

46. 족부소퇴반사 (足部少退反射)

(1) 위경 반사구

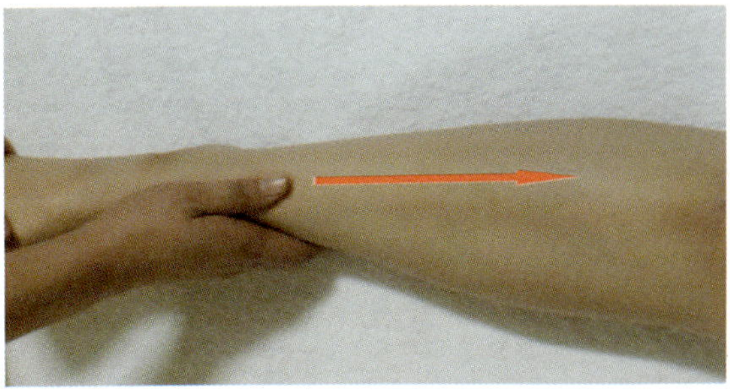

① 위 치 : 하퇴 정면에서 경골과 비골 사이에 위치

② 자극방법 : 엄지의 측면을 이용하여 발목에서 위쪽으로 3회 이상 반복한다.

③ 적응증 : 소화기 계통

(2) 간경 반사구

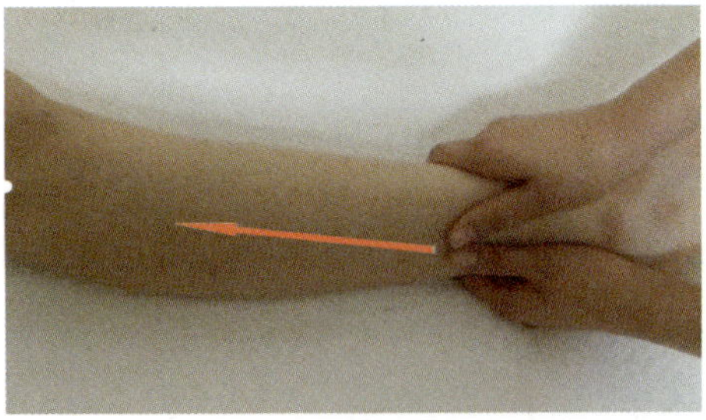

① 위 치 : 하퇴 외측에서 경골 옆에 위치

② 자극방법 : 양 엄지손가락을 이용하여 족삼리(足三里)까지 쓸어 올려 준다. 3회 이상 반복한다.

③ 적응증 : 간, 담

(3) 좌골신경 반사구(외측면)

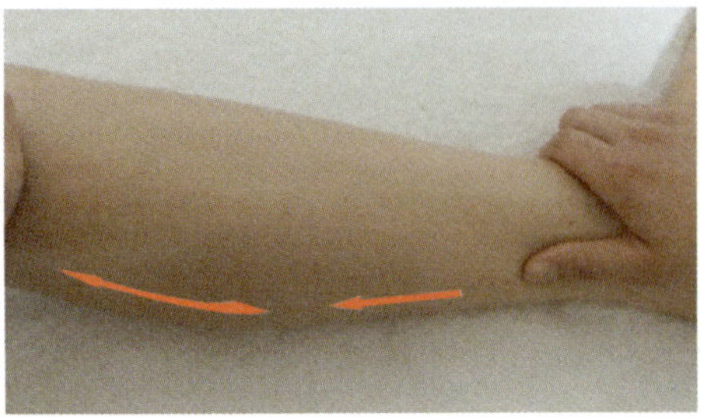

① 위 치 : 외측 좌골신, 왼발 외측 복사뼈에서 무릎뼈까지

② 자극방법 : 내측 좌골신경과 같이 반복한다.

(4) 비경 반사구

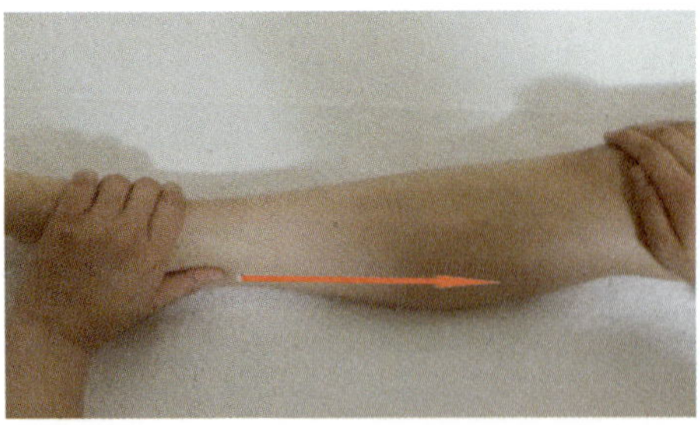

① 위 치 : 하퇴 측면에서 비골 옆
② 자극방법 : 엄지손가락을 이용하여 안쪽 복사뼈에서 위의 방향으로 3회 이상 반복한다.

(5) 내측 좌골신경 반사구(내측면)

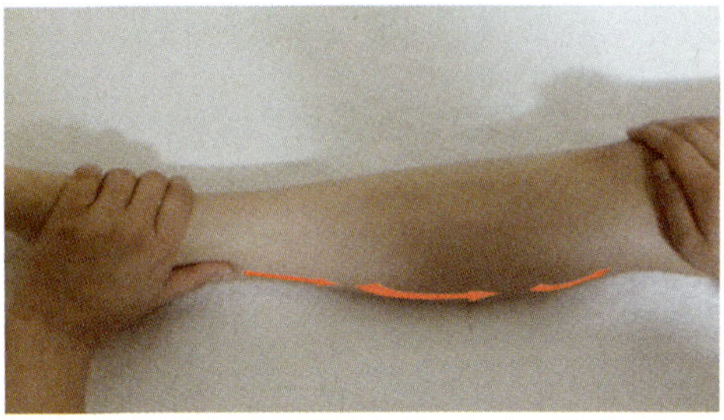

① 위 치 : 내측 좌골신경, 오른발 내측 복사뼈 위에서 무릎뼈까지
② 자극방법 : 엄지손가락을 이용해서 슬와부까지 3회 반복한다.

(6) 방광경 반사구(배부)

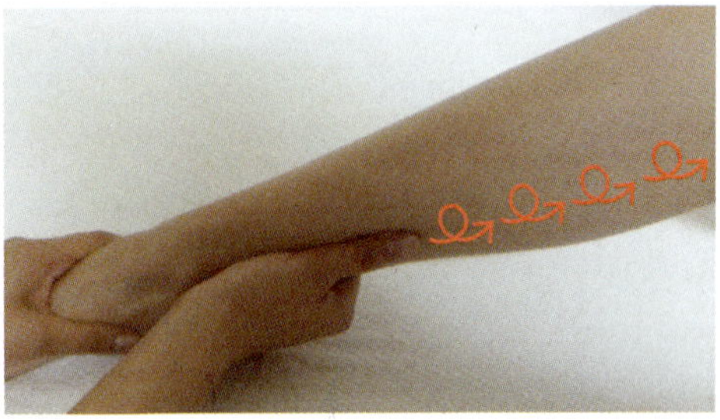

① 위 치 : 비복근(종아리 뒷부분)
② 자극방법 : 엄지손가락을 이용하여 슬와부까지 쓸어 올려 준다.

47. 마무리

① 기본 반사구인 배설기계 반사구부터 45번 서혜부림프 반사구까지 한 후 족부소퇴반사를 시술한다.
보는 동작이 다 끝난 후 처음 시작할 때 관리하였던 기본 반사구(비뇨기계통 : 신장, 수뇨관, 방광, 요도)를 다시 반복한다.

② 고객은 따뜻한 물이나 독소 배출기능이 있는 차(Tea)를 마신다.

③ 관리사는 흐르는 차가운 물에 비누를 이용하여 손목 윗부분부터 손끝을 향해 깨끗이 씻는다.

④ 관리사는 가슴운동과 어깨관절 운동을 하여 가볍게 몸을 풀어 준다.

⑤ 관리사는 시원한 바깥 공기와 물을 한 컵 마신다.

Section 7 발 반사요법 실기 B형

(1) 왼쪽발 반사구

① 눈, 귀, 반사구 대응법

눈의 반사구인 발가락 제2지, 3지 마디, 귀의 반사구인 제4지, 5지 마디 부위를 엄지를 이용해 4초 이상 지그시 누른다.

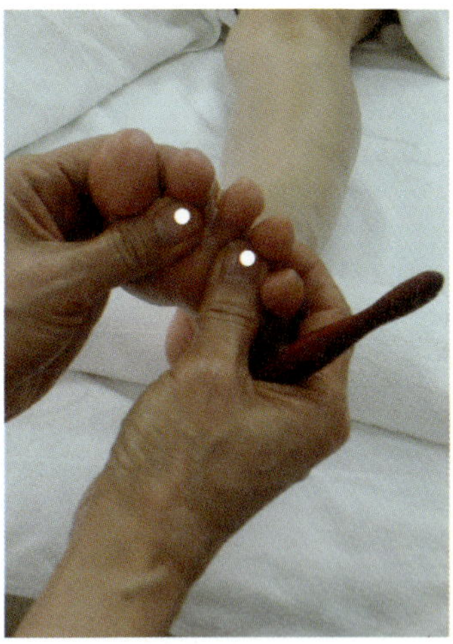

② 액 두

액두의 반사구 발가락 지두면을 엄지를 이용해 4초 이상 지그시 누른다.

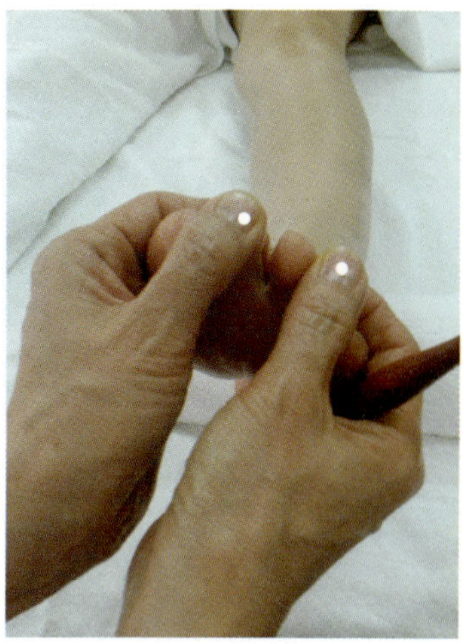

③ **뇌하수체**

반사구 위치가 작으므로 지압봉을 이용해 엄지발가락의 회오리 부분을 4초 이상 지그시 누른다.

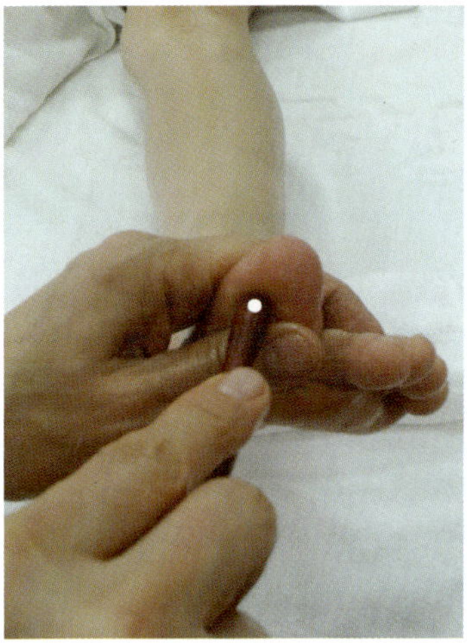

④ **대 뇌**

엄지발가락의 가운데 부분을 지압봉의 옆면을 이용해 4초 이상 지그시 누른다.

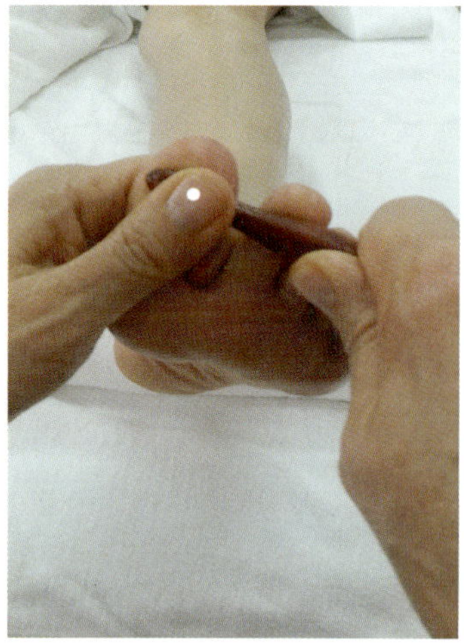

⑤ **소 뇌**

엄지발가락의 내측 마디의 위를 지압봉을 이용하여 4초 이상 누른다.

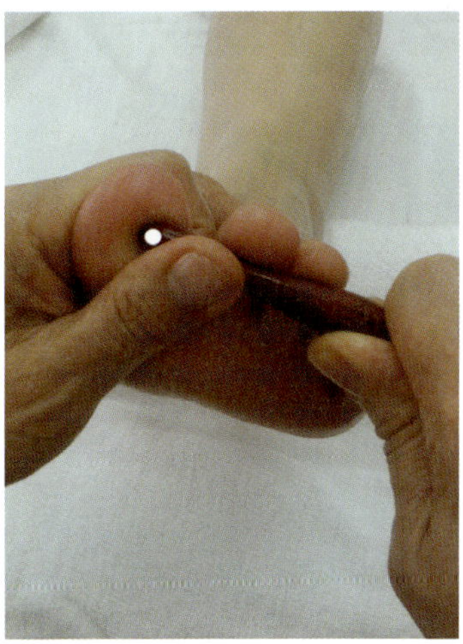

⑥ **삼차신경**

엄지발가락의 내측 액두 밑을 지압봉을 이용하여 4초 이상 지그시 누른다.

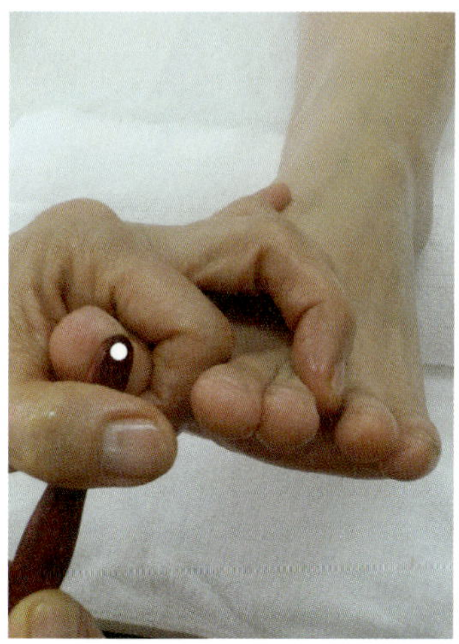

⑦ 경 부

엄지발가락 마디 부분을 지압봉의 옆면을 이용하여 4초 이상 지그시 누른다.

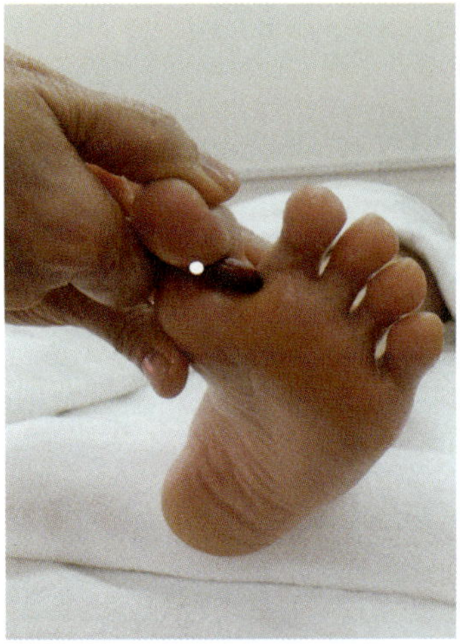

⑧ 부갑상선

제 1지 면적의 앞꿈치 뒷부분을 지압봉의 옆면을 이용하여 밖에서 안으로 쓸어 준다.

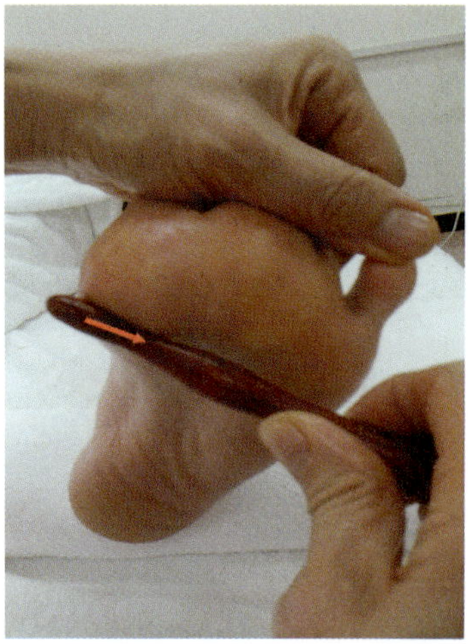

⑨ 갑상선

앞꿈치에서 제1지와 2지 사이를 지압봉의 옆면을 이용하여 쓸어 올려 준다.

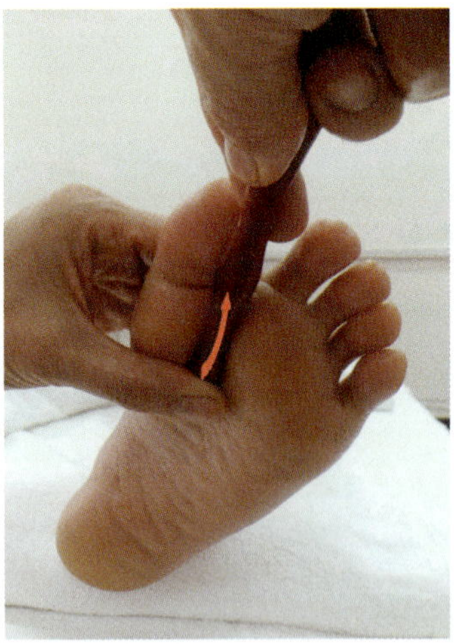

⑩ 승모근

발가락 제2~5지 밑, 발바닥의 앞부분을 지압봉을 눕힌 후 봉의 면적으로 4초 이상 지그시 누른다.

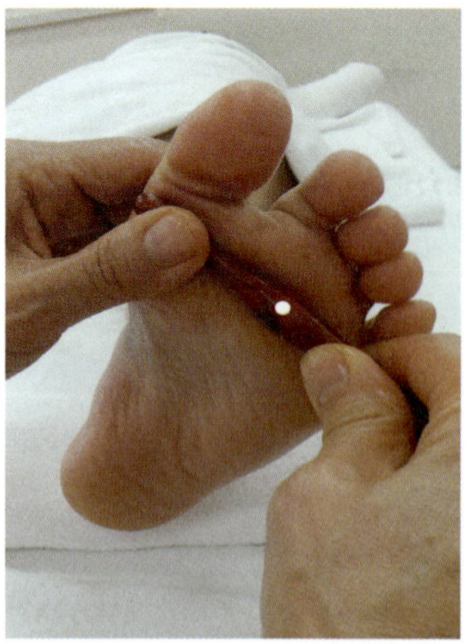

⑪ 폐

승모근 반사구의 바로 밑부분에 위치해 있으며 지압봉을 이용하여 쓸어 올린다.

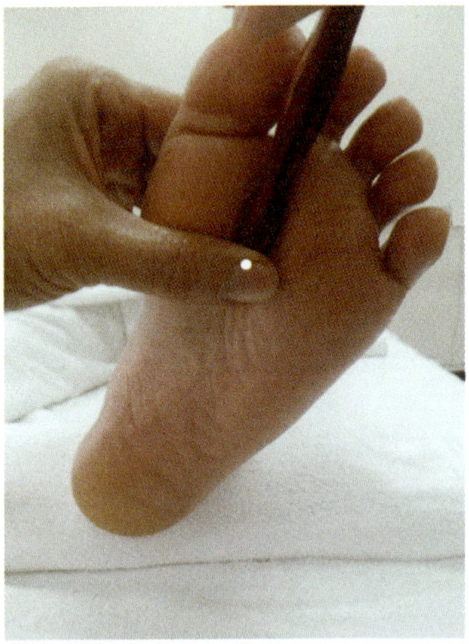

⑫ 심 장

부갑상선 라인 중 제4지와 5지 사이에서 만나는 부위를 4초 이상 지그시 누른다.

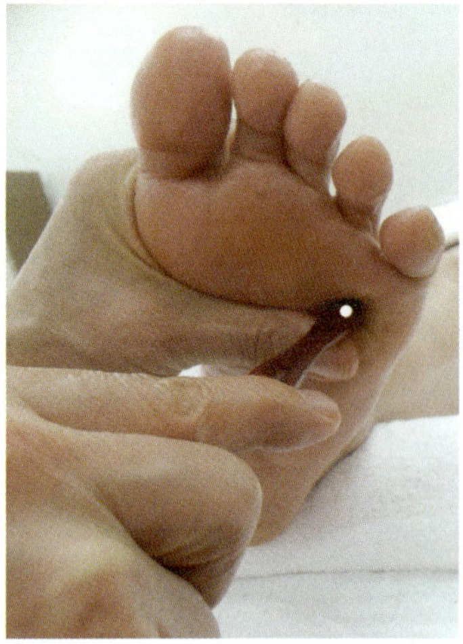

⑬ 위 장

반사구 부갑상선 밑부분을 지압봉의 옆면을 이용하여 4초 이상 지그시 누른다.

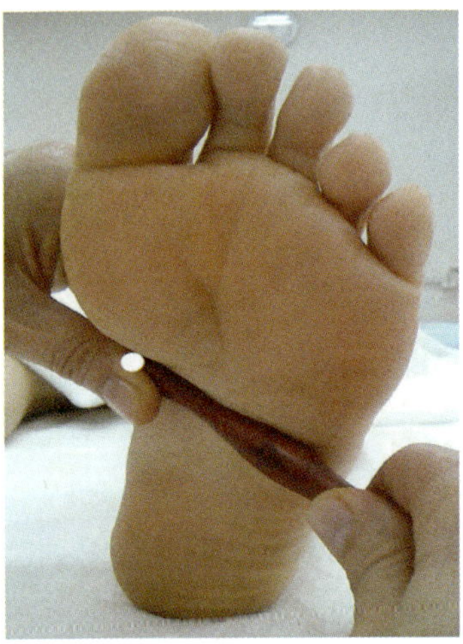

⑭ 십이지장

반사구 췌장 밑부분을 지압봉의 옆면을 이용하여 4초 이상 지그시 누른다.

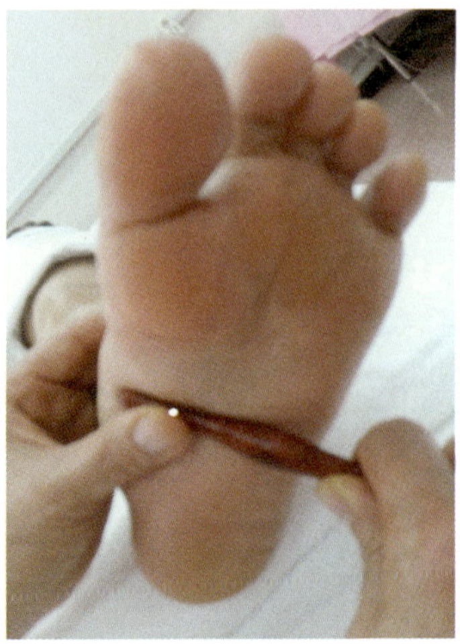

⑮ 췌 장

반사구 위의 밑부분을 지압봉의 옆면을 이용하여 4초 이상 지그시 누른다.

⑯ 비 장

왼발에 위치하며 횡행결장이 끝나는 옆을 4초 이상 지그시 누른다.

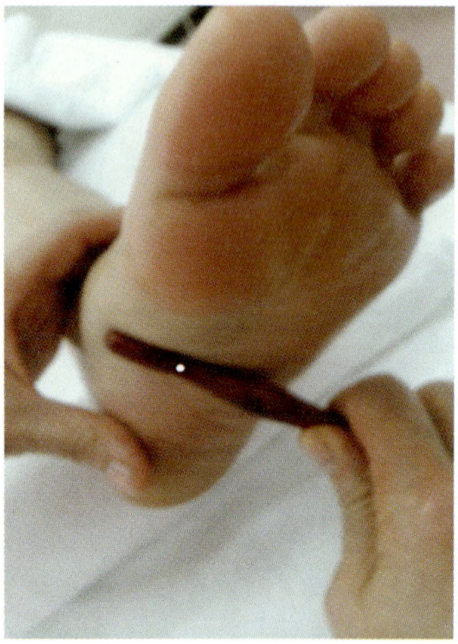

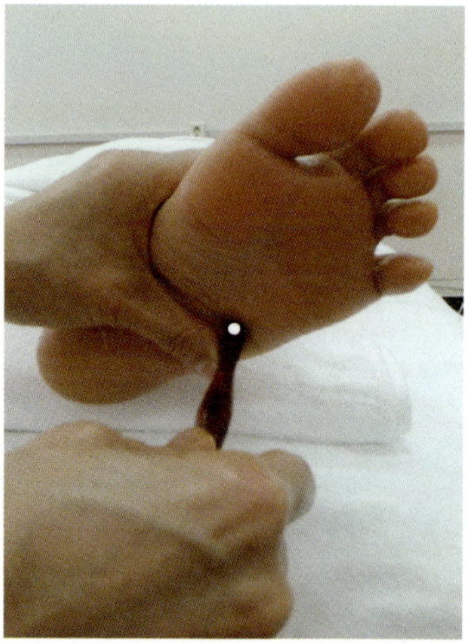

⑰ 신장, 수뇨관, 방광

갑상선 옆에 위치한 신장과 발의 내측에 볼록 올라온 방광은 4초 이상 지그시 누르며 수뇨관은 곡선을 타고 내측으로 쓸어 내린다.

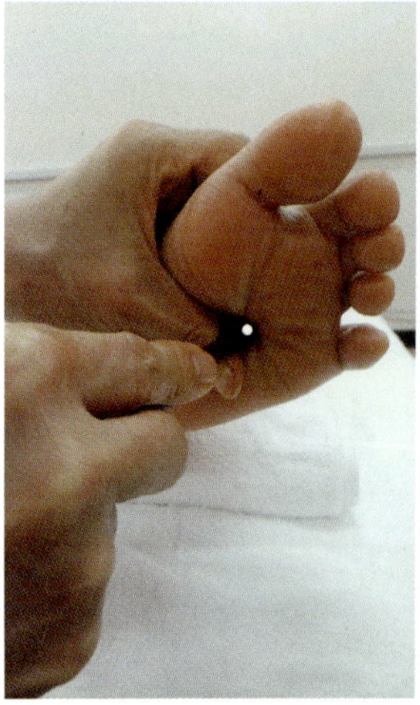

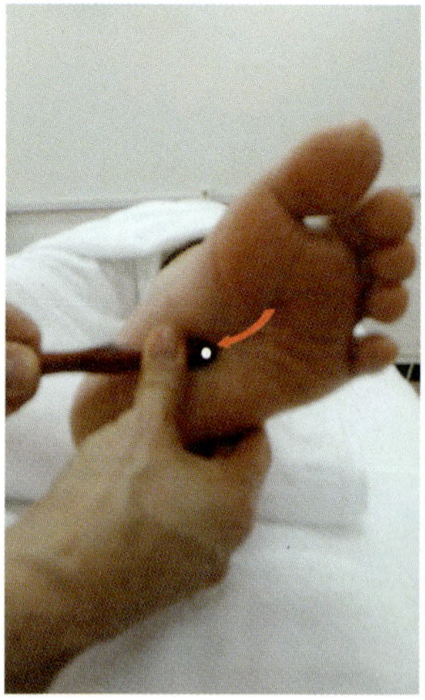

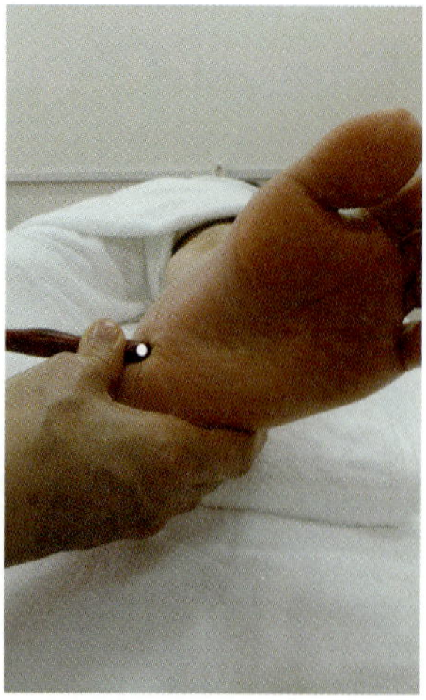

⑱ 횡행결장

지압봉을 이용하여 오른쪽에서 왼쪽 방향으로 쓸어 준다.

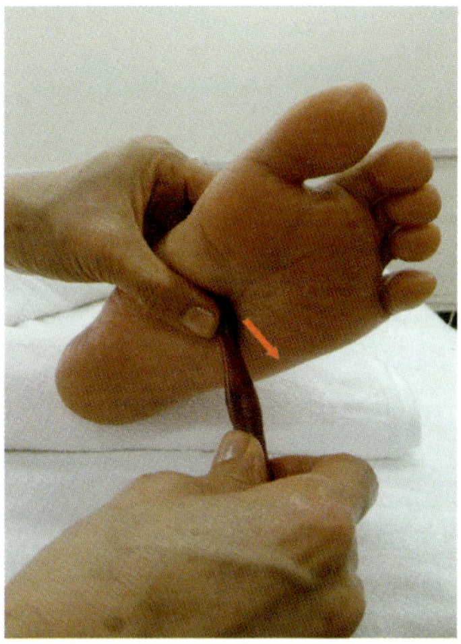

⑲ 비장굽이

하행결장 밑에 위치하며 지압봉을 이용하여 4초 이상 지그시 누른다.

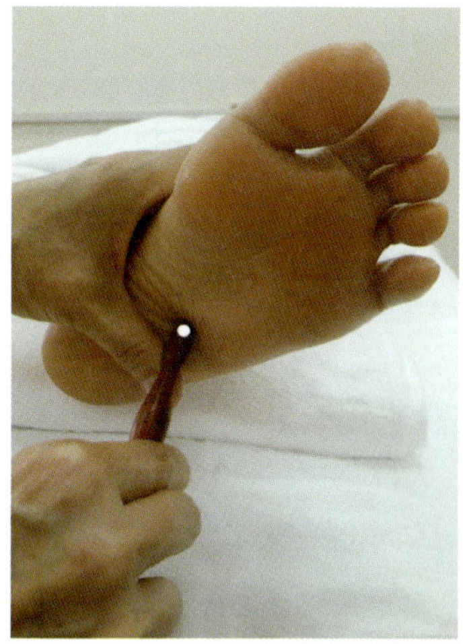

⑳ 하행결장

위에서 아랫방향으로 쓸어 내린다.

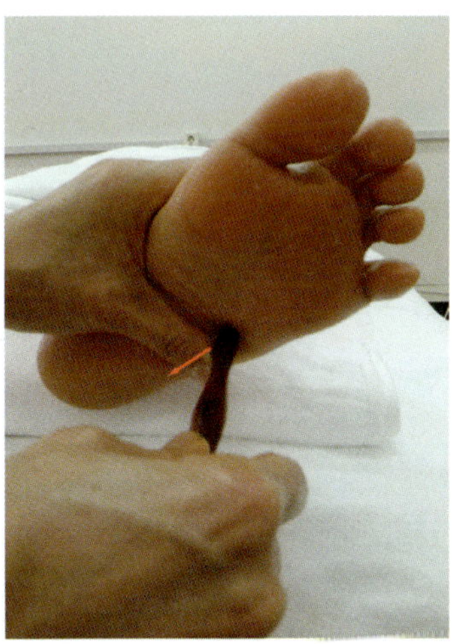

㉑ S 결장

하행결장 밑부분에 위치하며 4초 이상 지그시 누른다.

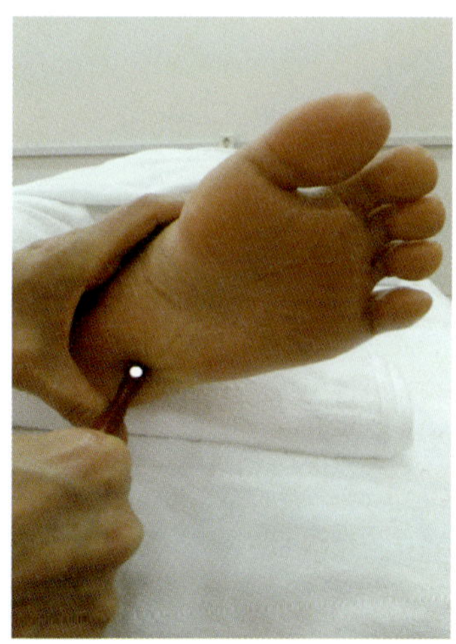

㉒ 직 장

S장 결장 옆에 위치하며 지압봉을 이용하여 왼쪽에서 오른쪽 방향으로 쓸어 준다.

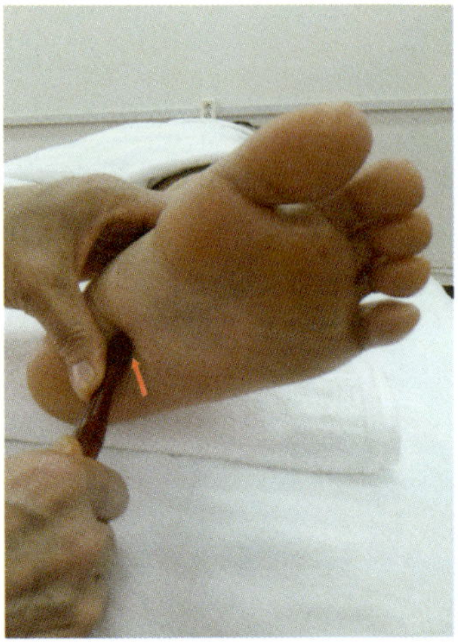

㉓ 항 문

직장이 끝나는 부분에 위치하며 4초 동안 지그시 누른다.

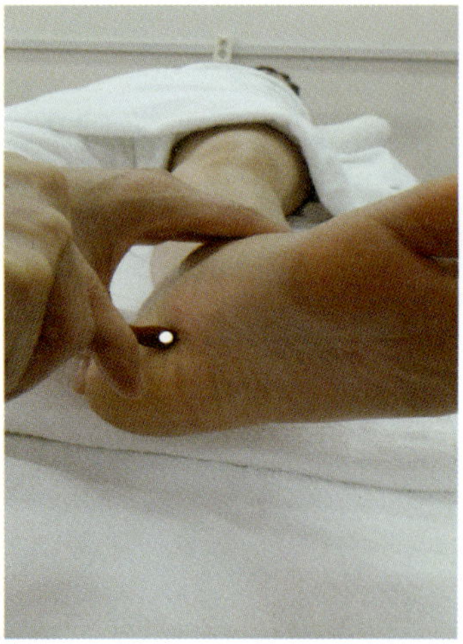

㉔ 소 장

대장 안에 위치하며 지압봉을 이용해 아래에서 위로 쓸어 올린다.

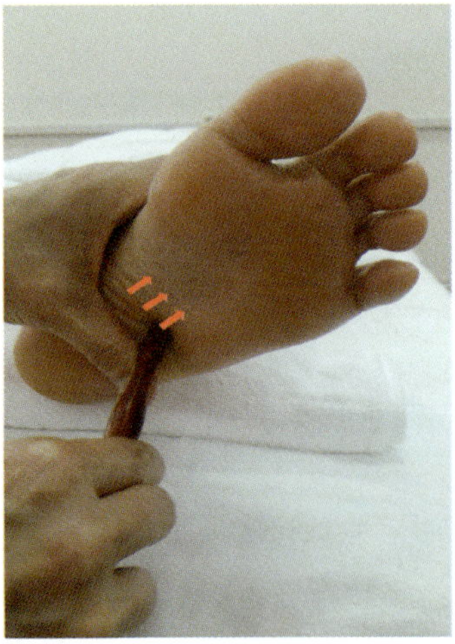

㉕ 고환, 난소 (생식기)

발의 뒤꿈치 가운데에 위치하며 지압봉의 뒷부분으로 4초 이상 지그시 누른다.

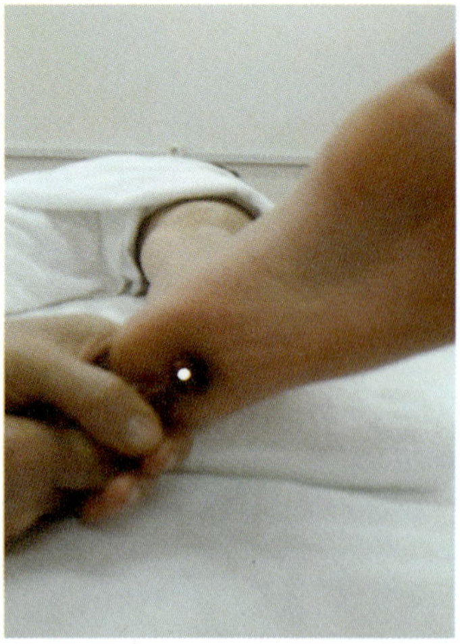

(2) 오른발 반사구

① 간 장

오른발 제 4지와 5지 사이 앞꿈치 뒷부분에 위치하며 지압봉을 이용하여 4초 이상 지그시 누른다.

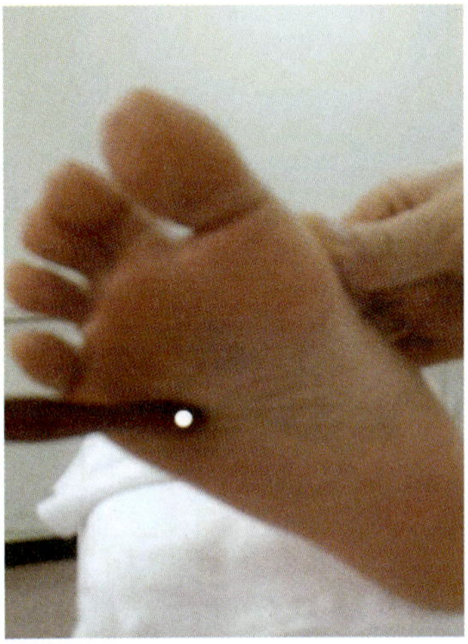

② 담 낭

간의 옆에 위치하며 지압봉을 이용하여 4초 이상 지그시 누른다.

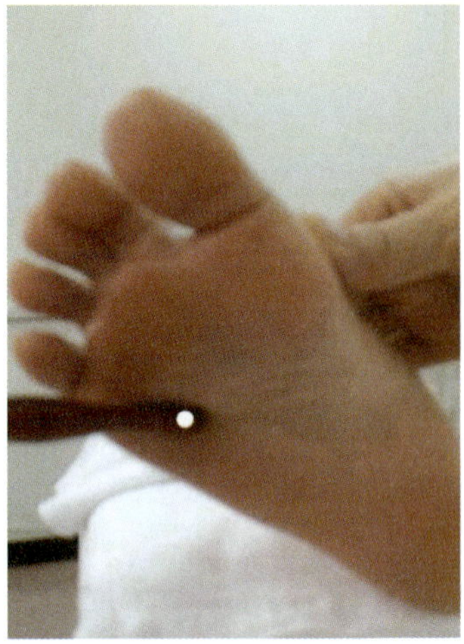

③ 맹 장(충수)

오른발 상행결장이 시작하는 곳에 위치하며 지압봉을 이용해 4초 이상 누른다.

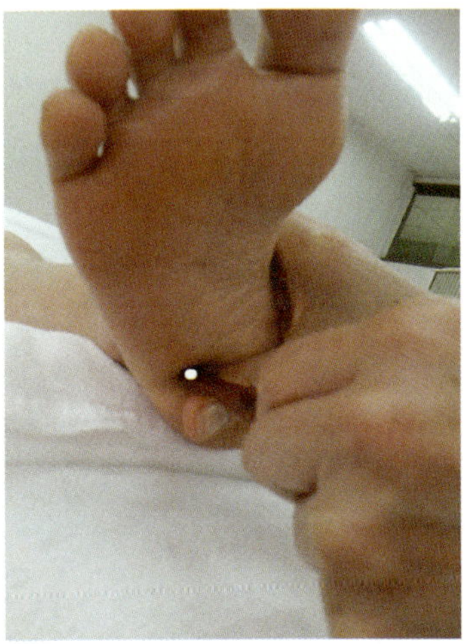

④ 상행결장

뒤꿈치 위 제4지라인에 위치하며 지압봉을 이용하여 아래에서 위로 쓸어 올린다.

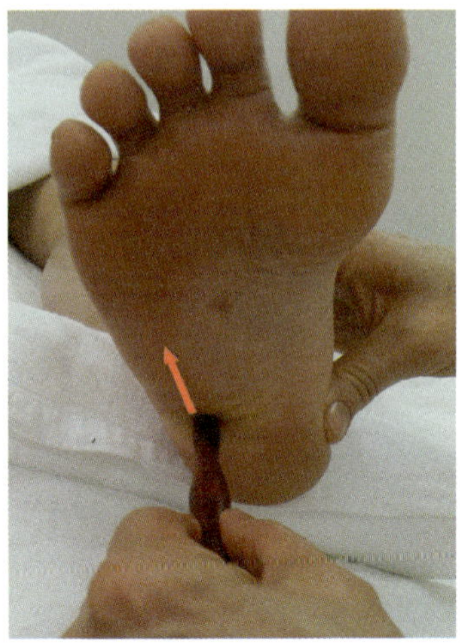

⑤ 횡행결장

상행결장이 끝나는 곳 옆에 있으며 오른쪽에서 왼쪽 방향으로 지압봉을 이용하여 쓸어 준다.

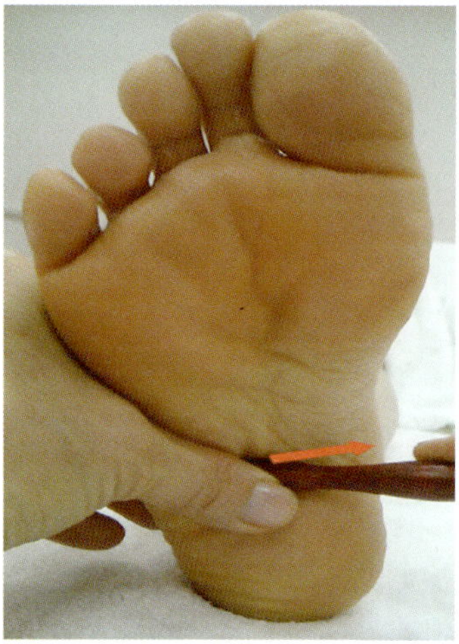

(3) 발등 반사구

① 코

발가락 내측 발톱 옆에 위치하며 엄지를 이용하여 4초 이상 지그시 누른다.

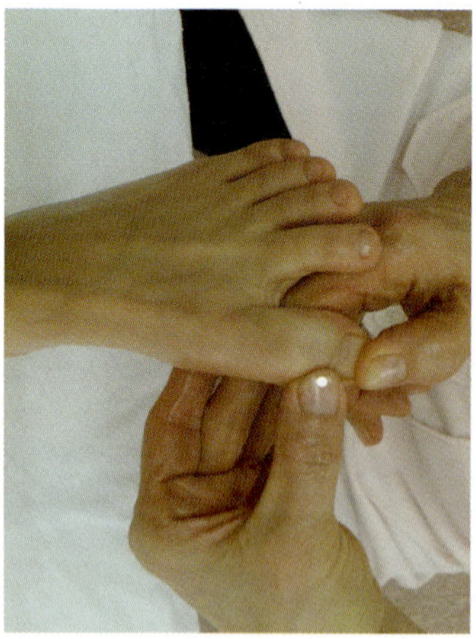

② 상악, 하악

엄지발가락 발톱 밑에서 마디까지 위치하며 엄지를 이용하여 4초 이상 누른다.

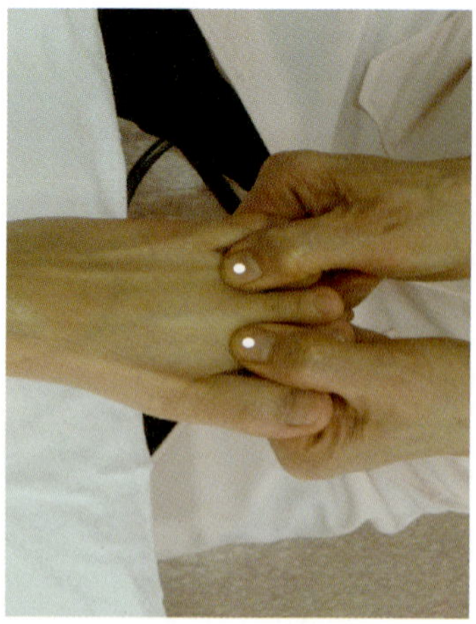

③ 앞니, 어금니, 큰어금니, 작은어금니

제2~5지 마디부분을 엄지손을 이용하여 4초 동안 지그시 누른다.

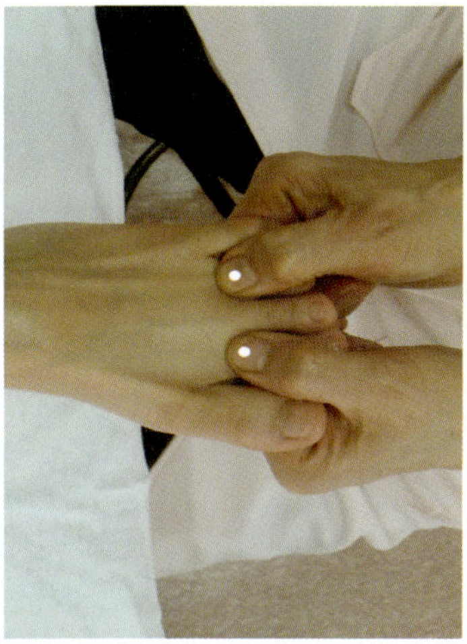

④ 기관지

중족골 제 1지와 2지 사이에 위치하며 엄지손을 이용하여 4초 이상 지그시 누른다.

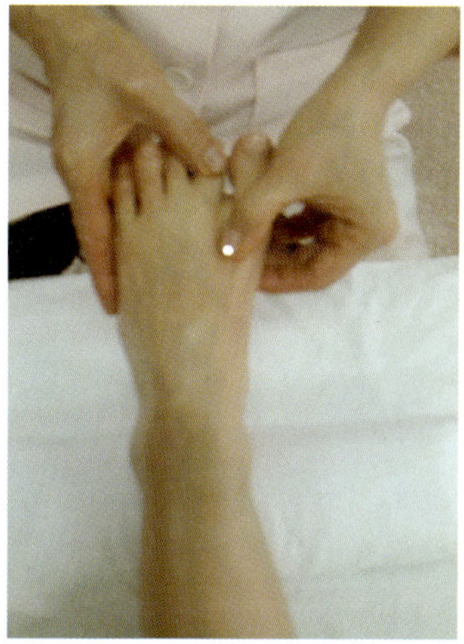

⑤ 액와임파

발의 외측에 위치하며 지압봉을 이용하여 4초 이상 지그시 누른다.

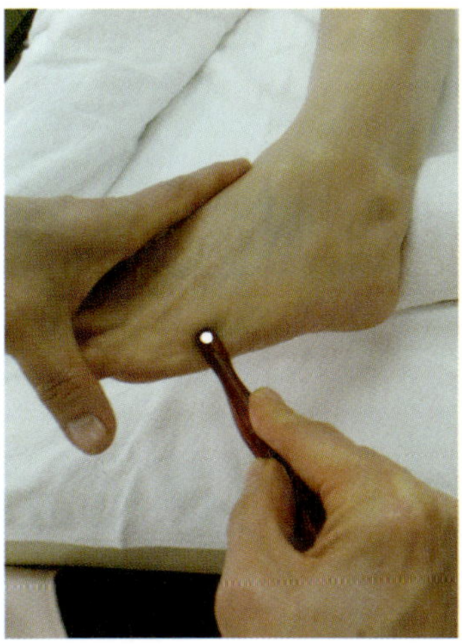

⑥ 성대후두

중족골중 반사구 기관지 위에 위치하며 엄지손을 이용하여 4초 이상 지그시 누른다.

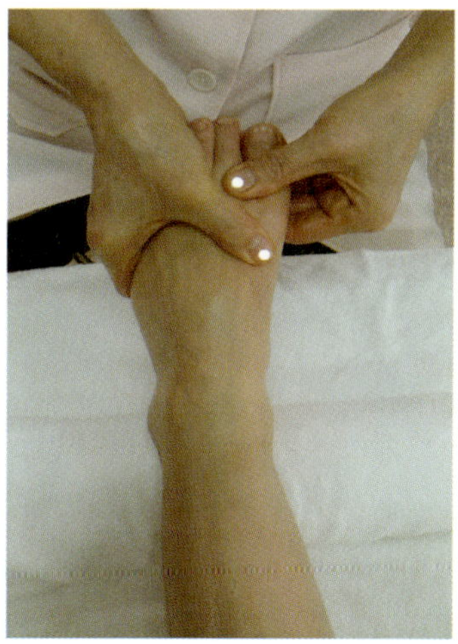

⑦ 평형기관(내이미로)

중족골 제4지와 5지 사이에 있으며 엄지손가락을 이용하여 아래에서 위를 향해 쓸어낸다.

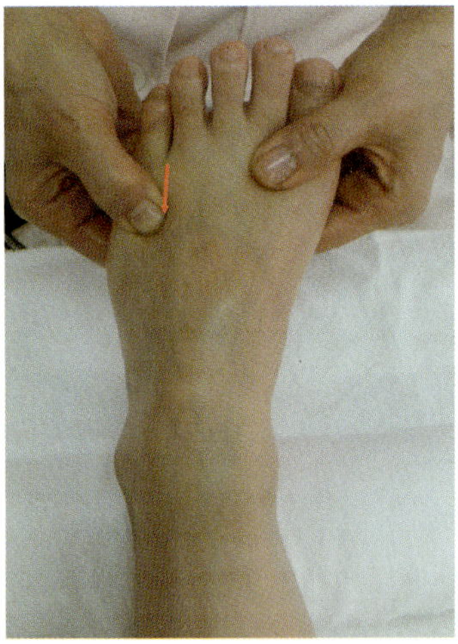

⑧ 횡격막

발등의 가운데 가로에 위치하며 엄지손가락을 이용하여 쓸어 준다.

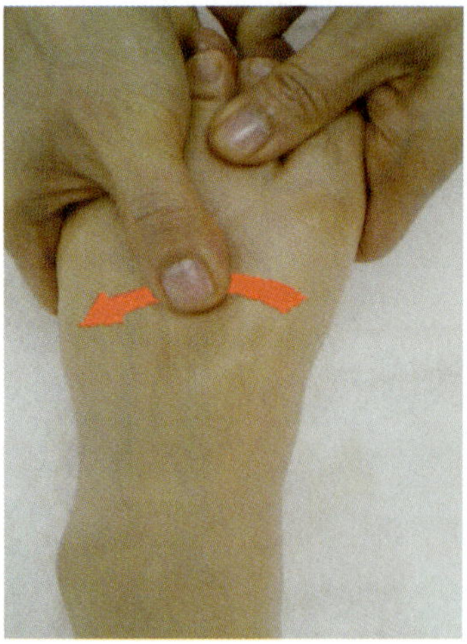

⑨ 늑 골

반사구 횡격막 바로 위에 위치하며 양 엄지손를 이용하여 4초 이상 지그시 누른다.

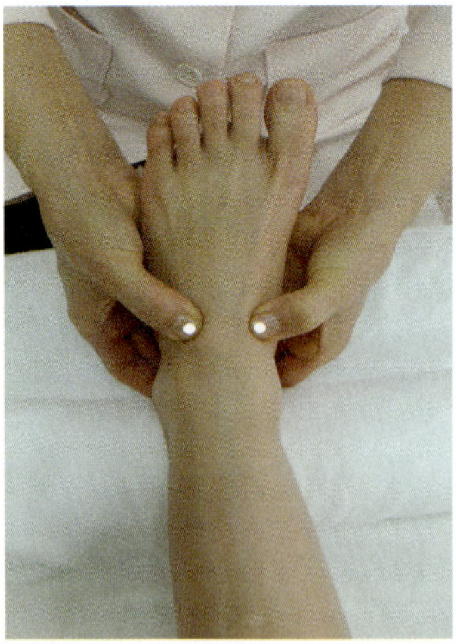

⑩ 요통점

반사구 늑골 위에 위치하며 양 엄지손을 이용, 4초 이상 지그시 누른다.

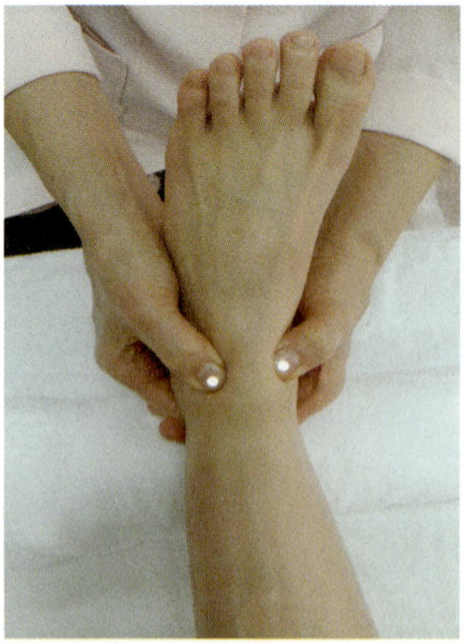

⑪ 서혜임파

발목에 위치하며 엄지를 이용, 4초 이상 지그시 누른다.

⑫ 복부임파

서혜임파 위에 있으며 엄지를 이용, 4초 이상 지그시 누른다.

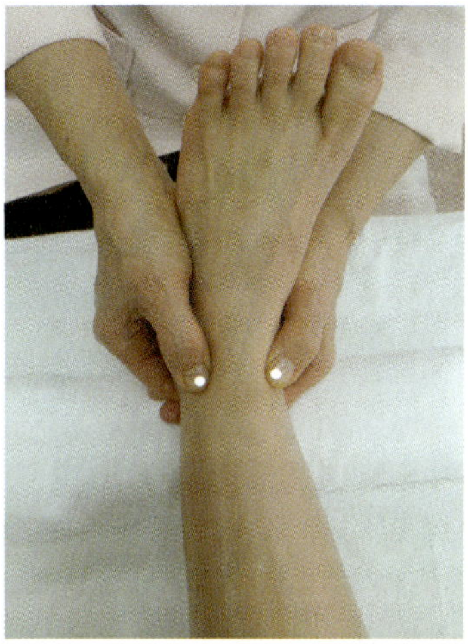

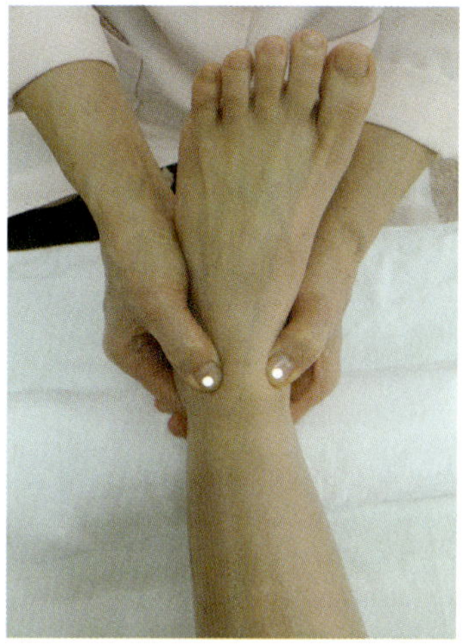

⑬ 구간임파

복부임파 위에 있으며 엄지를 이용, 4초 이상 지그시 누른다.

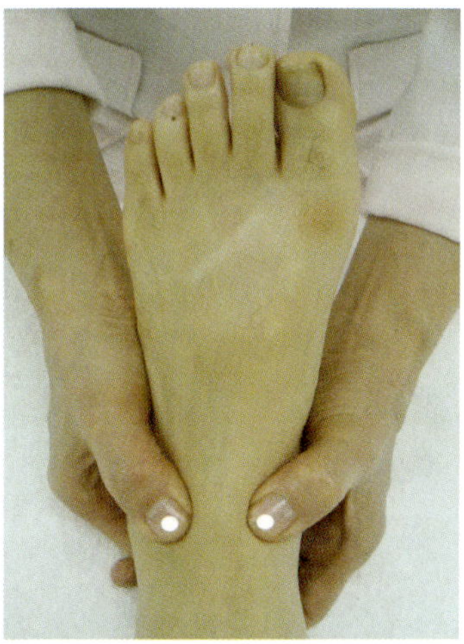

(4) 발 외측 반사구

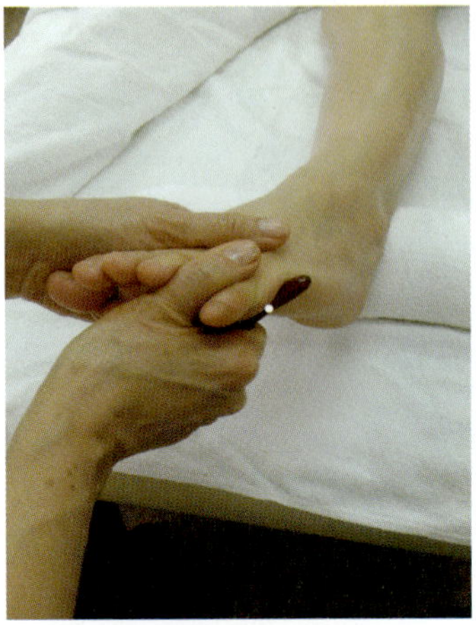

① 견관절

발의 외측 볼록 튀어나온 곳이며 지압봉을 이용하여 쓸어 준다.

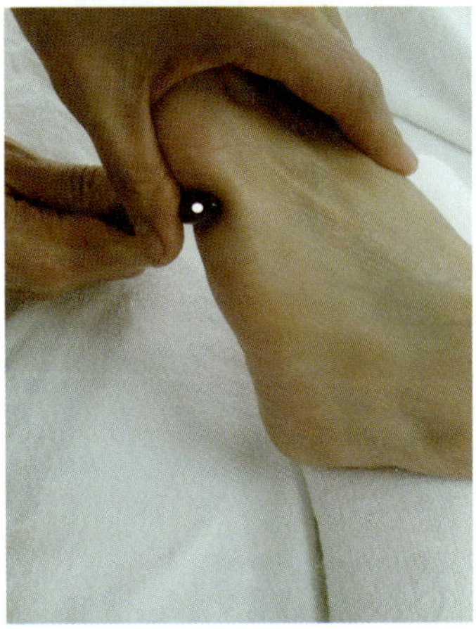

② 상 지

반사구 어깨의 밑에 위치하며 지압봉을 이용해 4초 이상 지그시 누른다.

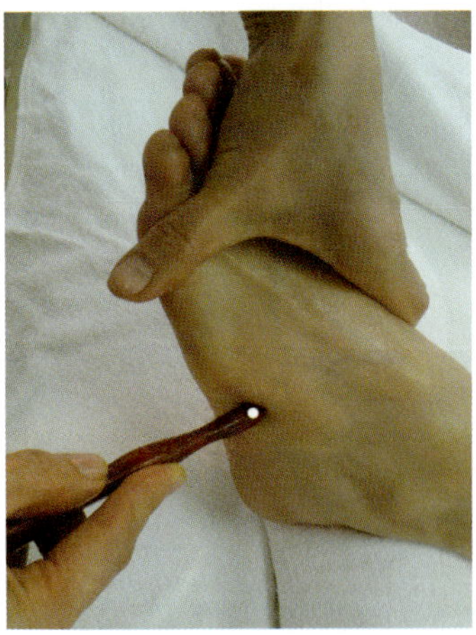

③ 수관절

반사구 상지 밑에 위치하며 지압봉을 이용, 4초 이상 지그시 누른다.

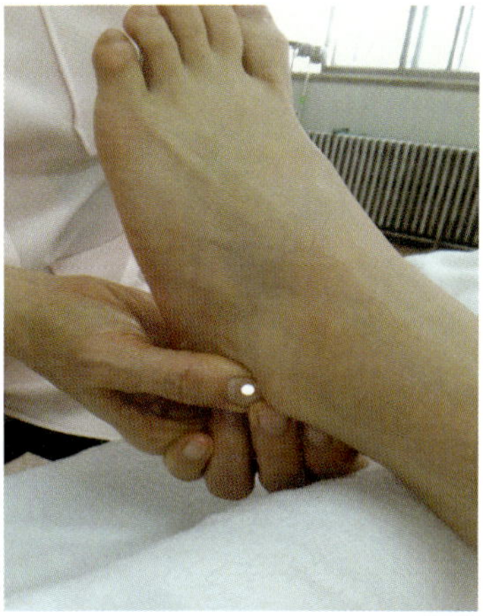

④ 고관절

복사뼈 밑에 위치하며 엄지손가락으로 4초 이상 지그시 누른다.

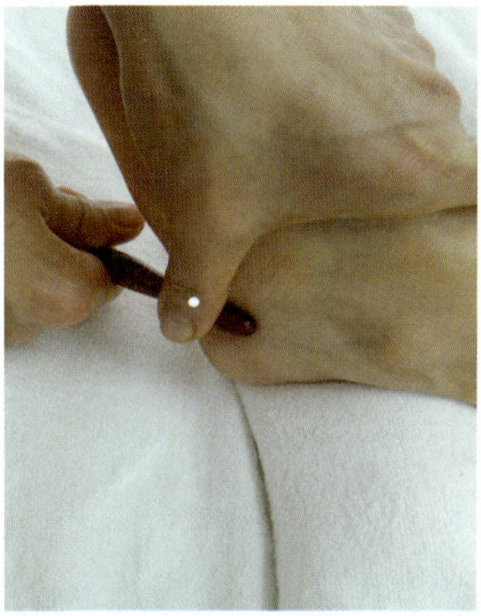

⑤ 슬관절

반사구 수관절 밑에 위치하며 지압봉의 옆면을 이용, 4초 이상 지그시 누른다.

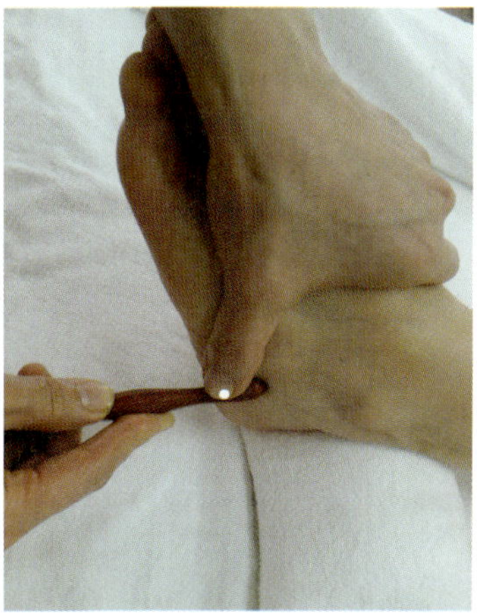

⑥ 미 골

발의 외측 뒤꿈치에 위치하며 지압봉의 옆면을 이용하여 쓸어 준다.

(5) 발의 내측 반사구

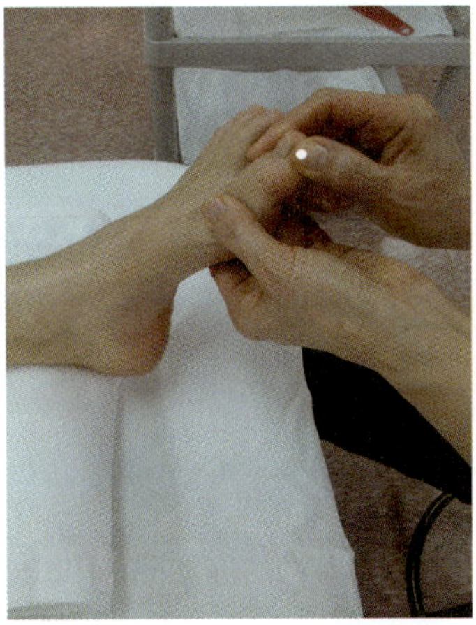

① 경 추

발의 내측 윗부분에 위치하며 엄지손가락을 이용하여 4초 이상 지그시 누른다.

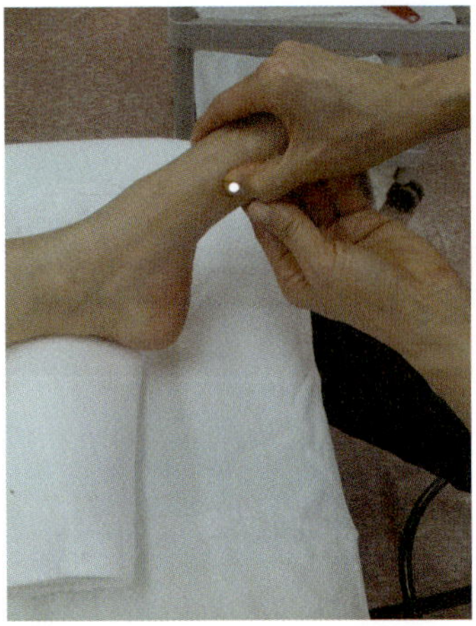

② 흉 추

경추밑에 위치하며 엄지를 이용, 지그시 누르며 쓸어 준다.

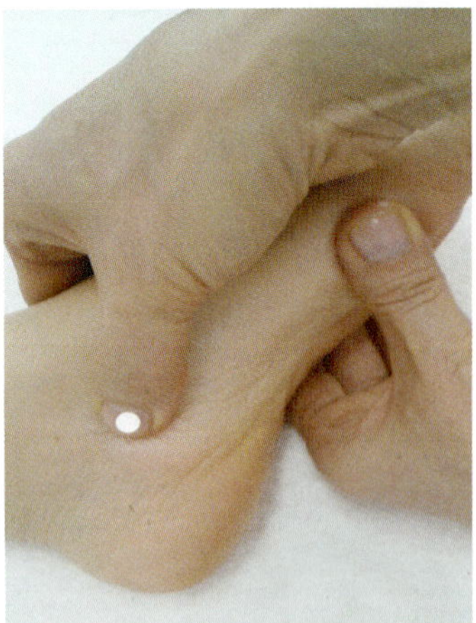

③ 요 추

흉추밑에 위치하며 엄지를 이용하여 지그시 누르며 쓸어 준다.

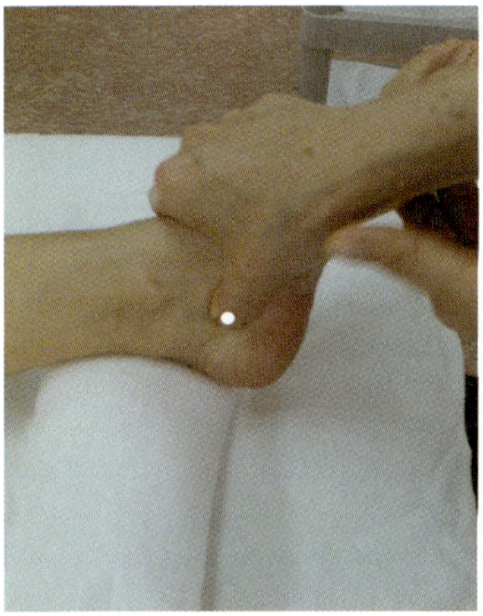

④ 천 골

내측 복사뼈 밑에 위치하며 엄지손을 이용하여 4초 이상 지그시 누른다.

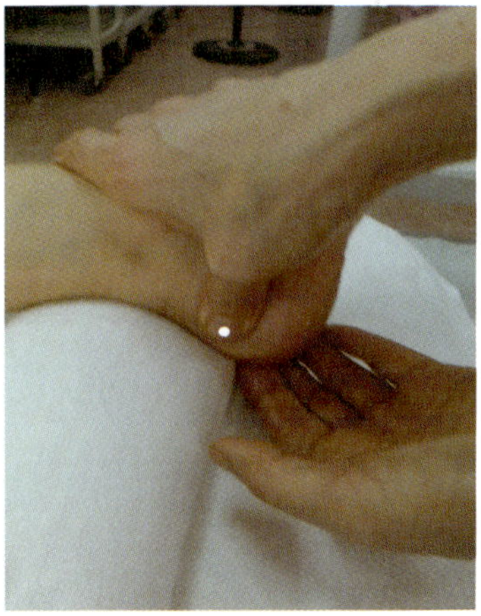

⑤ 미 골

발의 내측 뒤꿈치에 위치하며 엄지손을 이용, 지그시 누르며 쓸어 준다.

Section 8 이해하기 쉬운 계통별 발 반사구

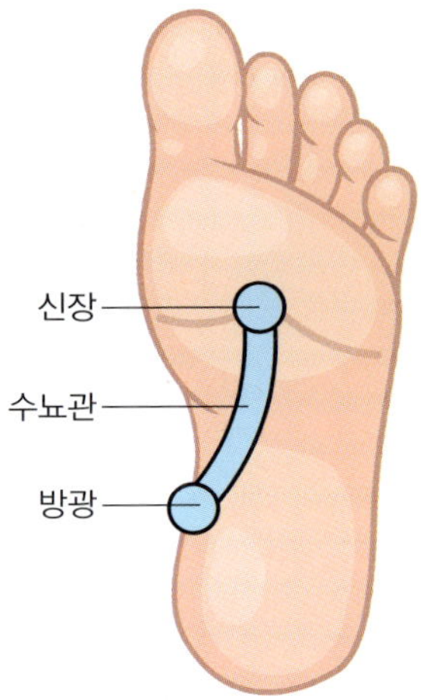

배설기계 반사구
(기초반사구)

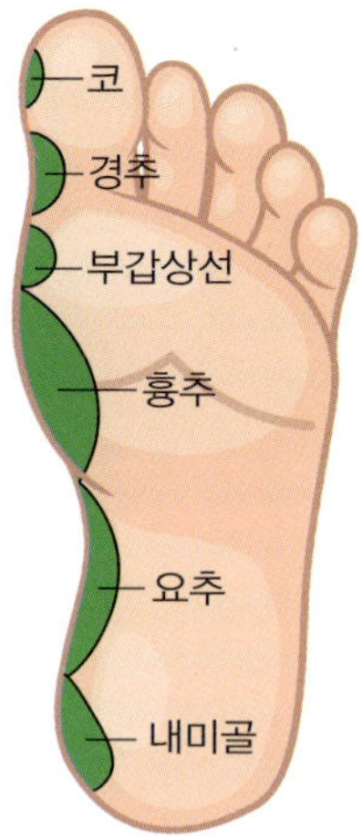

척추 반사구

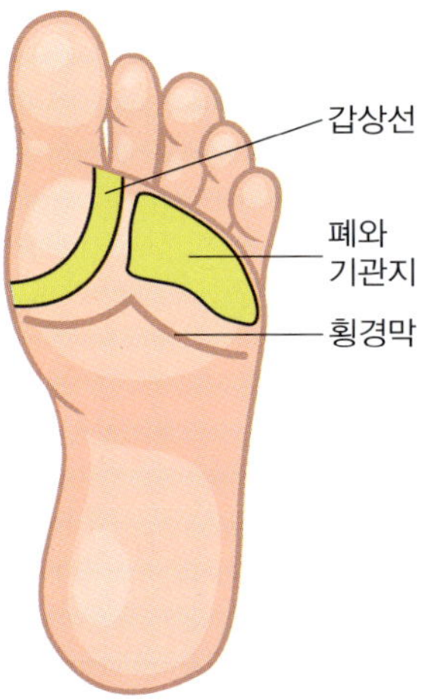

호흡기계 반사구

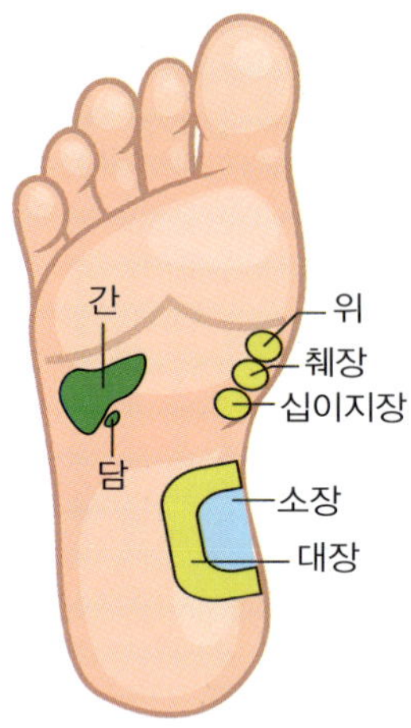

소화기계 반사구

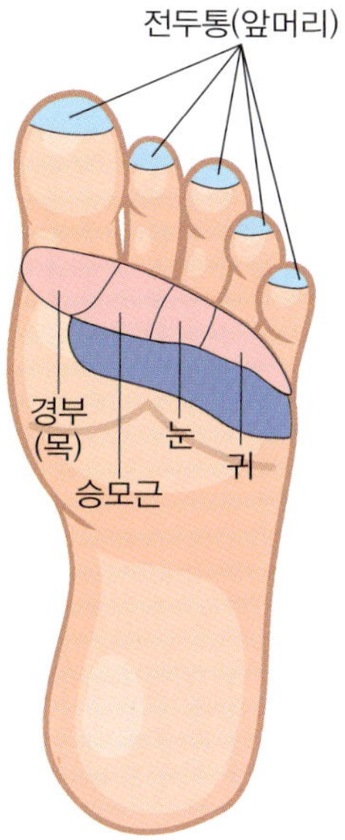

두부 및 어깨 반사구

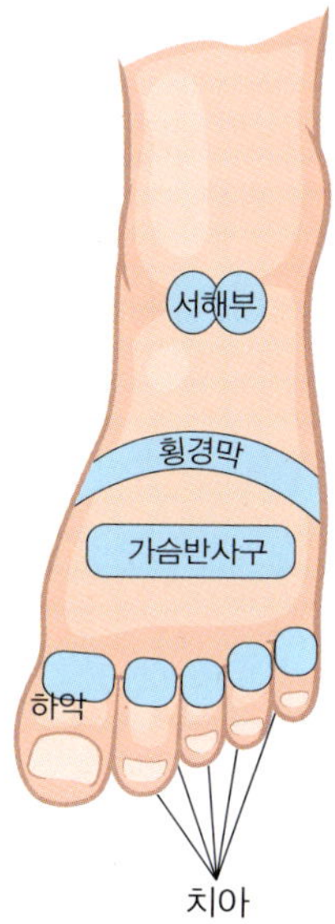

가슴 및 림프 반사구

Section 9 우리나라 지역별 발 반사요법 실제의 예

우리나라를 여행하다 보면 관광지마다 여행객들의 피로를 풀어주기 위해 맨발로 길을 걸으며 발바닥 반사구를 자극할 수 있는 자갈길을 많이 만들어 놓았다.

한 예로 제주도 올레길 5코스 쇠소깍에 있는 자갈길과 서귀포시 남원읍 태흥1리에 가면 해변가에 자갈길을 만들어 놓은 것을 볼 수 있다.

대전의 계족산은 황토로 둘레길이 만들어져 있어서 맨발로 길을 걸으면 황토가 가지고 있는 효과와 발 반사요법이 가지고 있는 효과를 동시에 얻을 수가 있다.

그 외에도 각 지역에 있는 허브랜드나 자연휴양림들은 여행객을 위한 족탕시설이 구비되어 있고 지방자치 단체에서 각 지역 공원마다 자갈길을 만들어 놓은곳도 많이 있다.

대전 계족산황토길 입구에서의 필자

황토길을 오르는 가족

대전시 계족산 둘레길 전경 (자료제공 : 한국관광공사)

제주특별자치도 서귀포시 남원읍 태흥1리 바닷가 산책로에 있는 자갈길

제주도 올레길5코스

'쇠소깍' 에 있는 자갈길
(출처 : korean.visitkorea.or.kr)

강원도 태백산 밑에 위치한 족욕 전문 샵

Section 10 발 반사요법 시 주의사항

① 고객의 건강상태를 정확하게 진단하여 강약을 조절하여야 한다.

② 관리를 하는 과정에서 수시로 고객의 상태를 살펴본다.

③ 식사 후 1시간 정도 지난 후 실행한다.

④ 관리사는 자신감을 가지고 관리하고, 고객은 관리사를 신뢰하여야 한다.

⑤ 관리과정이나 관리 후 몸의 반응에 대하여 고객에게 설명한다.

⑥ 반사구 자극 시 뼈가 있는 부위에는 지압봉을 사용하지 않는다.

⑦ 임신 중이나 생리 중에는 발 반사요법을 시행하지 않는다.

⑧ 수술 후 회복 전이나 상처가 아물지 않았을 때는 하지 않는다.

⑨ 힘이 없는 환자에게는 발 반사요법을 강하게 하지 않는다.

⑩ 한 반사구를 지속적으로 자극하지 않는다.

⑪ 고객이 아프다고 하면 힘을 조절하여 약하게 한다.

⑫ 발반사 자극을 마무리한 후 따뜻한 물을 꼭 마셔야 한다. 절대 찬물을 마시지 않도록 한다.

⑬ 지압봉 사용 시 지압봉과 손을 함께 움직여 느낌을 부드럽게 한다.

⑭ 반사구마다 방향이 있으므로 역방향으로 하지 않는다.

⑮ 발 반사 자극 후 자극이 간 피부 부위를 가볍게 만져 준다.

⑯ 전체적인 테크닉이 끝나면 배설기계 반사구를 손으로 꼭 마사지해 준다.

⑰ 너무 강하게 하지 않는다.

⑱ 심장병이나 신장병은 약하게 하고 관리 후 물을 조금만 마신다.(의사의 조언을 구한다)

Section 11 발 반사 자극 후 나타날 수 있는 현상

① 관리하는 도중에 트림, 재채기, 콧물, 방귀 등이 나올 수 있다.
② 정맥이 부풀어 오를 수 있다.
③ 소변의 상태가 탁하거나 악취가 날 수 있다.
④ 소변의 색깔이 평소보다 진할 수 있다.
⑤ 두드러기가 날 수 있다.
⑥ 설사나 구토를 할 수 있다. 관리 도중 속이 메스껍고 토할 것 같다고 하면 약하고 부드럽게 하거나 중지한다.

Section 12 발 관리를 해서는 안 되는 경우

① 혈우병인 경우에는 하지 않는다.
② 소아당뇨인 경우에는 하지 않는다.
③ 외과적 수술환자는 하지 않는다.
④ 임산부는 절대로 해서는 안 된다.
⑤ 산후 1개월 안에 있는 산모 및 임산부는 발 반사요법을 하지 않는다.
⑥ 암환자는 하지 않는다.
⑦ 생리 때는 하지 않는다.

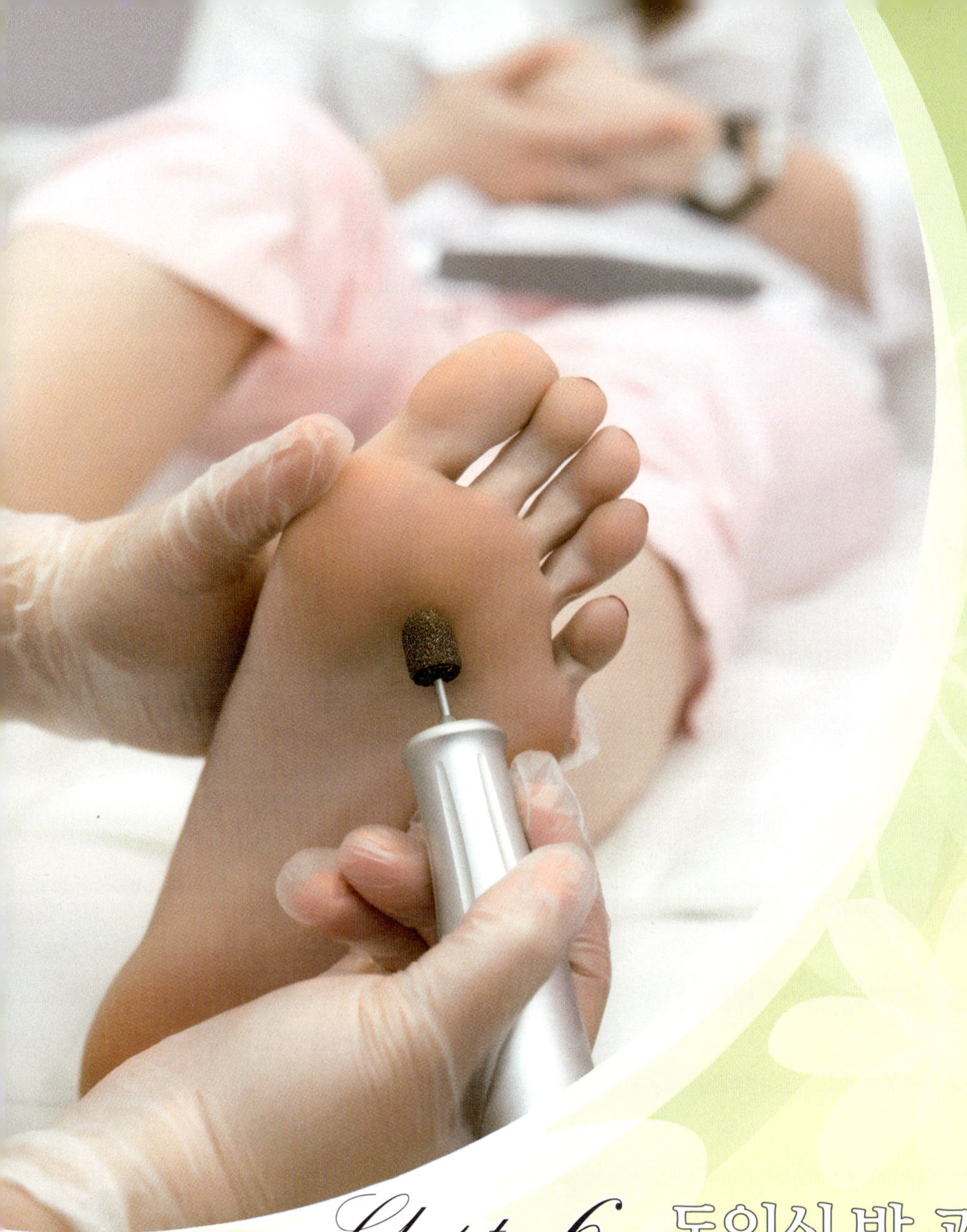

Chapter 6 독일식 발 관리

- 독일식 발관리에 필요한 시설
- 독일식 발관리에 필요한 도구들
- 독일식 발관리에 필요한 Fraser 종류
- 발톱(손톱)의 구조와 문제성 발톱
- 문제성 발 피부
- 변형된 발

Chapter 6

독일식 발 관리(Fuss pflege, 푸스플레게)

그림 6-1 독일식 발관리 시술

발은 인체의 하중을 받치고 있으며 신체의 균형을 유지하는 기능이 있어 우리가 똑바로 서 있거나 건강하게 생활할 수 있도록 한다. 그러나 잘못된 생활습관 및 보행습관, 본인의 발에 맞지 않는 신발을 신는 등 여러 가지 원인으로 발의 변형을 가져오기도 한다.

꽉 끼는 작은 신발을 장기간 신었을 경우 신발의 압박으로 인해 발 피부의 과각질화 현상으로 굳은살이나 티눈 등이 생기거나 발가락뼈의 변형으로 인한 통증을 유발하기도 한다. 또한 굽이 높은 신발을 신거나, 장시간 서 있거나, 비만으로 인하여 발의 변형이나 질병이 올 수 있다.

독일식 발관리는 이러한 여러 가지 문제가 생긴 발을 관리하는 분야로 의료영역과 미용영역으로 나눈다.

미용영역에서는 각질제거, 굳은살제거, 티눈제거, 파고드는 발톱 관리 등 몇 가지 방법으로 고객에게 시술해 줄 수 있다.

① 의료영역 : 사마귀, 살무좀, 염증이 생긴 파고드는 발톱, 발톱무좀, 나무발톱, 티눈

② 미용영역 : 각질제거, 굳은살, 티눈, 갈라진 뒷꿈치, 파고드는 발톱, 발톱무좀, 나무발톱, 기형 발톱, 발톱의 미용관리(인조발톱 만들기, 발톱 art)

무좀발톱의 경우는 의료방법과 미용관리방법을 병행하면 훨씬 좋은 효과를 얻을 수 있으며 당뇨나 나무발톱 등으로 변형되거나 기형이 된 발톱은 인조발톱을 만들고 네일아트를 곁들이면 오히려 더 아름답게 보일 수 있다.

Section 1 독일식 발 관리에 필요한 시설

그림 6-2 손 소독제

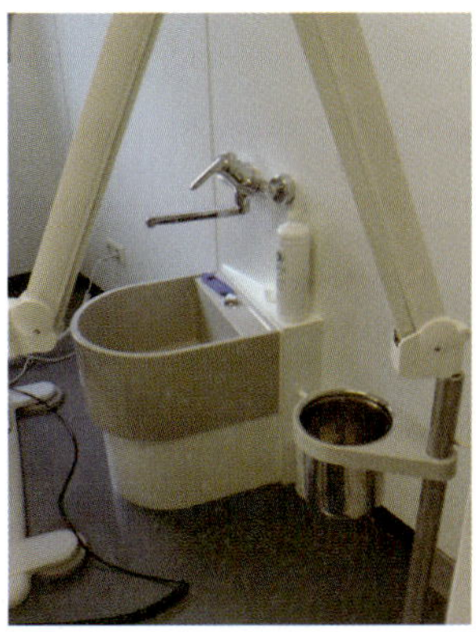

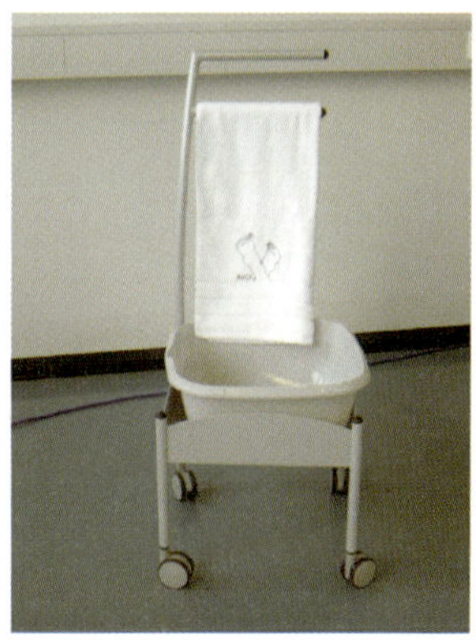

그림 6-3 벽에 부착된 각탕기(좌)와 이동용 각탕기(우)

〈헬무트룩 발 관리 학교에 있는 시설들〉

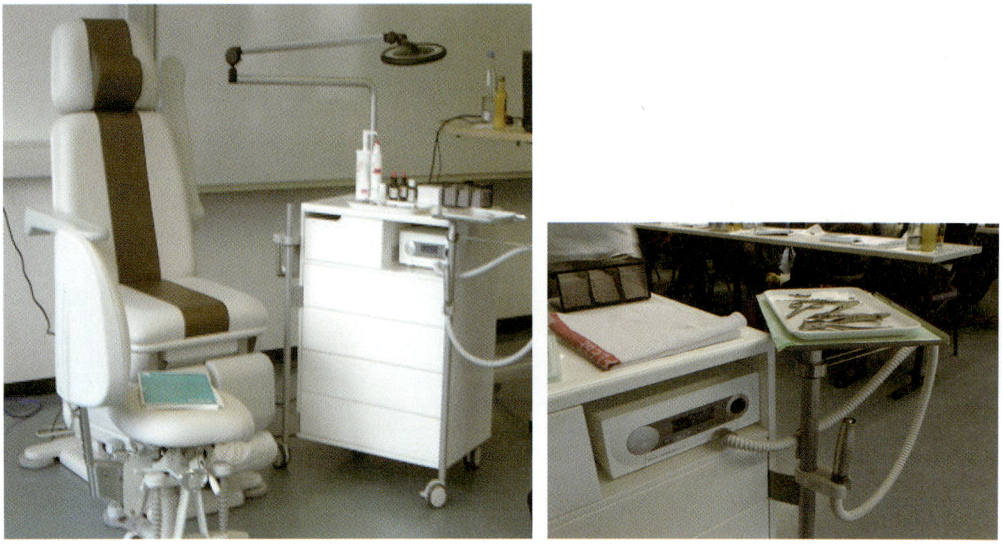

그림 6-4 세팅된 발 관리실(좌)과 손 도구 작업대(우)

Section 2 독일식 발 관리에 필요한 도구들

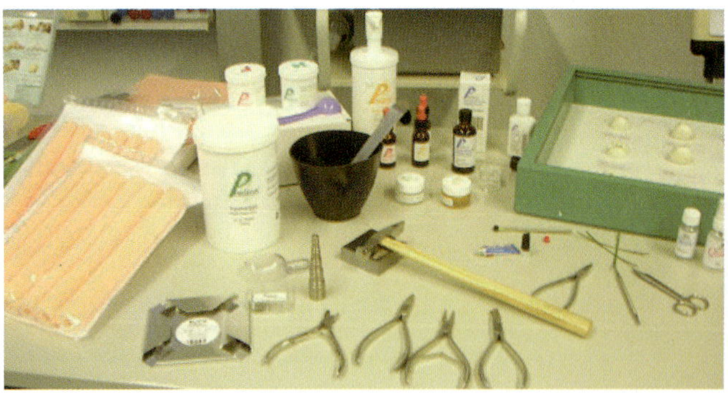

그림 6-5 스팡에(spange)를 만드는 도구들
파고드는 발톱 관리에 사용한다.

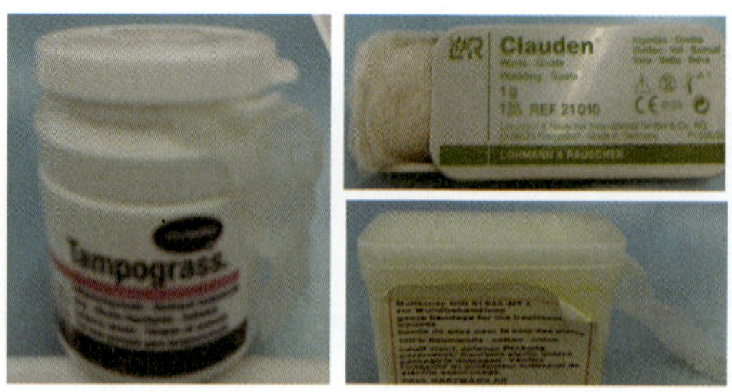

그림 6-6 탐포나데(tamponade)
파고드는 발톱 관리에 사용한다.

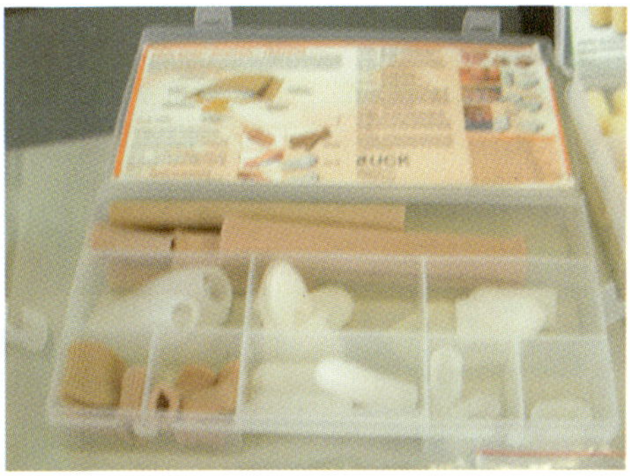

그림 6-7 실리콘 및 패드 종류
티눈 및 굳은살 제거 후 충격완화를 위해 사용한다.

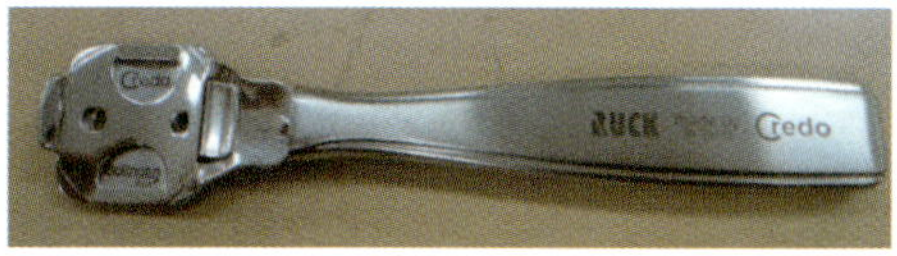

그림 6-8 크레도(Spezialklinge)
두꺼운 굳은살 제거 시 사용한다.

그림 6-9 하우트창에(flache Hautzänge)
조벽 굳은살 제거 시 사용한다.

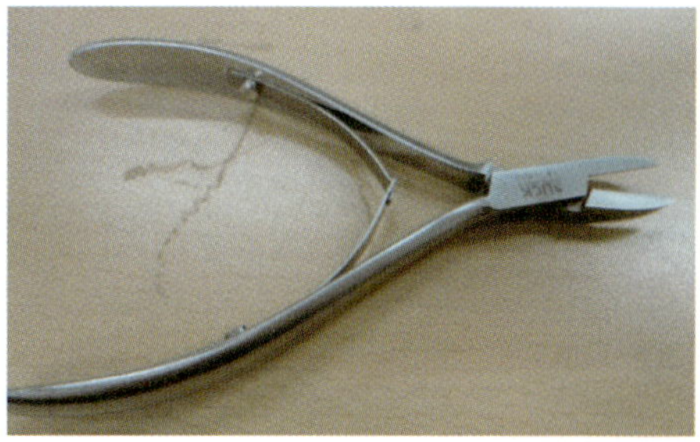

그림 6-10 에켄창에(spitze Eckenzänge)
큐티클이나 발바닥 굳은살 제거 시 사용한다.

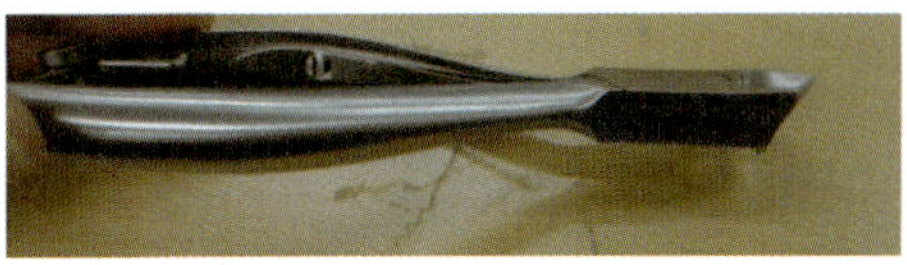

그림 6-11 코프쉬나이더(Kopfschneider)
발톱을 자를 때 사용한다.

그림 6-12 도펠 존데(Doppel-sonde)
주로 발톱의 찌꺼기를 없앨 때 사용한다.

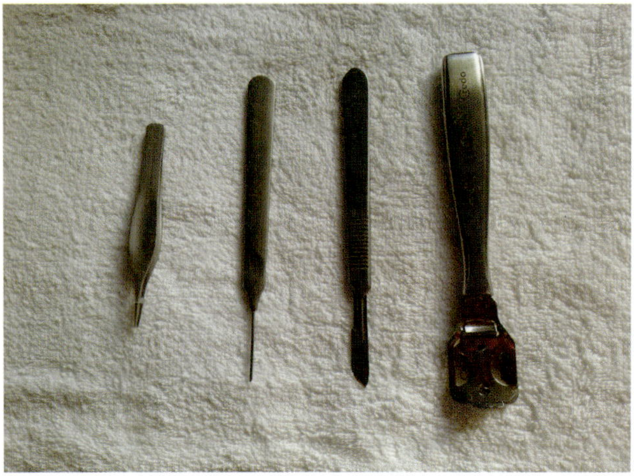

그림 6-13 발관리 도구들
오른 쪽부터 Spezialklinge(Credo), Skalpel, Hohlmeibel, Splitterpinzette

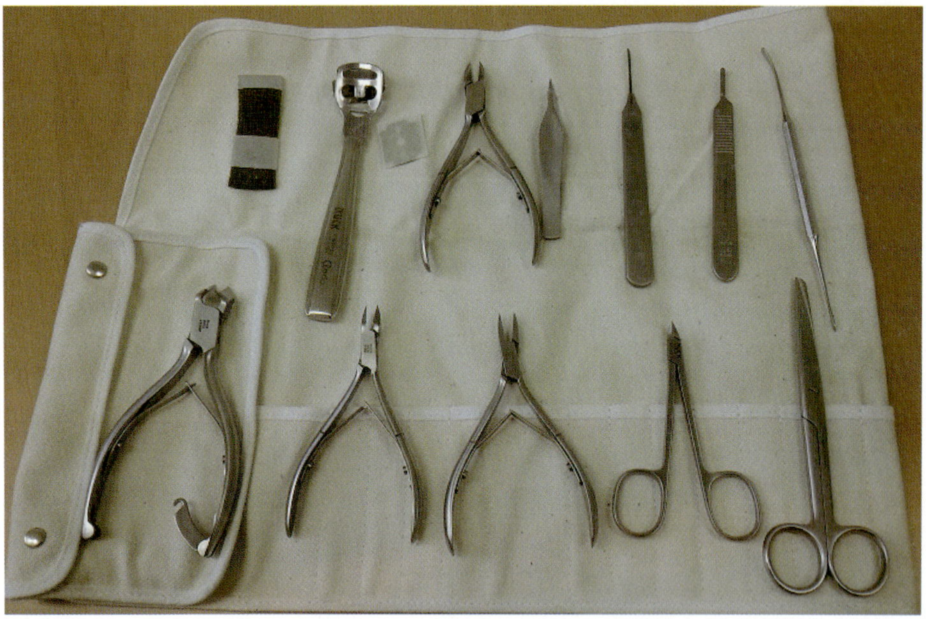

그림 6-14 휴대용 손작업도구 세트

Section 3 독일식 발관리에 필요한 Fräser(프레저) 종류

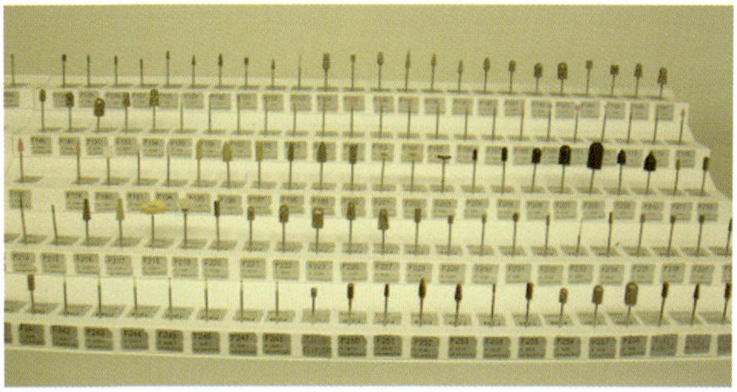

그림 6-15 프레저 종류

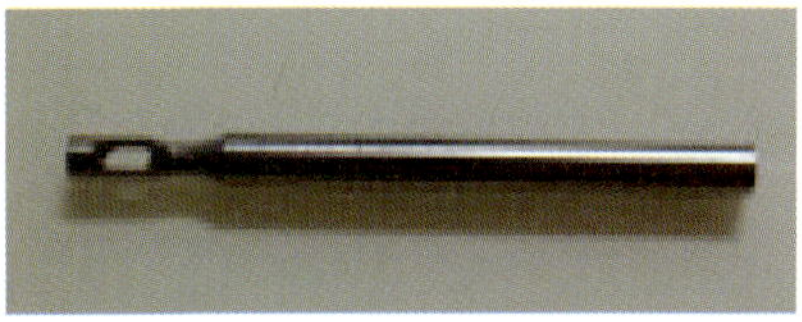

그림 6-16 Hohlfräser(홀프레저=홀보아)
티눈 · 굳은살 제거에 사용한다.
앞이 톱니 모양과 둥근 모양 2가지가 있다.

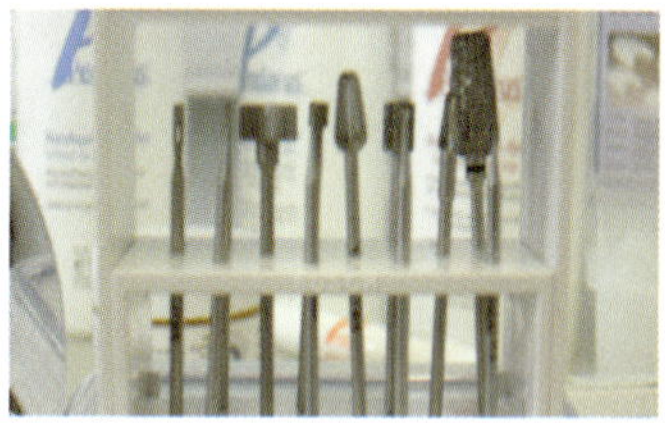

그림 6-17 휴대용 프레저 세트

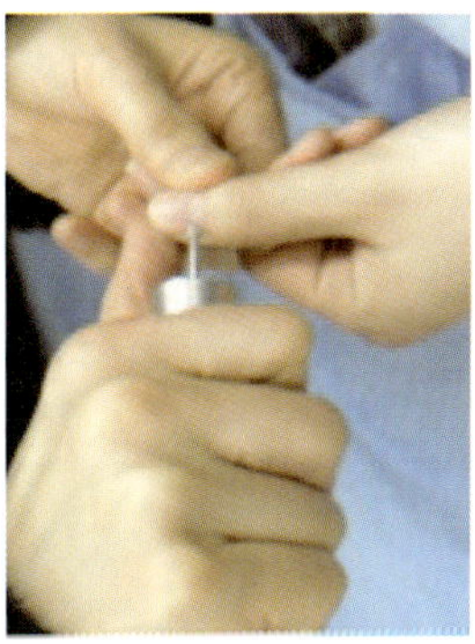

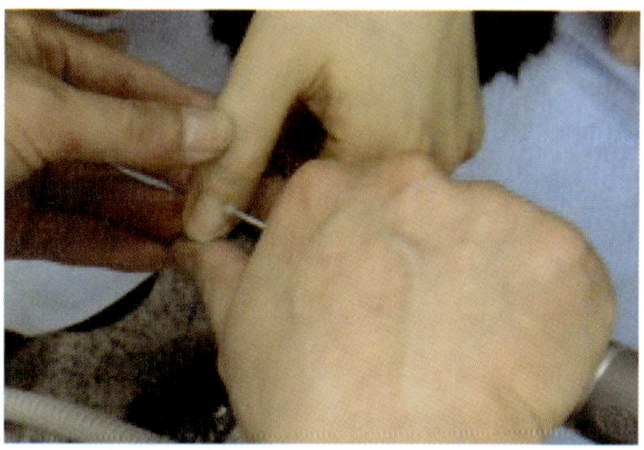

그림 6-18 프레저(Fräser) 사용하는 법

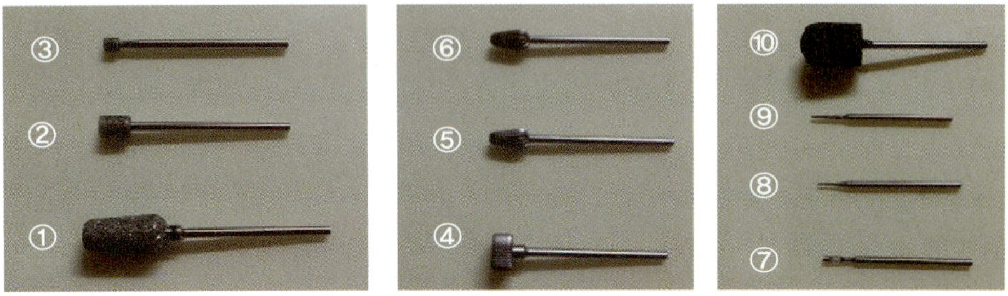

그림 6-19 프레저 명칭 및 사용법

1,2,3 Diamant-fräser(=다이아몬 프레저) ; 발톱의 표면 위를 갈아 낼 때 사용한다.
4. Rad-fräser ; 나무발톱이나 무좀발톱을 갈아낼 때 사용한다.
5. Schirm-fräser ; 발 뒤꿈치 굳은살을 제거할 때 사용한다.
6. 발톱 슈라이퍼 ; 발톱 표면 위를 갈아낼 때 사용한다.
7. Hohl-fräser ; 티눈을 제거할 때 사용한다.
8,9. Nagelfalzfräser ; 조벽의 굳은살을 제거할 때 사용한다.
10. grober Hornhaut-glatter ; 굳은살, 각질제거, 거친 부분 마무리 시 사용한다.

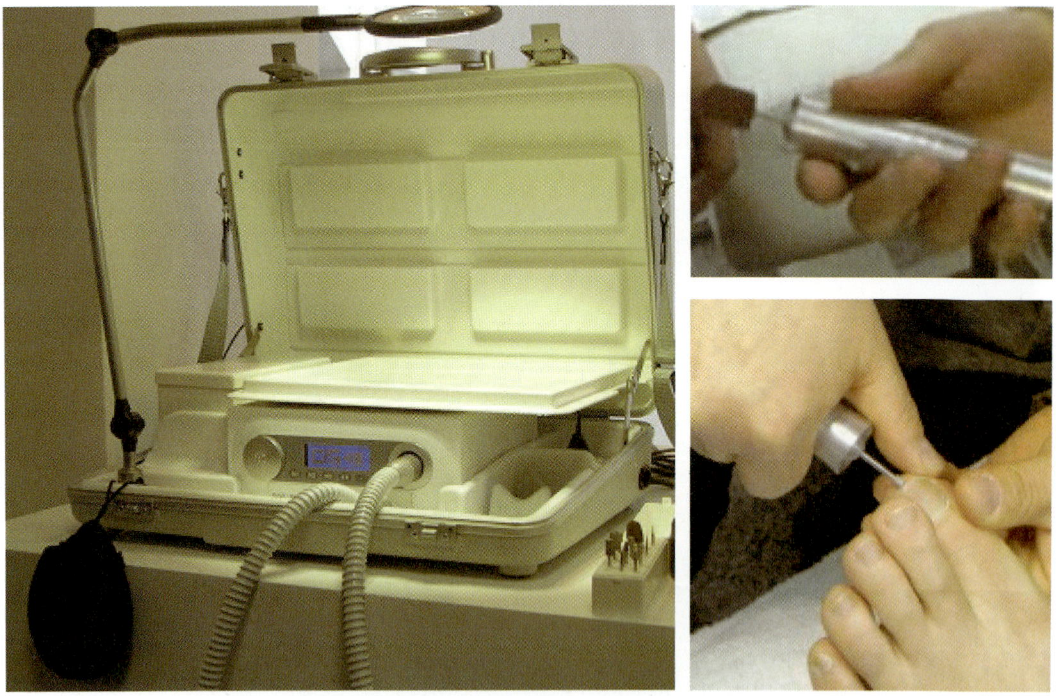

그림 6-20 PODOLOG NOVA Footcare System 마이크로 모터
흡입관이 장착되어 있어 관리 시 분진을 흡수한다. 흡입관 끝의 프레저를 교체하면서 사용할 수 있다.

Section 4 발톱(손톱)의 구조와 문제성 발톱

발톱(손톱)은 피부기관 중의 하나로 표피 각질층의 단백질성분인 케라틴과 유분 및 수분을 포함하고 있는데 수분은 보통 12~18% 정도 포함되어 있다. 여러 겹으로 구성되어 있으며 조모(Nail matrix)에서 만들어져서 조반월(Lunula)에서 경케라틴(Keratin) 형태로 성장이 되어 자유연(Free edge)으로 만들어지면서 수명을 다하게 된다.

발톱(손톱)의 성장은 건강한 성인을 기준으로 보았을 때 1개월에 약 3mm 정도 자라며 조모에서 자유연이 될 때까지는 보통 6개월 걸리지만 발톱은 조금 더딜 때도 있다. 그것은 혈액순환의 이상이나 질병 및 흡연 등의 이유로 성장기간이 9개월 가량 걸리기도 한다.

발톱관리 시 주의사항은 무좀발톱이나 기형 발톱의 경우 아크릴을 이용하여 아트를 하면 안 된다는 점이다. 아크릴은 화학성분이 발톱의 문제를 악화시킬 수 있기 때문이다. 발톱을 전문적으로 관리할 때는 발톱 전용 젤 제품을 사용하여야 하며 기구의 불충분한 소독관리로 인해 무좀발톱균이 다른 고객에게 옮겨질 수도 있으므로 도구는 반드시 크리스탈 소독기를 이용하여 살균시켜 사용한다.

1. 발톱(손톱)의 구조

① 조체(Nail body, Plate, 조판) : 손톱 자체

② 조근(Nail root) : 손톱의 성장이 시작되는 곳

③ 자유연(Free edge) : 조상이 없는 손톱의 끝부분으로 죽은 세포이다.

④ 조상(Nail bed) : 조체 아래에 위치하고 있다. 모세혈관과 신경조직이 분포되어 있어 영양공급과 신진대사를 돕고 신경감각이 있다.

⑤ 조모(Nail Matrix) : 손톱의 생장점으로 혈관과 신경, 림프관 등이 분포되어 있어 조모가 손상되면 발톱의 이상이 오거나 발톱이 빠질 수도 있다.

⑥ 조반월(Lunula) : 경케라틴화 상태로 발톱관리 시 손상을 입을 수 있다.
⑦ 조구(Nail groove) : 조상의 양 측면으로 좁게 패인 곳
⑧ 조벽(Nail wall) : 조구에 붙어있는 발톱 피부. 파고드는 발톱 시 제거하는 부분이다.

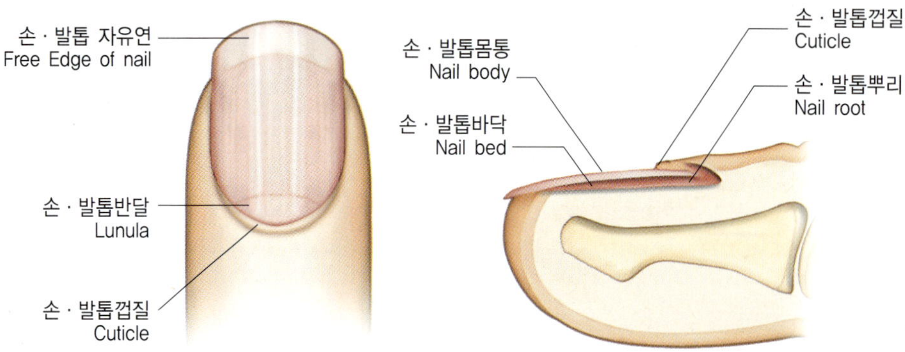

그림 6-21 손톱의 외형

2. 과갑 변형으로 인한 문제성 발톱

문제성 발톱은 주로 유전적인 원인이나 신체의 질병으로 인한 신진대사의 장애 등으로 비롯된다. 또한 인체의 영양 불균형과 외부로부터 받은 충격이나 마찰 등으로 발톱이 손상을 입거나 잘못 관리하여 변형이 오면서 발생한다.

(1) 파고드는 발톱의 원인

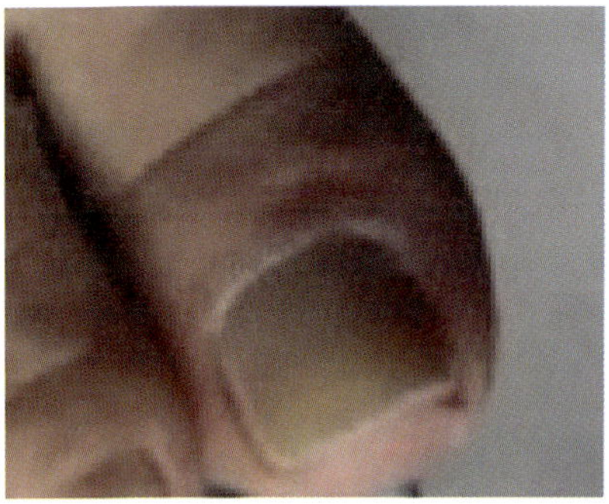

① 볼이 좁은 신발을 신었을 경우
② 발톱을 양쪽 조벽에서 바짝 자를 경우
③ 비만으로 인해 체중이 발에 가중될 때
④ 발톱 홈에 굳은 각질이 생성되었을 때
⑤ 사고로 인해 발톱이 빠졌다가 다시 날 때
⑥ 그 외에 당뇨로 인해 변형된 발톱을 잘못 관리했거나 유전인 경우

(2) 파고드는 발톱의 기본관리

① 파고드는 발톱의 관리 초입 단계에서는 발생 원인을 파악한 후 여러 가지 손도구와 기계를 이용하여 관리한다.
② 발톱의 상태에 따라 어떠한 스팡에(spange)를 할 것인지를 결정한다.
③ 파고드는 발톱관리의 기본관리에서 사용하는 손도구는 발톱을 눌러보아 통증을 진단한다.
④ 발톱 홈에 있는 찌꺼기를 제거하는 도구로는 존데, 발톱을 자르는 코프슈나이더, 조벽의 굳은살 제거에 사용하는 하우트창에 및 에켄창에, 두꺼운 굳은살 제거에 사용하는 스칼펠, 발톱 홈을 청소하는 홀메이벨 등이 있다.
⑤ 기계를 이용한 도구로는 기본적으로 모터에 삽입하여 사용하는 프레이저가 필요하며 다이아몬프레이저, 네일프레이저 등을 사용한다.

(3) 파고드는 발톱관리 순서

① 존데(Sonde)를 이용하여 파고드는 발톱의 상태와 통증을 확인한다.
② 코프슈나이더(Kopfschneider)를 이용하여 발톱을 짧게 자른다.
③ 에켄창에(Eckenzänge)로 발톱 가장자리의 굳은살 등을 제거한다.
④ 스칼펠(Skallpel)을 이용하여 제거하기 힘든 부위를 정리한다.
⑤ 두꺼운 발톱은 다이아몬프레이저(Diamantfräser)를 이용하여 갈아준다.

(4) 파고드는 발톱 관리과정 및 종류

파고드는 발톱의 시작은 기초관리의 5단계를 거친 후에 시행한다.

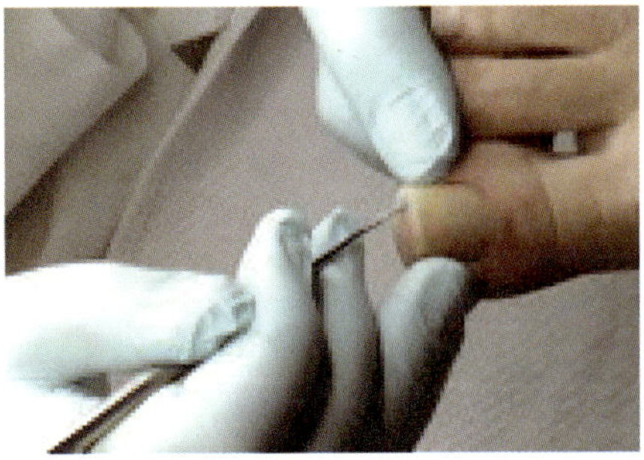

① 발톱 진단–존데

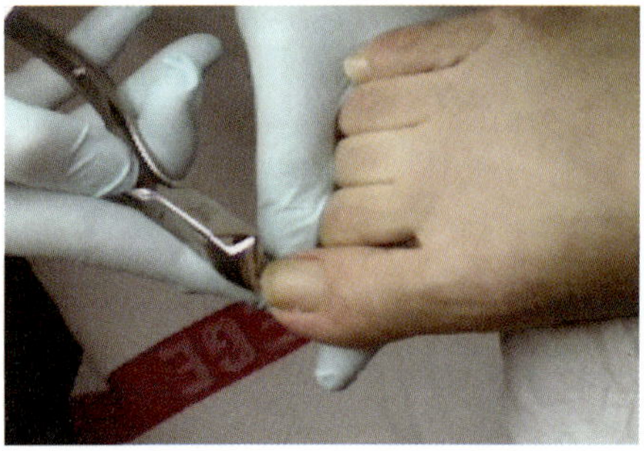

② 발톱자르기–코프슈나이더

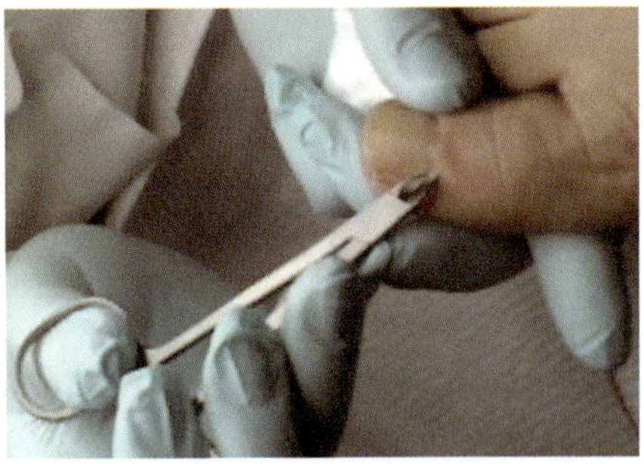

③ 큐티클 및 굳은살 제거
– 에켄창에

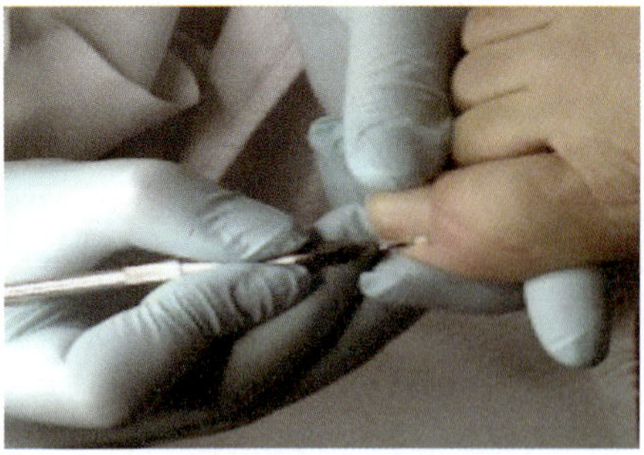

④ 조벽 청소–홀메이벨
(스칼펠을 사용하기도 한다)

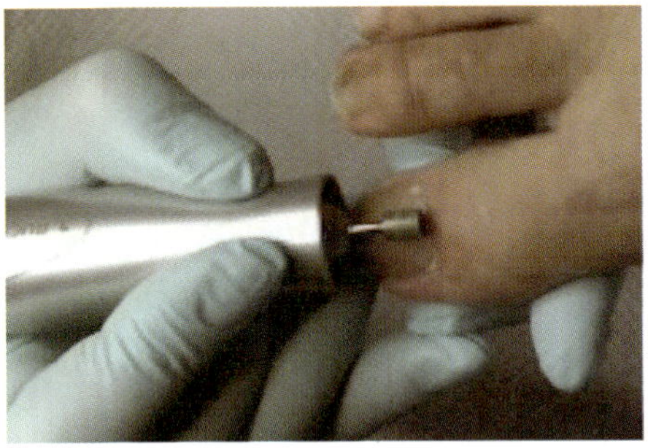
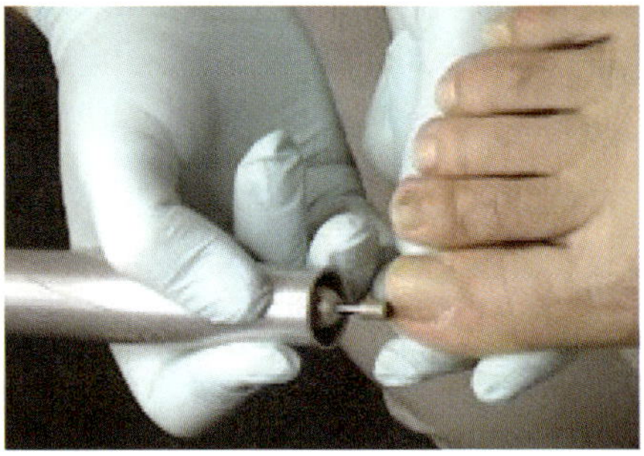

⑤ 마무리; 발톱 위 큐티클라인, 조벽, 발톱의 끝부분을 다이아몬프레이저로 갈아 준다.

1) B/S 스팡에(B/S Spange)를 이용한 파고드는 발톱 관리법

손도구와 기계를 이용하여 조벽에 있는 굳은살과 발톱 홈 청소를 깨끗이 한 후에 들어간다.

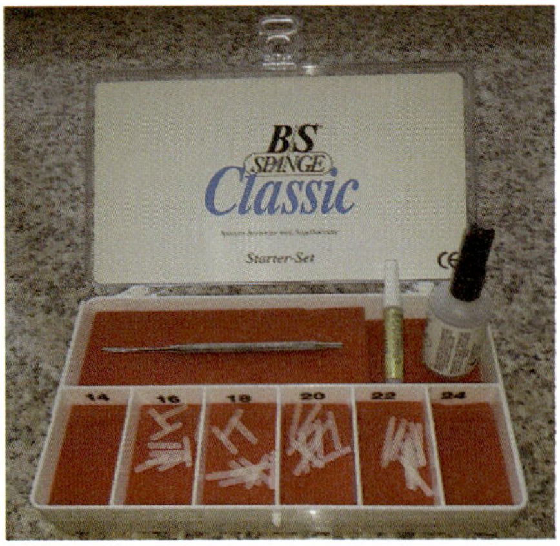

그림 6-22 B/S 스팡에 관리 도구

① 쉬리프 프레이저로 발톱 표면을 갈아 준다.

② 발톱의 양쪽 폭의 길이를 잰다.

③ 알맞은 크기의 스팡에를 선택한 후 쉬리프 프레이저로 스팡에 한쪽을 가볍게 갈아 준다.

④ 접착제를 바른 후 발톱 조갑의 상단에 왼쪽 부위부터 누르면서 서서히 오른쪽 방향으로 밀착하여 붙인다.

⑤ 잘 붙었는지 확인한 후 표면을 살짝 갈아 준다.

⑥ 마무리는 nail젤을 발톱 위에 펴 바른 후 쉬리프 프레이저로 표면을 갈아 준다.

2) 골드 스팡에(Gold Spange)를 이용한 파고드는 발톱 관리법

골드는 얇고 강한 특성을 가지고 있어 두꺼운 발톱에 적용하기가 용이하며 또한 다른 금속 재료들과는 달리 피부에 알레르기 현상이 일어나지 않아 피부가 예민한 사람에게 안전하다.

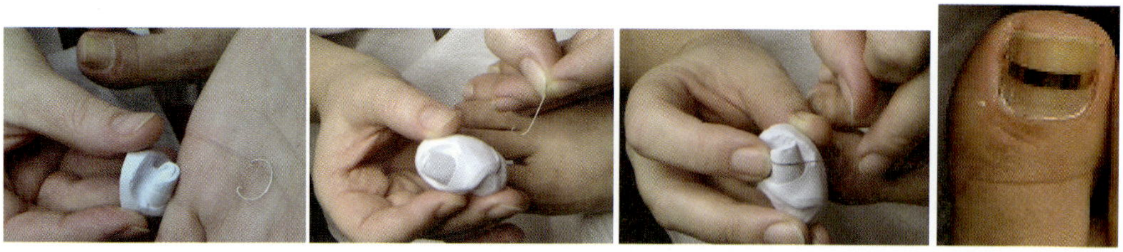

골드 스팡에 과정 1 | 골드 스팡에 과정 2 | 골드 스팡에 과정 3 | 완성된 골드 스팡에

그림 6-23 골드 스팡에 과정

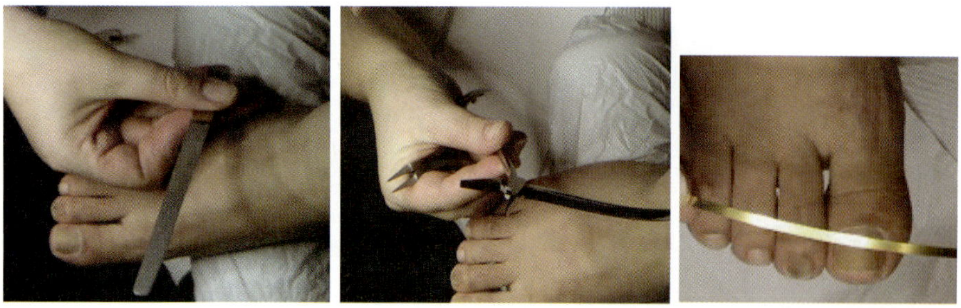

줄칼 | 룬트창에 | 골드 스팡에

그림 6-24 골드 스팡에 도구

준비물 : 줄칼, 룬트창에, 플라크창에, 골드 스팡에, 존데, 스팡에 접착 전용 젤(nail gel system사용), UV램프.

기본적으로 발톱깎기와 발톱 홈 굳은살 제거 등의 관리를 한 후에 시술한다.

① 골드 스팡에의 한쪽 먼저 비스듬히 자르고 줄칼로 날카로운 부분을 갈아낸다.

② 룬트창에와 플라크창에를 이용하여 구부린다.

③ 골드 스팡에의 뾰족한 부위를 구부려서 발톱의 한쪽 조벽 안에 걸어 본다.

④ 다른 한쪽에도 걸기 위해 발톱의 옆면 길이보다 조금 더 길게 자른 후 줄칼로 날카로운 끝부분을 정리한다.

⑤ 스팡에를 발톱 곡선에 맞게 구부린 후 끝을 조벽에 걸 수 있도록 구부린다.

⑥ 반대쪽 조벽 안에 걸어서 잘 맞으면 발톱의 1/2 정도까지 밀어 넣는다.

⑦ 완성되면 골드 스팡에 위에 젤(접착 젤)로 고정시킨 후 존데로 펴 바른다.

⑧ UV램프에 발가락을 넣고 약 30초~1분 정도 조사한다.

⑨ 젤 전용 클렌징(혹은 알코올)으로 닦아준다.

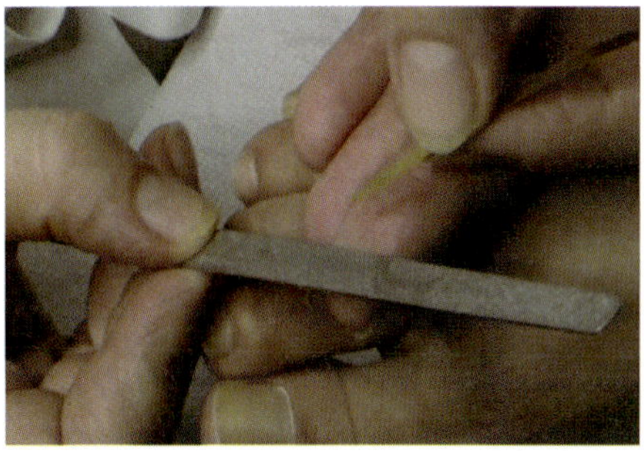
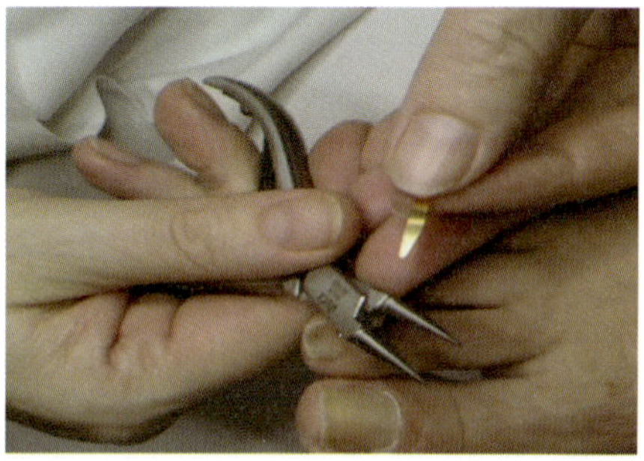

①② 줄칼로 뾰족한 끝을 갈아준 후 플라크창에를 이용하여 끝을 구부린다.

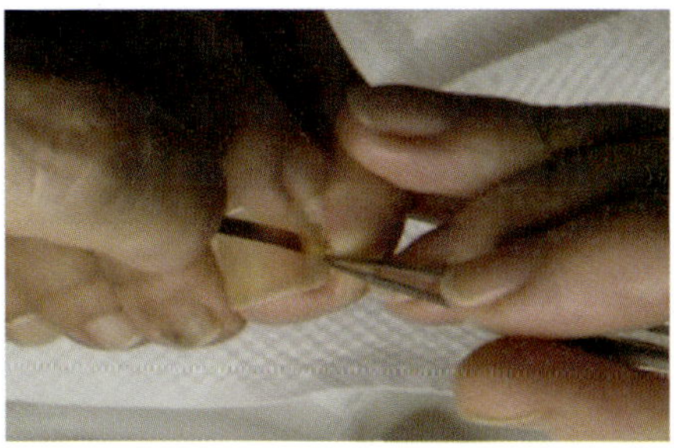
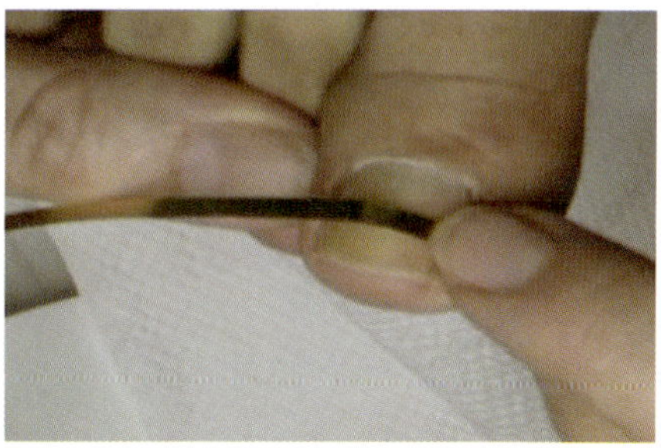

②③ 골드 스팡에를 넓게 둥글린 후 끝을 조벽에 걸리도록 구부린다.

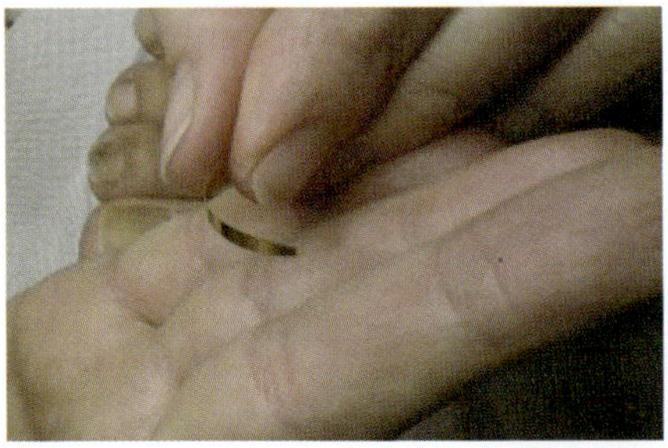
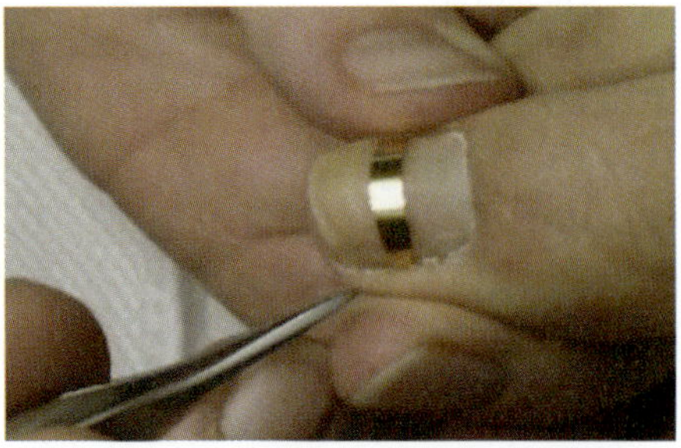

④⑤ 스팡에 끝부분을 정리한 후 한쪽 조벽에 걸고 밀어 넣어 본다.

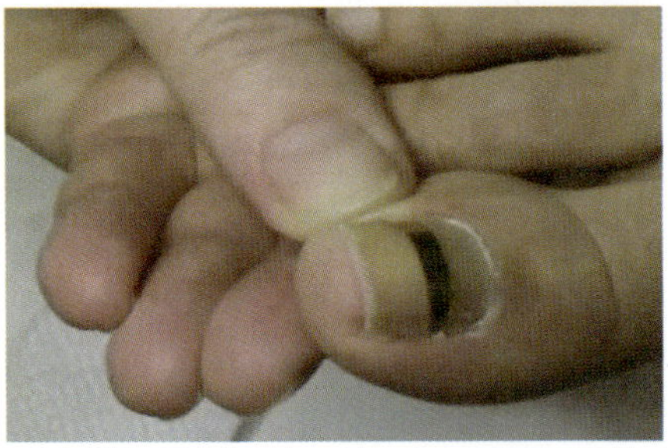
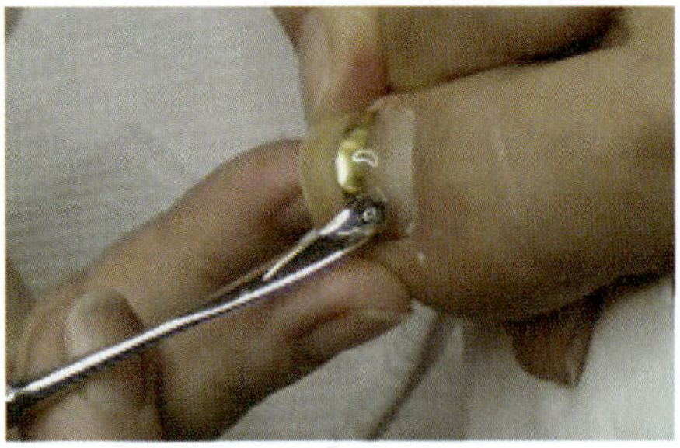

⑥⑦ 맞으면 빼서 반대편 조벽에도 끼울 수 있도록 앞의 작업과 동일하게 한 후 반대편 조벽에 끼워 밀어 넣고 젤을 존데로 펴 바른다.

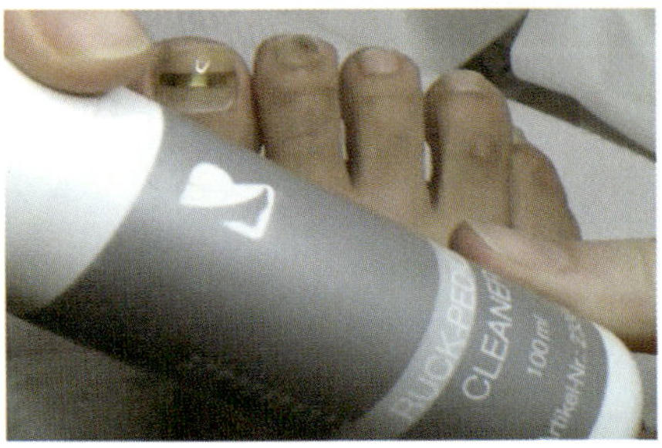
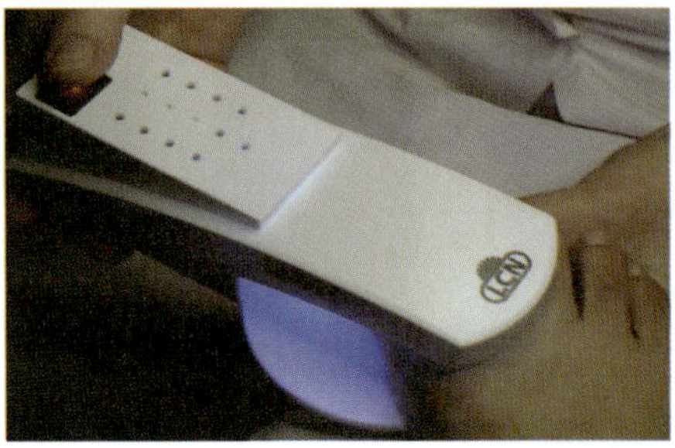

⑧⑨ UV 램프로 조사한 후 젤 전용 클렌저로 닦아 마무리한다.

3) 프레이저 스팡에(Fraser Spange)

- 아인파흐 프레이저 스팡에(Einfache Fraser Spange)를 이용한 파고드는 발톱 관리법

프레이저 스팡에는 Ω형태를 만들어 사용하는데 오메가 모양을 하나 만들어서 하는 아인파흐 프레이저 스팡에(Einfache Fraser spange)와 두 개의 모양을 만들어서 하는 듀플렉스 스팡에(Duplex-Spange)가 있다.

이 교재에서는 아인파흐 프레이저 스팡에(Einfache Fraser spange)를 만드는 과정과 시술하는 과정을 소개하고자 한다. 마지막 단계에서 젤을 바른 후에는 UV 램프를 이용하여 자외선을 조사한다.

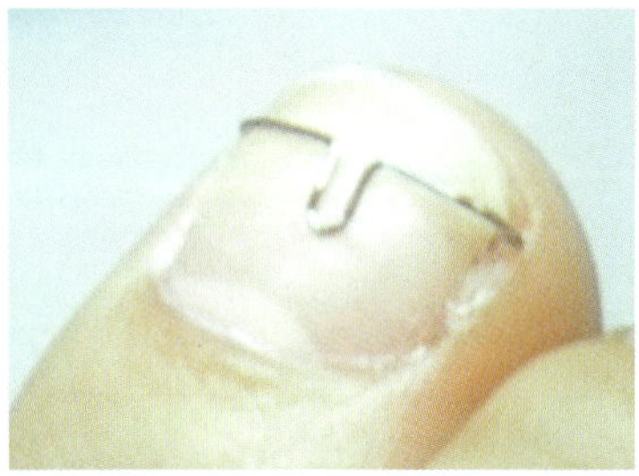

그림 6-25 완성된 프레이저 스팡에

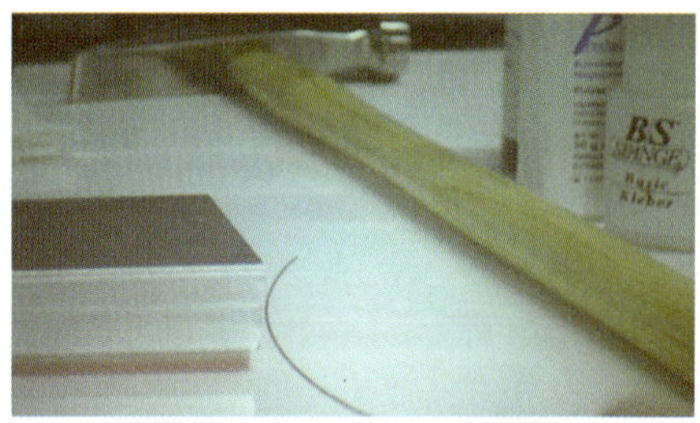

그림 6-26 프레이저 스팡에에 필요한 도구들

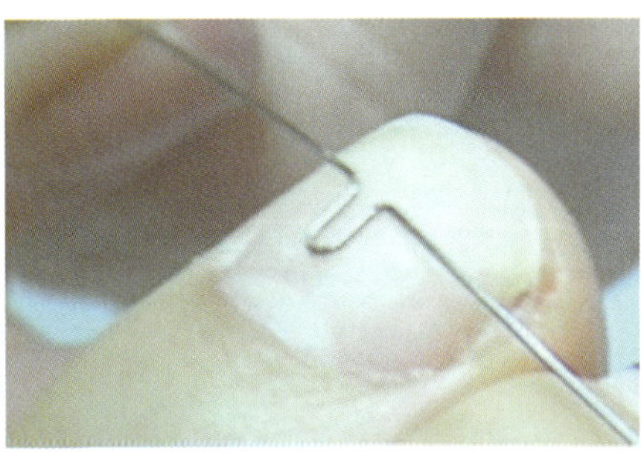

① 스팡에를 Ω 형태를 만들어 대본다.

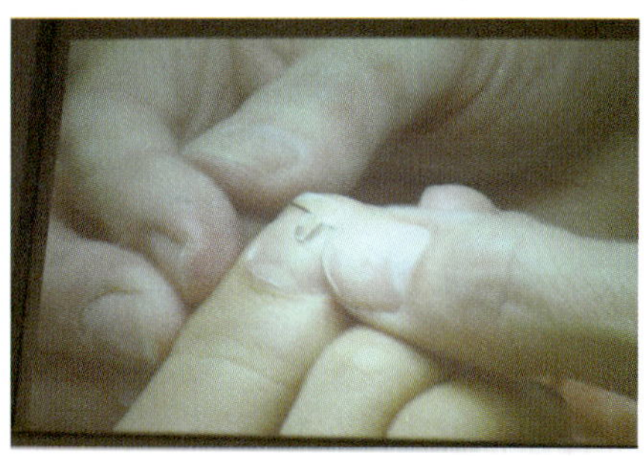

② 구부린 후 한쪽 발톱 홈에 건다.

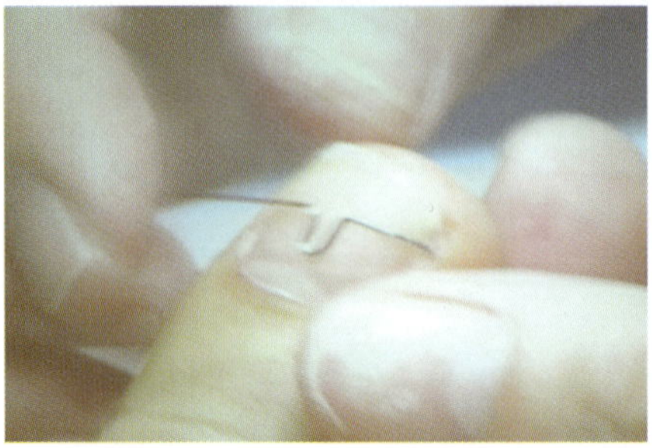

③ 양쪽 발톱 홈에 잘 끼워졌으면 중앙까지 밀어 넣고 고정시킨다.

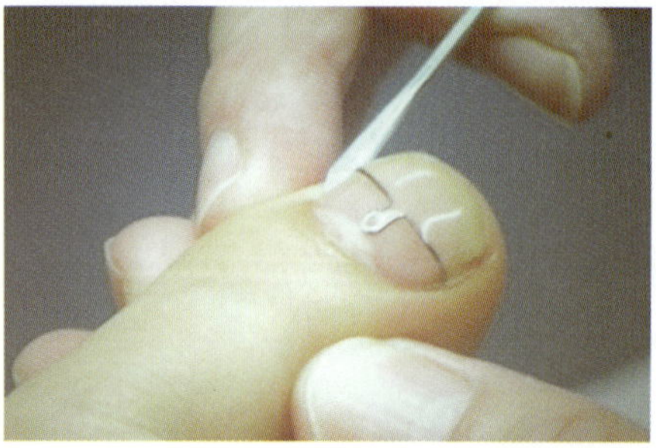

④ 접착 젤을 도포한다.

3. 무좀발톱

무좀발톱은 주로 질병에 노출되어 있거나 면역력이 떨어질 때 곰팡이균의 일종인 사상균에 의해 전염되거나 발생된다. 따뜻하고 습기가 많은 공공시설에서 감염될 가능성이 크므로 주의해야 한다. 발톱무좀은 쉽게 치료되지 않으나 9개월 정도 독일식 발 관리로 꾸준히 받으면 좋아질 수 있다.

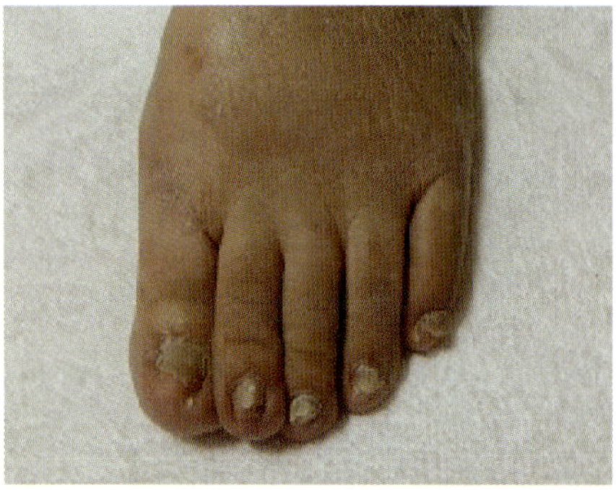

그림 6-27 파고드는 발톱과 무좀발톱이 병행된 당뇨환자의 발 (좌)과 소독용 아로마 오일 (우)

(1) 무좀발톱의 특징

① 노란색깔을 띠고 있다.
② 통증이 없다.
③ 시간이 지날수록 두꺼워진다.
④ 부서지기도 한다.
⑤ 기형 발톱으로 진행되어 미용상의 문제가 발생한다.
⑥ 습기가 많고 따뜻한 공공시설물에서 감염되기 쉽다.
⑦ 손톱보다 발톱이 감염될 확률이 높다.
⑧ 무좀발톱에 서식하고 있는 곰팡이균은 다른 발톱으로 전염이 된다.

(2) 무좀발톱의 원인

① 신체에 노화 현상이 오면서 혈액순환이 안 될 때
② 당뇨로 인한 순환장애가 있으나 발톱을 너무 짧게 깎는 등 잘못된 발톱 관리로 인해
③ 피부와 발톱의 피부보호막이 파괴되었을 때
④ 볼이 좁은 신발을 오랫동안 신었거나 늘 발에 꽉 끼는 버선을 신었을 때
⑤ 군인의 경우 땀이 찬 군화를 신고 오랜시간 행군하여 발톱에 무리가 가해질 때
⑥ 질병으로 인해 장시간 약복용과 운동부족으로 면역력이 떨어진 상태일 때
⑦ 수영장 등 습기가 많은 곳에서 맨발로 다닌 후 발을 건조시키지 않고 방치했을 때

(3) 무좀발톱의 관리방법

① 발 소독제를 이용하여 발가락 전체를 닦아 준다.
② 무좀발톱의 원인이 되는 곰팡이균을 살균하는 기능이 강한 아로마 오일을 떨군다. (다섯 개의 발톱에 다 떨구어 준나)
③ Rad-fräser를 이용하여 갈아 준다.

④ 소독 클렌저로 닦아준 후 살균력이 강한 아로마 오일 스포이드 한 방울을 갈아 낸 발톱에 떨구어 스며들게 한다.
⑤ 젤을 이용하여 발톱을 예쁘게 만들어 준다(절대 아크릴을 사용해서는 안 된다).

4. 나무발톱

(1) 나무발톱의 특징

나무발톱은 무좀발톱의 형태와 같이 두껍고 누런색을 띠고 있으며 푸석푸석한 상태로 프레이저로 갈아내게 되면 부서지는 특징을 가지고 있다. 무좀발톱과 다른 점은 냄새가 나지 않으며 균이 없기 때문에 옮기지는 않는다.

(2) 나무발톱이 생기는 원인

나무발톱이 생기는 원인은 무좀발톱이 생기는 원인과 같이 혈액순환 장애나 꽉 끼는 신발의 압박 또는 호르몬 대사의 장애 등으로 볼 수 있다.

(3) 나무발톱의 관리방법

나무발톱은 성장이 느려 조모에서 생성되어 자유연이 되어 없어질 때까지 9개월에서 약 1년 동안 꾸준히 관리해주어야 한다. 무좀발톱 관리와 같은 방법으로 관리해 주고 기형이 된 발톱을 젤을 이용하여 인조발톱을 만들어 주고 아트를 해 줄 수 있다.

5. 인조발톱 시술하기

(1) 인조발톱 시술을 위한 준비물

UV 램프, 젤 전용 클렌저, 컬러젤, 투명젤, 젤 전용 브러시, 토세퍼레이터, 네일니퍼(Nail nipper), 네일푸셔 File(버퍼), 소독액, 크린패드(화장솜)

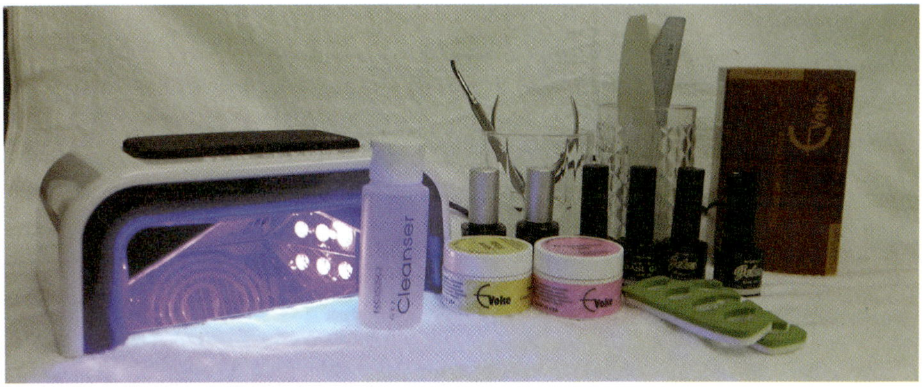

그림 6-28 페디큐어 과정과 인조발톱 시술을 위한 젤 시스템

(2) 시술방법

발을 소독한 후 기본적인 페디큐어 과정을 먼저 해준다.

1) 기본적인 페디큐어 과정

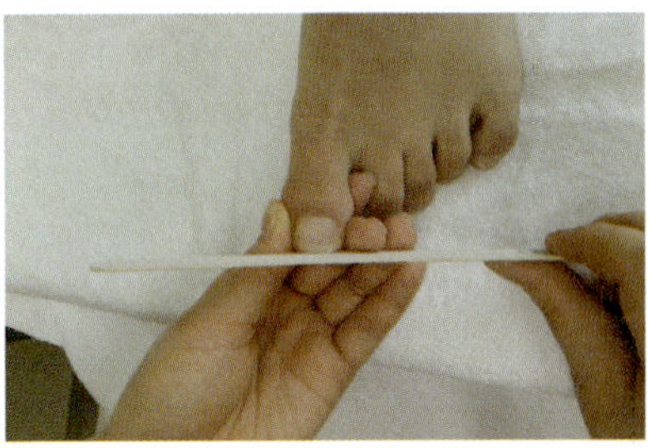

① 모양을 잡는다.

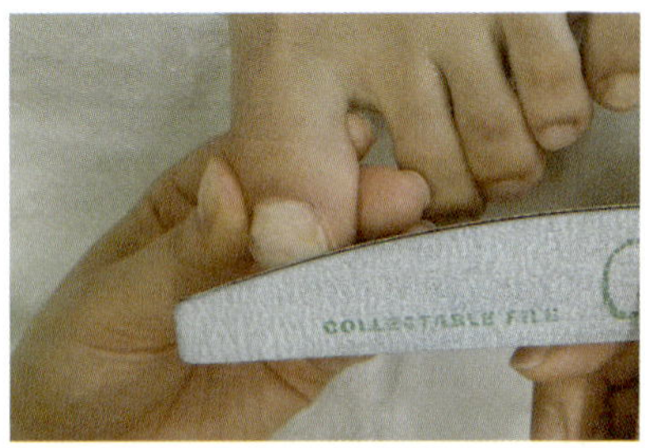

② 발톱 위를 가볍게 버핑한다.

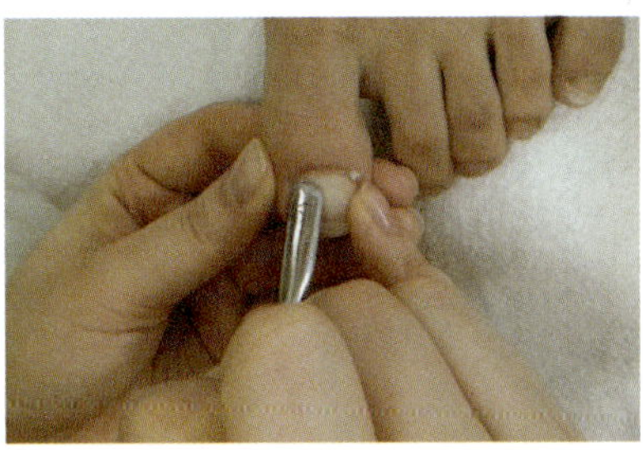

③ 큐티클 리무버를 바른 후 큐티클을 밀어 준다.

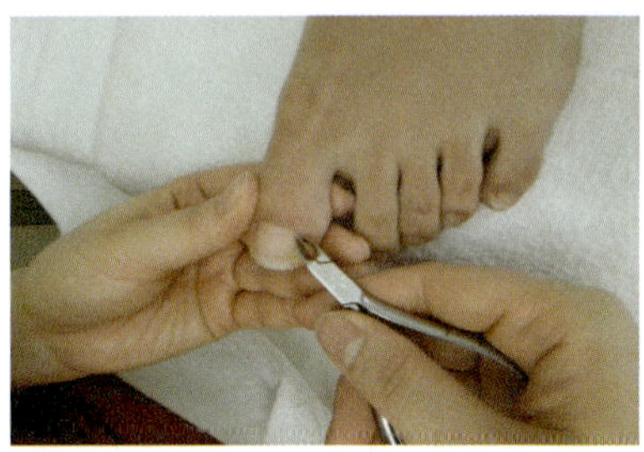

④ 네일니퍼로 큐티클을 제거한다.

2) 컬러링이 들어갈 경우

발톱모양잡기부터 큐티클 제거까지 들어간 후 컬러링을 한다.

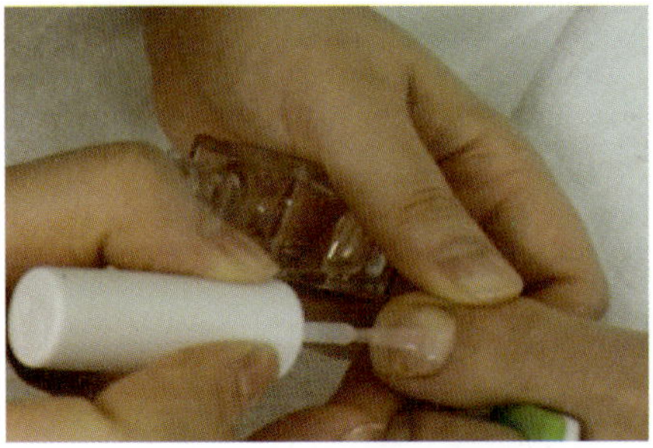

① 베이스코트를 바른다.

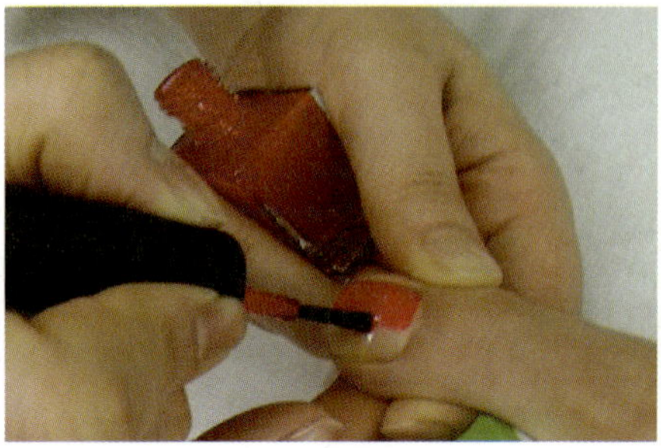

② 에나멜을 바른다.

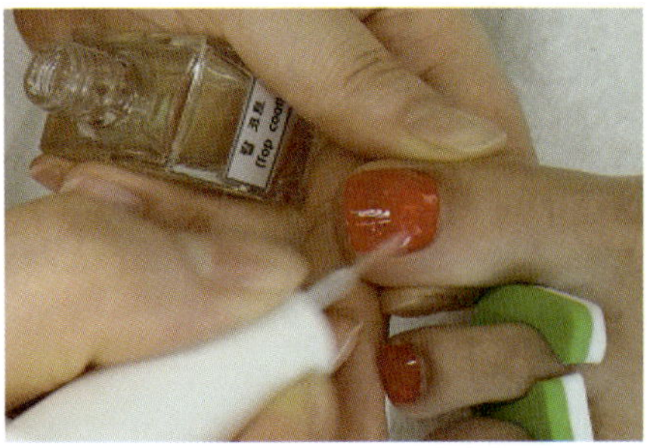

③ 탑코트를 바른 후 마무리를 한다.

3) 젤시스템을 이용한 프렌치네일(French nail)

젤을 이용한 관리를 할 때는 매 단계 UV 램프에 발톱을 넣어 구워 주고 젤 전용 클렌저로 닦아주어야 한다. 투명젤을 이용하여 기형발톱을 정상발톱과 같이 만들어 준 후에 할 수 있고 일반 손톱이나 발톱에도 시술할 수 있다. 젤은 점도가 높은 것과 낮은 것 두 가지 형태가 있어 함께 병행하여 사용할 수 있으며 젤의 컬러도 다양하여 시술자나 고객의 마음대로 아름답게 꾸밀 수 있는 것이 장점이다.

투명젤을 이용하여 정상발톱 모양으로 만들어 놓은 상태에서 시작한다.

① 젤 베이스코트를 바른다.

② 핑크 젤을 바른다.

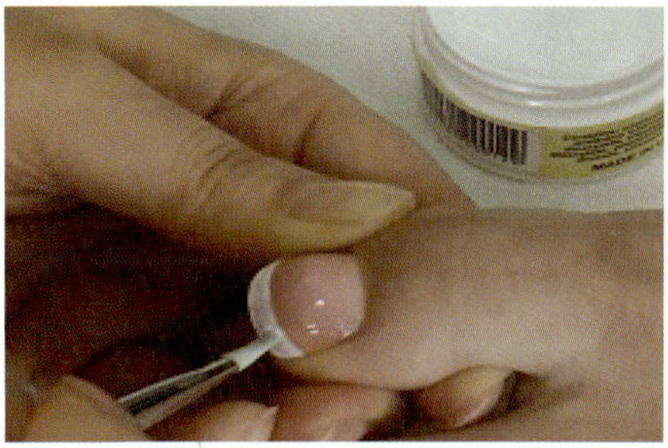

③ 흰색의 젤로 모양을 낸다.

④ 젤 탑코트를 바른다.

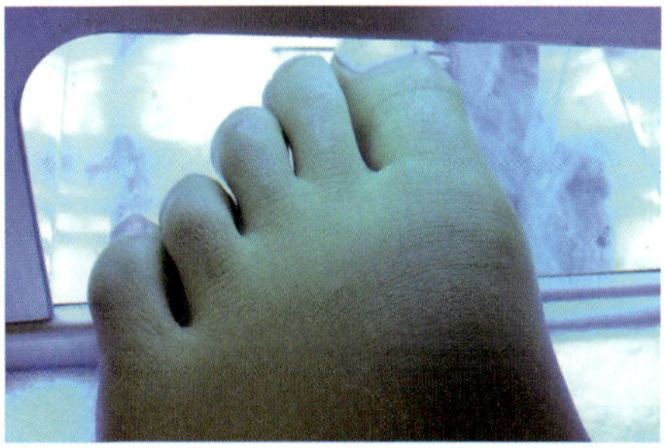

⑤ 단계마다 UV 램프에 발톱을 넣어 젤을 구워 준다.

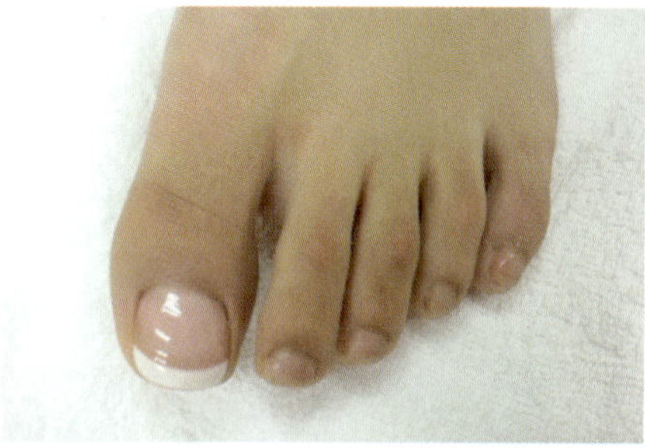

⑥ 완성된 프렌치 발톱

Section 5 문제성 발 피부

발 피부에 수분과 유분이 부족하여 건조하게 되면 과각질화 현상이 일어나기도 하고 같은 부위가 지속적으로 자극받았을 때 피부의 보호 작용에 의해 투명층에 있는 단백질의 한 종류인 엘라이딘이 굳은살을 만든다.

굳은살을 제거하지 않고 장시간 방치하면 피부 심층부까지 자리를 잡아 티눈이 생기기도 한다.

굳은살은 주로 투명층이 있는 발바닥과 발뒤꿈치에 많이 생기며, 티눈의 경우에는 발가락·발등·발가락 측면·발바닥 앞면·발가락 끝에 생성이 된다.

1. 발 뒤꿈치 굳은살

일반적으로 굳은살이 가장 많이 생기는 부위가 발뒤꿈치이다. 여름보다 겨울에 많이 발생하며 발바닥이 건조해지면서 발피부 표면이 거칠어지고 굳은살이 생기며 갈라지기도 한다.

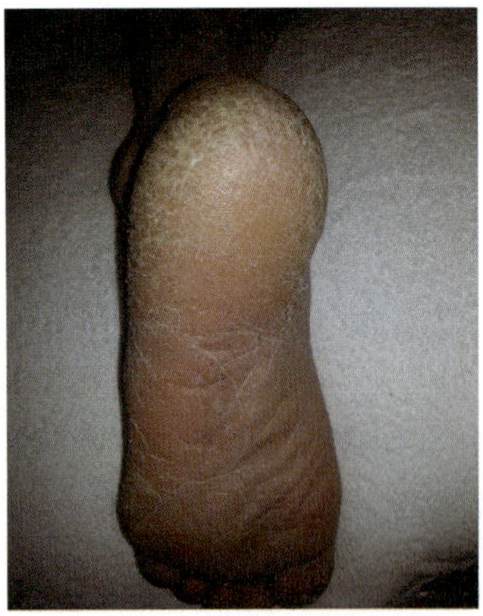

그림 6-29 발뒤꿈치 굳은살

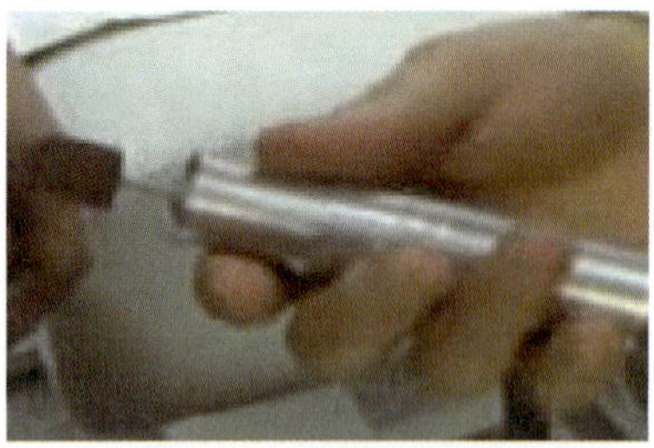

그림 6-30 카펜쉬라이퍼(Kappen schleifer)로 발뒤꿈치 굳은살을 가는 모습

(1) 발뒤꿈치에 굳은살이 생기거나 갈라지는 원인

① 과체중으로 말미암아 발에 체중이 실리는 경우
② 잘못된 보행습관으로 인해 발뒤꿈치에 충격이 많이 가해지는 경우
③ 발 피부에 수분과 유분이 많이 부족한 경우
④ 중년 여성의 경우, 호르몬의 균형이 깨지면서 생기기도 함

(2) 관리하는 방법

굳은살의 두께가 얇으면 풋 버퍼(foot buffer)를 사용하여 제거하면 되지만, 심한 경우는 여러 가지 손도구 및 기계를 사용하여 관리하여야 한다.

굳은살이 두꺼울 경우에는 호렌 하우트 호벨(Horn haut hobel 혹은 credo)나 스칼펠(Skalpell)을 이용하여 제거한 후 카펜쉴라이퍼(kappen schleifer)로 마무리한다.

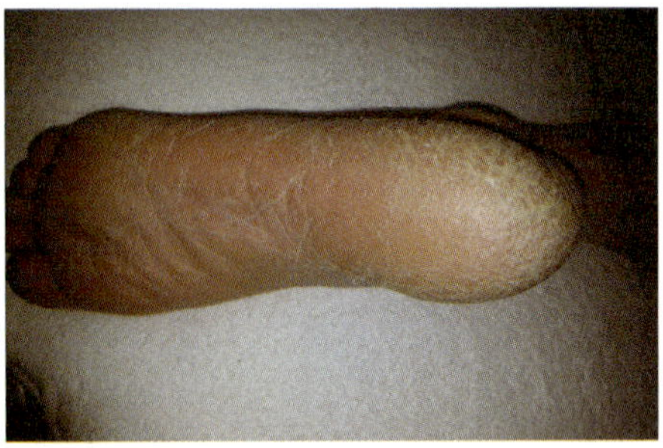

① 상태를 살펴본다.

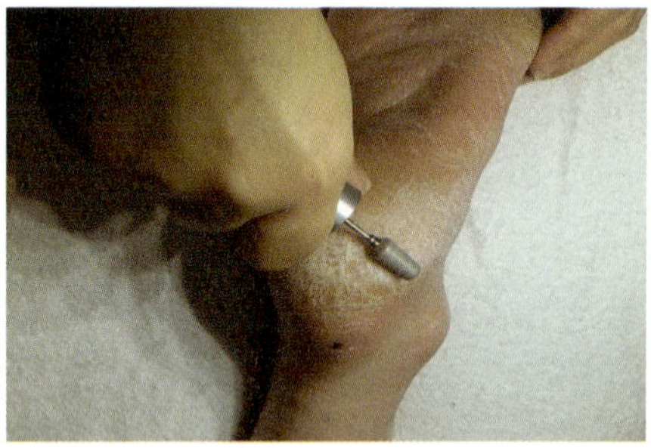

② 쉬림 프레이저(schirm－fräser)로 갈아 준다.

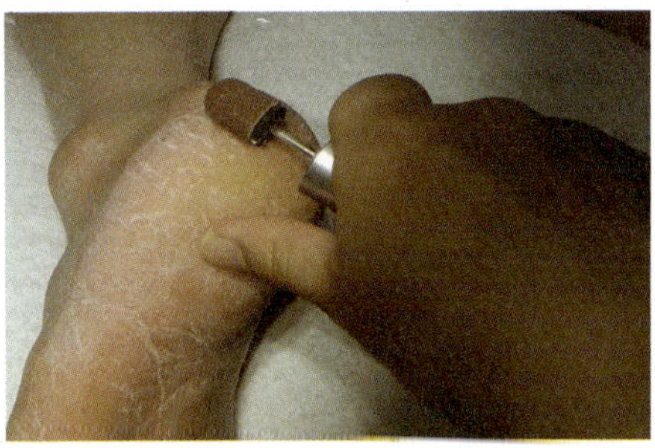

③ 카펜쉴라이퍼(kappen schleifer)로 갈아 준다.

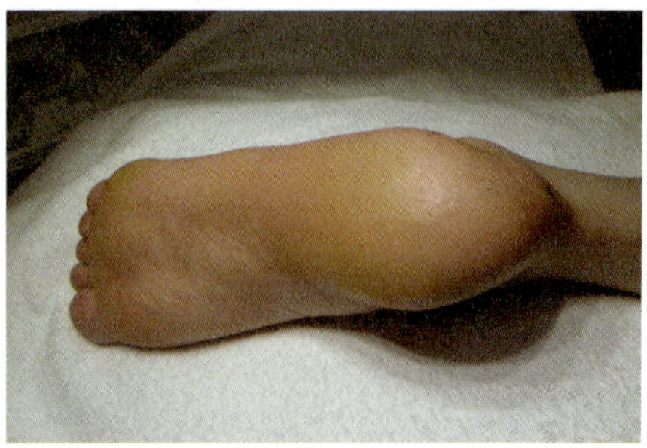

④ 발 전용 기능성 크림을 발라 주고 20분 정도 랩을 두르고 있거나 실리콘 슈즈를 신는다.

2. 발바닥 굳은살

발바닥에 생기는 굳은살은 잘못된 신발 선택이나 보행습관의 지속으로 인해 발바닥 어느 한 곳에 체중이 실리거나 지속적으로 마찰이 되면서 피부의 각화 현상이 일어나 생기게 된다.

굳은살을 제거하지 않고 오랫동안 방치하게 되면 티눈이 발생되어 발바닥에 통증을 유발하기도 한다.

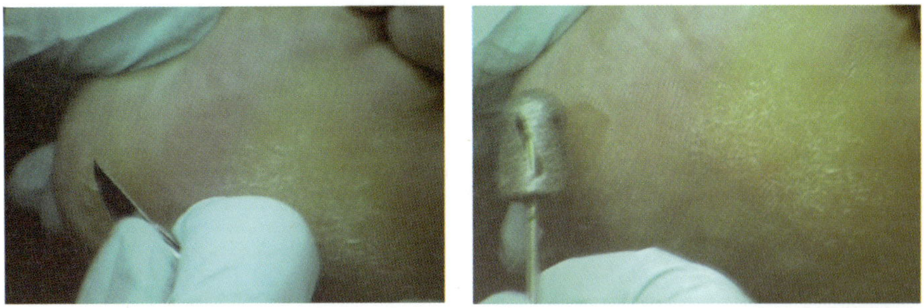

스칼펠(Skallpel)을 이용하여 굳은살을 제거한 후 프레저로 갈아준다.

3. 티눈

(1) 티눈이 생기는 원인과 진단

티눈이 생기는 원인으로는 신발의 압박이나 발가락의 변형, 혹은 혈액순환이 안 되거나 약 복용으로 인한 혈액 이상 반응이 원인이 되기도 한다.

발가락 옆면이나 윗면, 혹은 발가락 끝에 생기는 티눈은 변형된 발가락에 많이 나타나는 현상으로 피부 깊숙이 들어가 통증을 유발하며 심하면 골막을 자극하기도 한다.

진단하는 방법으로는 굳은살을 제거한 후 존데를 이용하여 눌러 본다. 통증이 없으면 굳은살로 판단하여 80% 정도 제거한다.(100% 제거하려다가 피부손상을 입힌다) 눌러 보아 고객이 통증을 호소하면 티눈으로 간주한다.

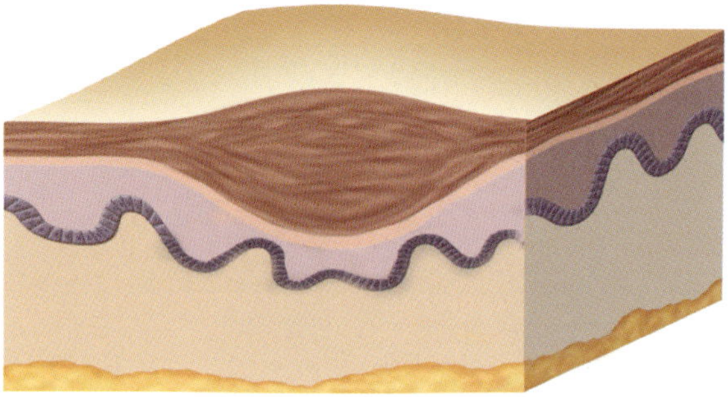

그림 6-31 결합조직이 변해서 생긴 티눈
이러한 형태의 티눈은 주로 발가락 위에 생긴 티눈이다.

(2) 티눈 관리

티눈을 제거할 때는 스칼펠, 하우트창에, 홀프레이저 등을 사용한다.

1) 소지 측면 위 티눈 제거 관리방법

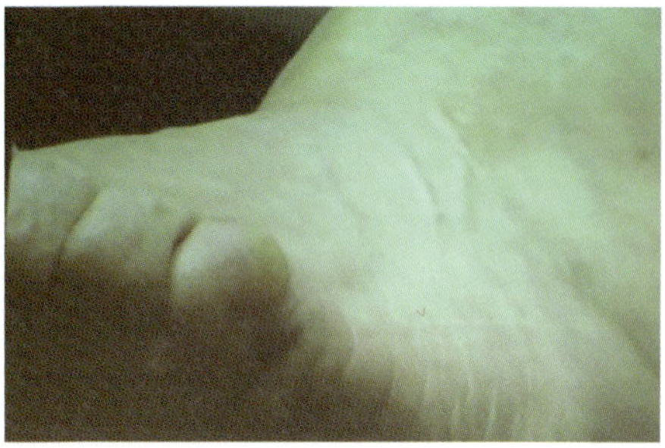

① 티눈의 상태를 자세히 살핀다.

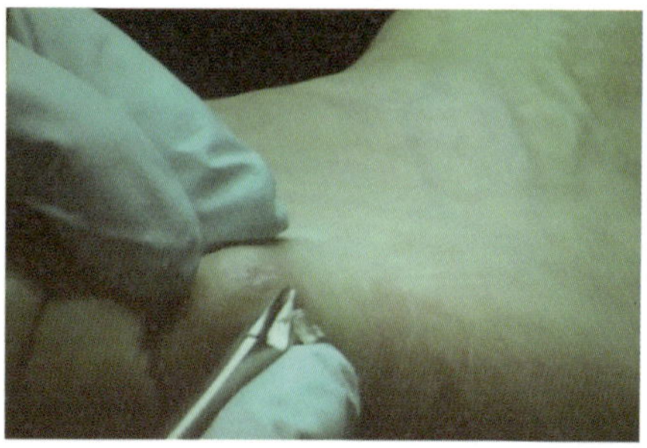

② 하우트창에를 이용하여 굳은살을 제거한다.

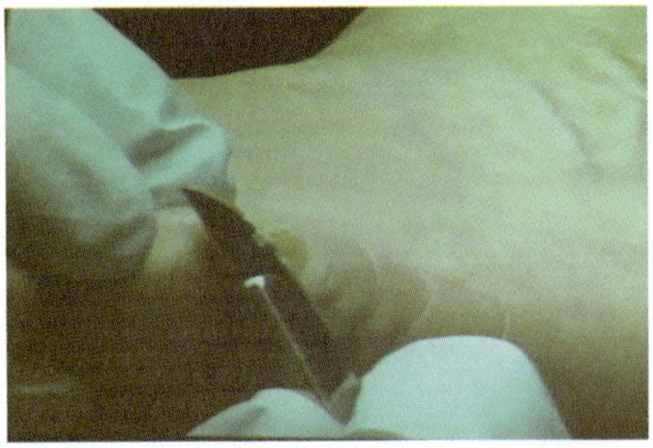

③ 스칼펠을 이용하여 굳은살을 제거한다.

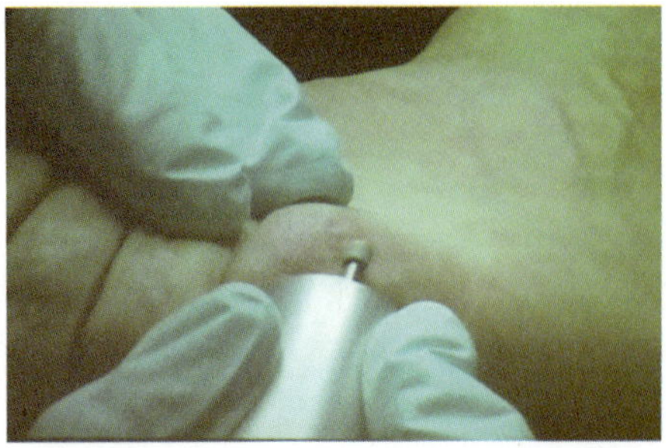

④ 다이어몬 프레이저를 이용하여 갈아준다.

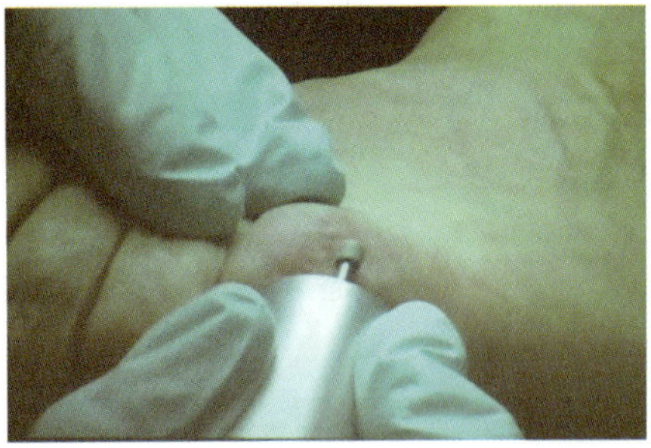

⑤ 홀프레이저로 티눈을 제거한다.

⑥ 신발 착화 시 마찰을 최소화하고 티눈을 제거한 부위를 보호하기 위해 티눈 전용 거즈밴드로 말아 준다.

2) 발바닥 티눈 관리

발바닥의 굳은살을 제거한 후 티눈 관리에 들어간다. 발바닥은 보행시 체중을 제일 많이 받는 부위이므로 충격완화 쿠션 패드를 해준다.

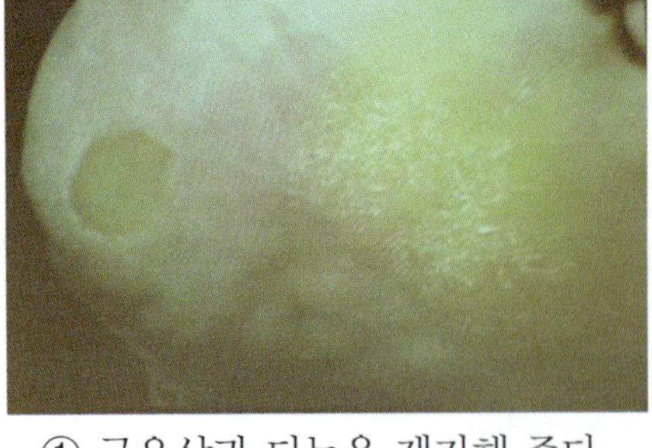

① 굳은살과 티눈을 제거해 준다.

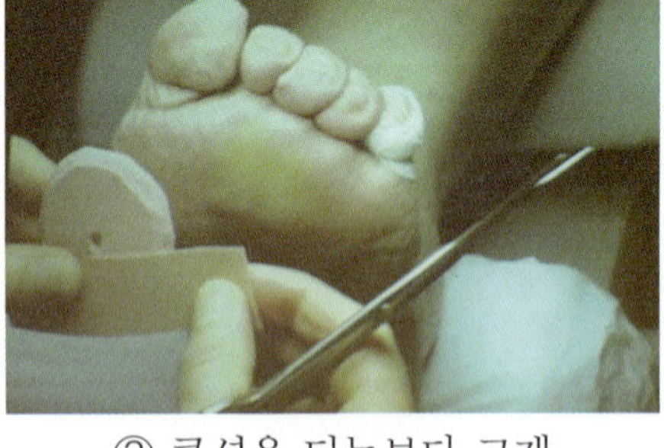

② 쿠션을 티눈보다 크게 자른 후 붙인다.

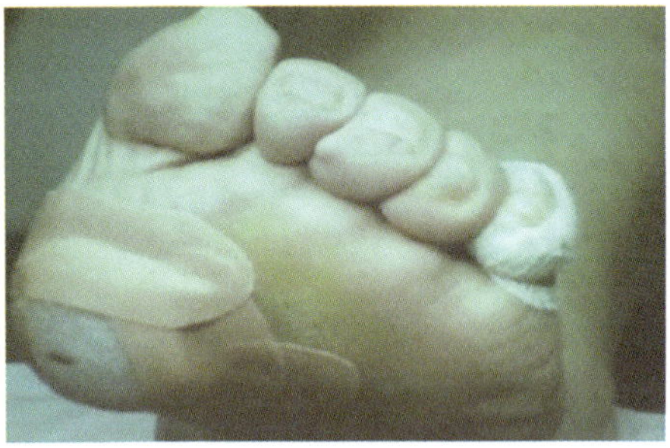

③ 떨어지지 않도록 테이프를 붙여 고정시킨다.

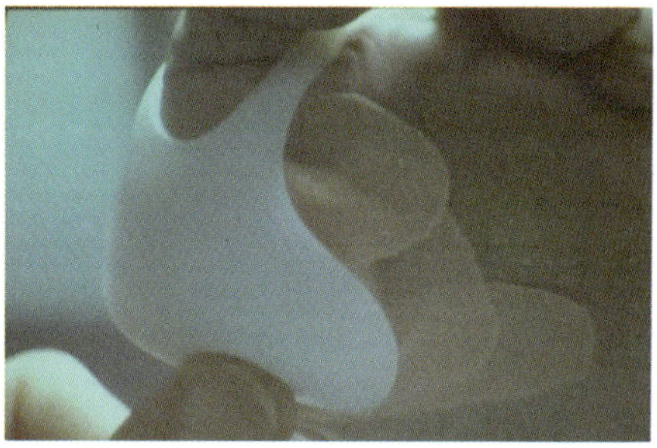

④ 그 위에 실리콘 패드로 쿠션을 보호한다.

Section 6 변형된 발

발이 변형되는 주 원인은 주로 잘못된 신발을 신거나 지속되는 과다한 운동으로 인한 경우가 많고 운동부족이나 외과적 수술로 인해 근육과 조직이 약화되었을 때 오기도 한다.

또한 뼈가 성장하는 유년기부터 청소년기 시기에 슬리퍼를 지속적으로 끌면서 걷는 등 잘못된 보행으로 인해서 서서히 변형이 시작되기도 한다.

(1) 선상족

선상족(扇狀足)은 보통 여성들에게 많이 나타난다. 주로 꽉 조이는 볼이 좁은 구두의 눌림으로 인해 제2, 제3, 제4 중족골이 내려 앉고 그에 따라 발가락뼈 역시 아래로 내려앉게 된다. 통증을 수반하며 엄지발가락관절이 바깥쪽으로 휘어져 심해지면 외반모지(外反母趾)로 발전한다.

중족골과 발가락뼈가 주저앉은 발바닥부위는 지속되는 충격과 마찰로 인해 굳은살이나 티눈이 생기기도 한다.

(2) 평발(扁平足, flat foot)

평발은 주로 족아치가 내려앉으면서 변형이 온다. 비만의 경우 과체중으로 인해 발에 무리가 가거나 근골격계나 결합조직이 약해서 오기도 한다.

족아치는 발이 땅에 닿을 때 스프링처럼 충격을 분산시키거나 완화시키는 작용을 하는데 족아치(족궁, 足宮)가 내려앉게 되면 충격이 척추로 가게 되어 허리의 통증을 유발시키기도 한다.

평발은 오랜시간 걷지 못하며 발꿈치 부위에 두꺼운 각질이 생겨 미용상 좋지 못하다.

본인이 할 수 있는 방법으로는 족아치 부위를 길게 비벼 주면서 자극을 주거나 기능성 깔창을 신발 바닥에 깔고 신는 게 좋다.

※ 족아치 = 발의 아치 = 족궁(arches of the foot)

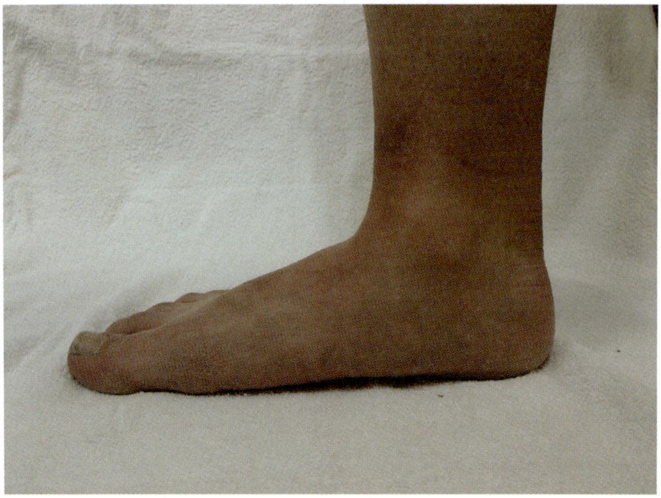

그림 6-32 평발(편평족)

(3) 요족(오목발)

요족(凹足, pes cavus)은 평발과 반대로 족아치가 위로 형성이 되어 발등이 높이 올라가 있는 상태이다.

선천적인 경우도 있고 굽이 높은 신발을 지속적으로 신거나 옛날 중국에서 여자아이에게 신발을 작은 것을 신겨 키운 것(전족)처럼 발이 성장하는 단계에 작은 신발을 신었을 때 발생한다.

요족은 굽이 낮은 신발을 신고 꾸준히 관절운동을 해 주어야 한다.

(4) 외반족(外反足, pes valgus)

자세가 바르지 않아 허리가 휘어있고 보행이 잘못된 초등학생들을 보면 가끔 외반족이 발견된다. 외반족은 쉽게 피로감을 느끼고 걷기를 싫어한다.

이는 발의 뼈나 근육조직이 발달과정에 있을 때 본인의 발에 맞는 운동화를 신고 자세를 바르게 해야 하는데 슬리퍼를 즐겨 신고 신발을 끌고 다니거나 다리를 꼬고 앉거나 몸에 하중이 오래 지속될 때 발 안쪽의 복숭아뼈는 안으로 밀려서 튀어 나오고 거골은 밖으로 밀리는 현상이다.

관리방법으로는 올바른 자세와 본인 발에 맞는 운동화를 신고 다리 스트레칭과 발목관절 운동 등 꾸준한 본인관리가 필요하다.

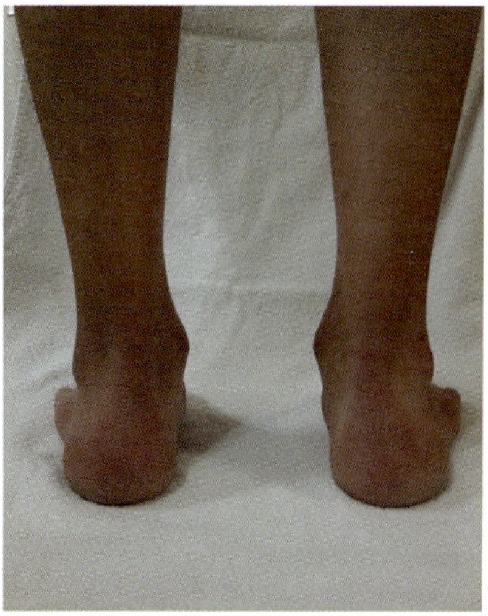

그림 6-33 외반족 (모델 17세)

(5) 외반모지(外反母趾, bunion, hallux valgus)

외반모지는 엄지발가락과 연결되어 있는 제1중족골과 제1기절골(엄지발가락뼈)관절에서 제1기절골이 발의 바깥 방향으로 굽어 변형된 것이다. 외반모지가 생기는 가장 큰 원인은 볼이 좁은 신발이다. 또한, 볼이 좁은 신발을 신고 오랫동안 걷는 일을 하는 사람들에게 많이 나타나는 것을 볼 수 있다. 통증이 수반되며 통증이 심한 경우에는 수술하기도 한다.

독일식 발 관리로는 오테제를 이용하여 관리해 준다. 여러 가지 도구가 시중에 나와 있지만 가장 중요한 것은 올바른 신발의 선택과 발 관절과 발 근육을 자주 이완시켜 주고 족욕을 하여 혈액순환을 돕는 것이 필요하다.

(6) 망치발

망치발은 주로 볼이 좁은 신발의 착용으로 인해 발가락뼈가 골절되어 나타난다. 이러한 발가락은 바닥에 닿은 발가락 끝에 굳은살이나 티눈이 생기기 쉽다.

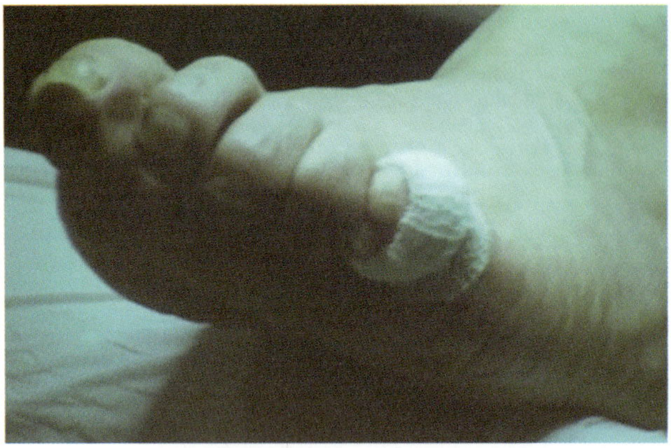

그림 6-34 굳은살과 티눈을 같이 갖고 있는 망치발

Chapter 7 실제적인 발 미용관리

- 족문 찍기 · 발의분석
- 제품판매 · 고객카드 작성법
- 족욕법(각탕법) · 파라핀 팩 · 제보
- 타이완의 발 관리실 · 발 관리에 사용되는 족욕기
- 발 관리와 자원봉사

Chapter 7

실제적인 발미용관리

상담을 성공시키기 위해서는 고객의 상태를 정확하게 판단하여 객관적으로 보여주기 위한 자료가 필요하다. 고객이 오게 되면 먼저 족문을 찍고 관리사는 전문적인 지식으로 족문의 상태를 잘 파악하여 상담함으로써 고객의 신뢰를 얻을 수 있다.

Section 1 족문 찍기(足紋, sole pattern)

족문(足紋, sole pattern)으로 발의 문제점을 객관적으로 알 수 있어 고객과 상담하기가 수월하다.

1. 족문으로 알아보는 발의 문제점

(1) 골격 상태

① 양쪽 발을 찍어보면 척추의 만곡 상태를 알 수 있다.
② 족궁(족 아치)이 잘 형성되어 있는지 평발인지, 요족인지를 알 수 있다.
③ 중족골통이 있는지를 알 수 있다.
④ 발목관절의 이상을 알 수 있다.
⑤ 발가락의 기형 상태를 알 수 있다.

(2) 보행 상태 및 기타

① 체중의 분산이 잘 되어 있는지 어느 방향에 치중되어 있는지를 파악할 수 있다.
② 잘못된 보행습관을 알 수 있다.
③ 노폐물이 어느 반사부위에 쌓여 있고 건강 상태가 어떠 한지를 알 수 있다.
④ 발가락의 찍힌 형태에 따라 경락과 연관된 건강 상태를 파악할 수 있다.

2. 족문 찍는 방법

(1) 족문기 위생관리

족문을 찍기 전에 고무 패드 위를 알코올로 닦아 준다.

(2) 족문 찍는 순서

① 족문기의 고무 패드 아래부위에 롤러를 이용하여 잉크를 골고루 바른다.
② 고무 패드 밑에 긴 모눈지를 놓고 고무 패드를 내린다.
③ 고무 패드 위를 자연스럽게 지나가게 한다.
④ 반대편 발도 똑같은 방법으로 찍는다.

그림 7-1 족문기
(자료제공 : www.eclado.or.kr)

그림 7-2 족문기(2)

3. 족문 읽기

(1) 발가락 상태

① 발가락에 힘이 있으면 발가락이 동그랗게 다 찍힌다.

② 발가락부위가 뒤꿈치보다 진하게 찍히면 체중이 앞으로 실린 상태이고 머리부위를 과부화 상태로 본다.

③ 둘째 발가락이 안 찍히는 경우는 소화기능을 의심해 볼 수 있으며 혹은 둘째 발가락 발등 부위에 굳은살이나 티눈이 있는 경우가 많다.

④ 새끼 발가락이 찍히지 않으면 방광이 약하거나 몸 전체의 혈액순환이 안 되는 경우가 있다.

⑤ 발가락뼈 부위가 찍히게 되면 목의 이상이나 눈과 귀의 기능을 살펴본다.

※ 각 반사구별로 노폐물이 쌓인 상태를 파악해 본다.

족문 1

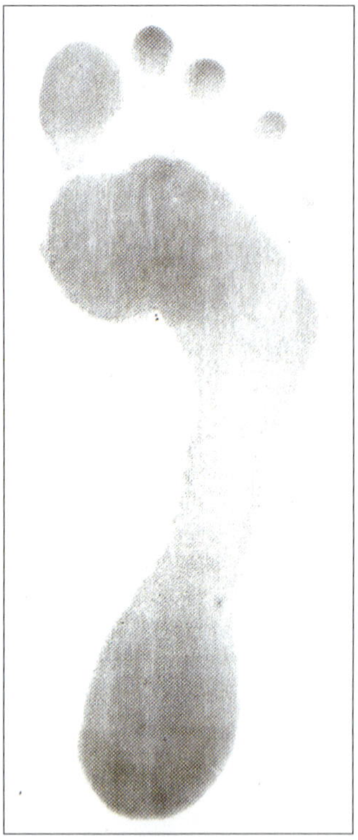

족문 2

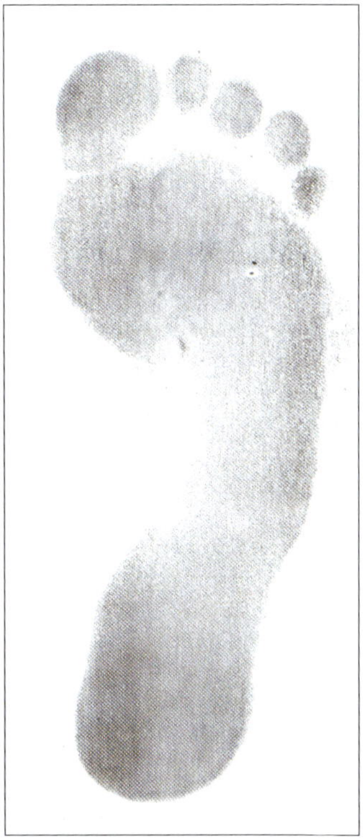

족문 3

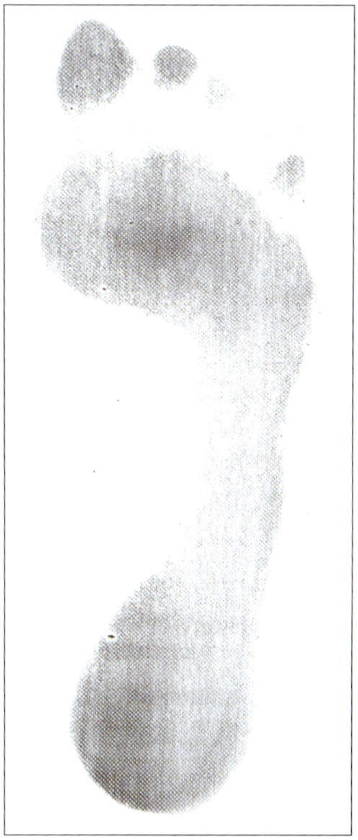

족문 4

(2) 족문 그림 설명

족문 1: 족문의 모양은 정상적이나 새끼발가락이 희미하게 찍혔다. 19세. 여.

족문 2: 뚜렷한 요족형태. 21세 여.

족문 3: 경추, 승모근, 갑상선, 어깨, 팔관절, 무릎관절과 방광 등에 문제가 있는 50대 주부.

족문 4: 몸에 이상은 없으나 일상생활시 에너지가 없는 상태의 19세 여.

(3) 발바닥 상태

① 발바닥 앞면의 어느 한 부위가 진하게 찍히면 굳은살이 있는지를 확인해 본다.
② 발바닥 바깥 측면이 진하게 찍히면 체중이 밖으로 실린 상태이므로 보행을 체크해 본다.
③ 족궁부위가 찍히게 되면 평발인지를 확인한다.
④ 족궁부위가 가늘게 찍히거나 안 찍히면 요족인지를 확인한다.

(4) 발뒤꿈치 상태

① 발뒤꿈치 부위가 유난히 진하게 찍히면 체중이 뒤에 실린 상태로 생식기 반사구에 과자극이 가므로 생식기능을 체크해 본다.
② 발뒤꿈치에 충격이 많이 가해지면 발피부 이상현상으로 굳은살이 생기거나 갈라져 있기도 한다.

(5) 발의 바깥 측면 상태

① 발의 바깥 측면은 어깨·팔·팔관절·고관절·무릎관절·외미골 반사구이므로 선이 울퉁불퉁하게 찍히게 되면 각 관절의 상태를 체크해 본다.
② 어깨 반사구 부위가 유난히 진하게 찍히면 어깨의 근육경직이나 혹은 굳은살의 유무를 확인한다.

Section 2 발의 분석

발을 진단하고 분석하는 방법에는 3가지가 있다. 보면서 진단하는 견진법과 만져보아 진단하는 촉진법, 고객에게 물어 보아 진단하는 문진법 등이 있는 데 상담할 때는 3가지 방법을 통해 고객의 상태를 제대로 파악하여야 한다. 고객의 족문 상태를 설명하면서 상담하면 확실한 진단으로 인해 고객에게 신뢰를 얻을 수 있다.

1. 발을 진단하는 방법

(1) 견진법(見診法)

① 골격의 상태를 파악한다.

족아치(족궁)의 형태 및 발목관절의 비틀어짐, 족근골의 형태, 발가락뼈와 중족골의 형태가 올바른지, 외반모지현상은 없는지 등을 살핀다.

② 피부의 이상증상을 살핀다.

발 피부의 변형으로 흔히 나타나는 현상으로 굳은살, 티눈, 사마귀, 발피부 무좀, 정맥류, 발진, 이상각화현상, 피부색깔, 땀나는 상태, 얼룩이나 새로 발생된 점 등이 있는지를 파악한다.

③ 조직의 이상여부를 살핀다.

림프 순환의 이상으로 발등이나 복숭아뼈 주위 및 아킬레스건 양 옆 등에 부종이 있는지 살핀다.

(2) 촉진법(觸診法)

① 발을 만져 보아 발이 차가운지, 땀이 많이 나서 축축한지, 열이 나고 있는지 발의 온도를 체크한다.
② 발 피부의 변형이 온 부분이 있으면 통증의 유무를 존데로 체크한다.
③ 발을 만져 보았을 때 거친지, 부드러운지를 파악한다.
④ 발가락 사이를 비벼 보아 요산이 있는지를 파악한다.
⑤ 림프 부종이 있는 부위를 눌러 보아 상태를 파악한다.
⑥ 발바닥을 지과부위를 훑어보면서 통증의 유무와 가스형태의 노폐물의 유무를 체크한다.

(3) 문진법(問診法)

① 발에 문제가 있을 시에는 언제, 어떻게 해서 문제가 생겼는지 물어 본다.
② 발 관리를 받은 적이 있는지, 왜 받았는지 등을 물어본다.
③ 질병이 있는지, 어떠한 치료를 받았거나 받고 있는지 등을 알아본다.
④ 병을 치료하기 위한 약복용이나 먹고 있는 건강식품 및 기호식품 등을 알아본다.
⑤ 관리를 받는 목적이 무엇인지 물어 본다.(예를 들어 질병 예방차원인지, 미용 차원인지 등)

2. 상 담

(1) 고객과의 신뢰

고객과의 상담에서 제일 중요한 것은 고객에게 신뢰를 얻는 것이다. 관리사는 발에 관련된 몸의 상태를 정확하게 읽을 수 있어야 한다. 관리사가 발에 대해 전문가적인 입장에서 어떠한 방법으로 어떻게 관리를 할 것이며 얼마 동안의 기간이 소요되며 관리비의 책정은 어떻게 되는지를 고객의 형편과 생각에 맞추어야 한다.

(2) 관리비의 책정

관리비의 경우에는 고객에게 민감한 사항이므로 일방적인 금액으로 밀어 붙여서는 안 된다. 아무리 관리사가 실력이 월등한 전문가라 할지라도 금액이 높게 책정되면 고객은 두 번 다시 오지 않는다. 고객은 능력있고 유명한 관리사에게 비싼 비용을 내고 관리받기보다는 진실하고 성실하게 정성을 다해 주는 관리사를 바란다.

발 관리를 받는 고객은 신체의 다른 부위를 관리받는 것보다 발을 만져 주는 것에 대해 감사한 마음을 갖고 있어 인간적인 교류를 깊게 맺을 수 있는 장점이 있기 때문에 고객이 꾸준히 올 수 있는 금액을 책정한다.

(3) 전문적인 관리사의 이미지

관리사가 전문적인 사람임을 알리기 위해서는 자격증이나 증명서 및 교육이수증 등을 상담실에 걸어놓는 것도 중요하다.

(4) 자원봉사 활동

21세기에는 자원봉사의 중요성이 커지고 있다. 발 관리는 노인복지에 빼 놓을 수 없는 기술봉사이므로 봉사활동을 많이 하는 것이 좋고, 수상한 사진이 있으면 증명서 옆에 상장과 함께 걸어놓는 것도 고객에게 관리사와 관리실에 대한 좋은 인상을 줄 수 있다.

(5) 대화법

관리사는 상담할 때 7:3을 지켜야 한다. 고객의 말은 70%이고 관리사의 말은 30%이다. 고객의 말을 잘 들어야 고객의 상태를 잘 파악하여 정확한 시술을 할 수 있는데 관리사가 자기의 우월성을 강조하거나 고객을 설득하려고 설명을 많이 하다 보면 상담은 실패하게 된다.

Section 3 제품판매

발 관리를 하기 위해서는 발 전용 전문적인 제품이 있어야 하고 고객 역시 집에서 사용할 수 있는 제품이 필요하다.

(1) 기능성 발 전용 제품 안내

일반적으로 발 관리를 할 때는 테크닉을 위해 미네랄 오일을 사용하거나 미네랄 오일이 많이 함유된 가격이 싼 제품을 사용하는 경우가 있는데, 절대 금지사항이다. 발 관리는 발 반사요법을 통해 혈액순환과 독소배출을 돕는 작업이므로 기능성 발전용 크림을 사용하여야 한다. 특히 고객의 몸에 질병이 있거나 발에 문제가 있을 경우에는 그 고객의 질병 및 문제에 맞는 좋은 제품을 사용하여 상태가 호전될 수 있도록 제품소개를 한다.

(2) 제품의 진열

고객이 제품에 관심을 갖도록 고객이 관리받을 때 시야가 머무는 곳에 발전용 제품 포스터를 벽에 부착하거나 상담실에 진열하는 것도 좋다. 제품은 단일 품목보다는 2개 정도의 회사 제품을 진열하는 것이 훨씬 전문적으로 보인다.

(3) 제품에 대한 설명

고객에게 제품을 판매하기 위해 강요해서는 안 되며 고객의 필요성에 따라 설명을 해주고 정성스레 관리하면 제품판매는 쉽게 이루어진다.

Section 4 고객카드 작성법

발 관리 고객카드 No ______

성　　명 :

연 락 처 :

생년월일 :　　　　　　　　　　방문한 날짜 :　　년　월　일

주　　소 :

직 업(구체적으로)

현재나 과거 병력 : 당뇨병 정맥류 피부질환 등

현재 복용중인 약이나 건강식품:

발의 상태 :

양쪽발의 균형상태 :

발가락의 힘의 상태 :

발피부의 상태 : 각질 굳은살 티눈 발뒤꿈치 갈라짐 사마귀

발톱의 이상 유무상태 : 무좀발톱 나무발톱 파고드는 발톱 기형발톱

골격계 이상 유무상태 :중족골통 외반모지 평발 요족 망치족

발의 온도 상태 : 건조한 발 열나는 발 차가운 발 시린발 저린발 기타 ( )

기타 발의 질환 및 변형 :

족문의 판독상태

발관리를 받아본 경험여부 :

발의 부위별 이상 상태 체크

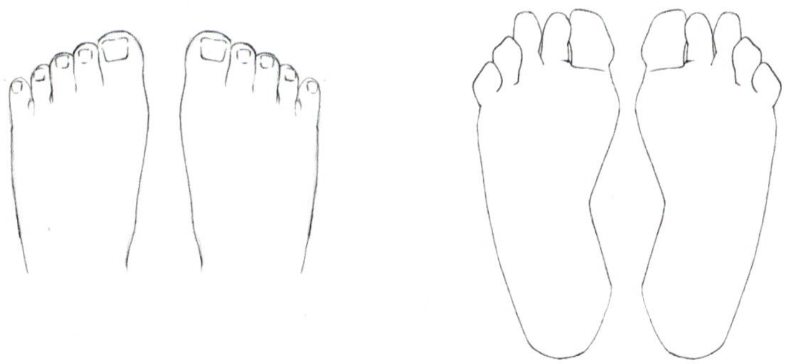

관리사의 관리방법 및 소견

그림 7-2 고객카드의 예

고객 카드를 작성할 때는 너무 의료적으로 가지 않도록 한다. 질병예방 차원에서 하는 자연요법임을 설명하여야 하며 발의 질환이나 발 피부에 이상이 있을 때는 미용분야만 관리하여야 한다.

고객 카드 작성시 요령

① **성명, 연락처, 주소** : 본인의 이름을 밝히기 싫어하는 경우에는 아이의 이름을 적는다.

② **생년월일** : 생년월일은 고객관리를 위해 필요한 사항이므로 실제 생일을 물어 본다.

③ **날짜** : 고객이 처음 방문하여 관리받는 날짜를 기록한다.

④ **직업** : 직업은 구체적으로 적어야 한다. 직업에 따라 고객의 건강상태나 발의 문제를 정확히 파악할 수 있다.

⑤ **현재, 과거의 건강상태** : 발 관리에서는 중요한 부분이므로 상세히 기록한다.

⑥ **현재 복용중인 약** : 어떠한 질병으로 언제부터 복용 중인지, 병원치료를 어떻게 받고 있는지 등을 물어 본다.

⑦ **발 타입** : 족문과 고객의 발상태와 평발, 요족, 외반족, 내반족 등을 체크한다.

⑧ **발의 균형** : 족문과 고객의 발을 비교하여 체크한다. 문제가 있으면 걸어보게 한다.

⑨ **발가락의 힘** : 종이를 바닥에 놓고 발가락으로 집어보게 한다.

⑩ **발의 색깔(혈색)** : 얼룩진 곳은 없는지, 흑점이 어느 반사구 부위에 있는지, 발의 색깔은 핑크빛인지 누런빛인지 등을 혈액순환과 관련지어 확인한다.

⑪ **발의 피부** : 피부가 거친지 매끈한지 등을 살핀다.

⑫ **족문** : 족문의 상태를 기록한다.

⑬ **발의 질환 및 이상의 부위별 지적** :

- 굳은살, 사마귀, 티눈의 위치를 발 그림에 체크를 하고 어떤 상태인지를 기록한다.

- 파고드는 발톱은 발톱의 위치와 상태를 그림에 체크하고 인조 발톱을 만들 것인지, 발톱에 아트까지 할 것인지를 상담한다.
- 그 밖의 상태는 체크는 하되, 미용부분만 관리하도록 한다.

⑭ **이전 발 관리** : 이전에 받았던 발 관리에 대해 상세하게 체크한다.

⑮ **시술에 대한 소견 및 관리주기** : 관리사가 고객을 관리한 내용을 기록하는 것은 중요하다. 관리 후 상태와 관리사의 소견 및 고객이 관리받는 주기에 대해서 기록한다.

⑯ **기타** : 현재는 기능성 신발이 많이 나와 있으므로 고객이 신는 신발의 종류에 대해 기록하고 문제가 있는 발이면 기능성 신발을 신도록 권유한다.

Section 5 족욕법(足浴法, 각탕법)

(1) 족욕의 효과

각탕기를 이용하여 족욕을 하는 것은 발의 독소배출 및 소독에 도움이 되며 전신의 혈액순환을 활발히 해주기 때문에 좋은 효과를 기대할 수 있다.

수족이 차가운 사람은 가정에서 매일 한달 동안 족욕만 해도 몸이 좋아지는 효과가 있다. 족욕은 혈액순환을 도울 뿐만 아니라 스트레스를 완화시켜 주기 때문에 정신건강에도 좋다.

(2) 족욕 방법

① 물의 온도는 따뜻한 상태로 보통 약 36~40℃가 되게 한다.

② 발을 담그는 시간은 15분~20분이 적당하며 이마에 땀이 날 정도가 좋다.

③ 발목 위까지 물이 오도록 한다. 무릎 부위까지 오는 족욕은 발목까지 담그는 것보다 더 좋은 효과가 있다.

④ 독소배출 기능이 있는 한방분말, 아로마솔트(aroma salt), 죽염, 아로마 오일 중 한 가지를 물에 탄다.
⑤ 관리실에서는 주 2회나 3회 정도 고객이 방문할 때 관리를 해주지만 고객이 가정에서 매일 해도 무관하다.
⑥ 족욕을 하는 방법으로는 차가운 물을 이용하는 방법, 따뜻한 물을 이용하는 방법, 차가운 물과 더운 물을 번갈아가면서 하는 방법이 있다.
⑦ 족욕을 하고 있는 동안 무릎 담요로 하체를 따뜻하게 해주는 것이 좋다.
⑧ 족욕 후에는 반드시 독소배출을 돕기 위해 따뜻한 차를 마시는 것이 좋다.(뽕잎차, 보이차, 녹차 등 독소배출을 용이하게 하는 기능성 tea)

(3) 각탕기(脚湯器)의 사용방법

① 관리실에서는 여러 사람이 사용하기 때문에 각탕기에 맞는 비닐을 씌워 놓고 1회용으로 사용한다.
② 각탕기 중에 진동과 스파기능이 있는 것이 있는데 두 가지를 한꺼번에 사용하지 않는다.
③ 아로마 오일을 물에 떨구어 사용하였을 경우에는 각탕기 사용 후 오일성분을 깨끗하게 제거해야 한다.

(4) 족욕 시 주의사항

① 당뇨가 있는 경우에는 발 피부에 손상을 입을 수 있으므로 물의 온도를 낮게 사용한다.
② 발 부위에 혈관 염증이 있으면 실시하지 않는다.
③ 고혈압이나 정맥류환자는 실시하지 않는다.
④ 열나는 발이나 땀나는 발은 물의 온도를 차게 해서 짧은 시간 담근다.
⑤ 살무좀이 있는 경우는 가족이라고 할지라도 옮길 수 있으므로 하지 않는다.
⑥ 굳은살을 제거해야 하는 경우에는 족욕을 하지 않는다.

(5) 각탕기의 종류

각탕기에는 여러 가지 종류가 있다. 발 관리교육이 처음 도입될 당시에는 발목까지 물이 오는 이태리산 각탕기와 독일에서 수입한 옴니스파가 있었다. 그 후 발 관리산업이 성장하면서 국내산 각탕기와 옴니스파(omni spa)가 개발되어 보급되었고 지금은 무릎 밑까지 담글 수 있는 각탕기도 있다. 중국의 각탕기는 나무로 된 전통방식을 지금도 사용하고 있으며 독소배출 기능이 있는 한방약재를 물에 타기도 하고 티백으로 된 것을 사용하기도 한다. 독일과 한국에서는 아로마오일이나 아로마솔트를 주로 사용하고 있다.

그림 7-3 풋스파

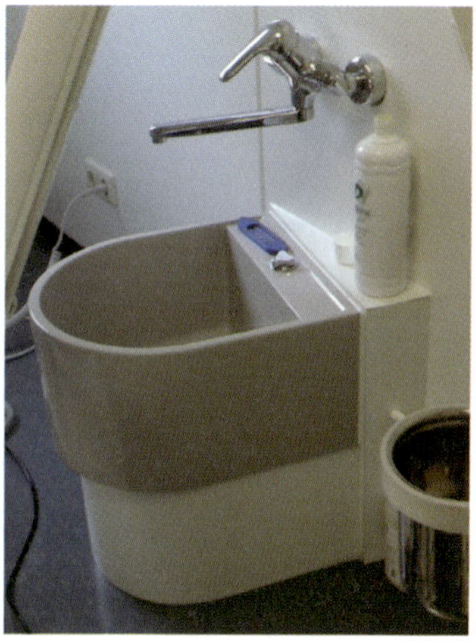

그림 7-4 벽에 부착하는 각탕기
(독일 헬무트루 발 관리 학교 실습실)

그림 7-5 중국의 전통 각탕기

(6) 풋스파(Foot spa)를 이용한 발미용관리

일반적으로 네일 샵에서는 발 관리를 함께 병행하여 관리하고 있다. 발 관리의 첫단계는 족욕부터 시작하며 페디큐어(Pedicure) 과정에서는 족욕 후 그 자리에서 바로 발뒤꿈치 각질 제거나 굳은살 제거를 습식으로 하기도 한다.

풋스파의 장점은 고객이 자리를 이동하지 않고 족욕과 페디큐어가 바로 진행될 수 있다는 점이다.

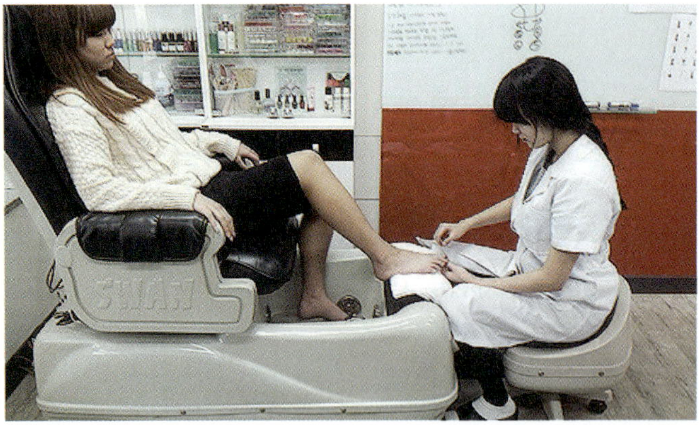

그림 7-6 풋스파 시술 모습

Section 6 파라핀 팩(Paraffin Pack)

정맥 매뉴얼 테크닉과 발 반사요법을 마치게 되면 발에 팩을 하는 단계로 들어간다. 파라핀 팩은 정형외과적 치료 후 물리치료실에서 사용하고 있는 만큼 발 관리에서도 중요하다.

다른 성분과는 달리, 파라핀은 열전도율이 낮아 열보존 시간이 오래가기 때문에 팩을 하고 있는 동안 혈액에 영양과 산소공급이 원활해지고 이산화탄소와 노폐물이 밖으로 배출되는 작용을 용이하게 해준다.

발에 팩을 하는 가장 주된 이유는 발 관리과정에서 혈액순환과 림프순환이 활발하게 되어 정체되어 있던 노폐물을 몸 밖으로 배출시키는 과정을 돕기 위한 것이다. 배설기계을 통해 소변으로 배출되거나 피부의 모공을 통해 땀으로 배출되는 과정에서 관리 후 파라핀 팩을 하고 따뜻한 차를 마시게 되면 독소배출의 효과를 극대화할 수가 있다.

(1) 파라핀 팩의 효과

① 혈액순환 및 림프순환을 돕는다.
② 노폐물 배출을 용이하게 해준다.
③ 보습효과가 뛰어나 거칠어진 발이나 각질있는 건조한 발에 효과적이다.
④ 열보존력이 높아 차가운 발에 효과적이다.
⑤ 관절이나 인대 등 연결조직에 이상이 있을 때 효과가 있다.
⑥ 피부의 피로회복 효과가 있다.
⑦ 모공이 확장되어 피부에 유효성분 침투가 용이하므로 발관리 후 콜라겐크림(Collagen Cream)을 바른 뒤에 파라핀 팩을 하면 탄력있고 건강한 피부를 만들어 준다.
⑧ 피부의 세포재생능력을 강화시킨다.

(2) 파라핀 팩 사용방법 및 순서

정맥 매뉴얼 과정이나 발 반사요법 후에 실시한다.

① 파라핀에 발을 담그기 전에 다시 한 번 발전용 소독제로 닦아준다.

② 발을 발목이 잠기도록 파라핀에 넣은 후 발가락을 벌려 움직여 발가락 사이에도 파라핀이 잘 묻도록 한다.

③ ②와 같은 방법으로 담갔다가 빼기를 5회 정도 반복한다.

④ 팩의 두께가 제법 두껍게 되면 빨리 발을 들고 준비한 비닐을 발목 위까지 파라핀에 밀착되도록 붙인 후 보온을 위해 타올로 된 덧신이나 타올로 감싸고 15분에서 20분 정도 유지한다.(이 단계에서 따뜻한 차를 마신다)

⑤ 시간이 경과한 후 타올덧신과 비닐을 벗기면 파라핀이 비닐과 함께 벗겨진다.(20분 이상이 지나 벗기게 되면 피부에 파라핀이 붙은 채로 굳기 때문에 제거하기가 어려워진다)

⑥ 피부에 남은 파라핀의 잔여물을 제거한 후 발전용 크림을 도포하고 마무리 한다.

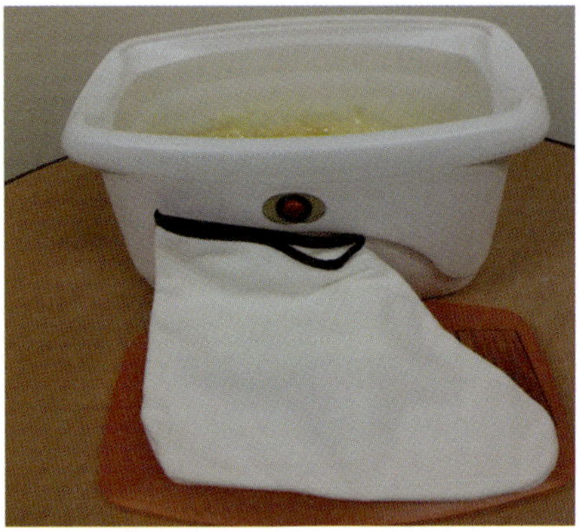

그림 7-7 파라핀 팩과 타월덧신
(자료제공 : www.eclado.or.kr)

(3) 파라핀 팩 관리 시 주의사항

① 발 피부무좀 및 무좀발톱과 주부습진은 하지 않는다.
② 상처가 있는 피부는 하지 않는다.
③ 발 피부에 염증이 있는 사람은 하지 않는다.
④ 당뇨병 환자는 하지 않는다.
⑤ 말초신경혈관에 이상이 있는 사람은 하지 않는다.

(4) 기타 발에 하는 팩

파라핀 외에 혈액순환과 독소배출 효과가 있는 해조류성분을 사용하거나 진흙(머드)이나 죽염을 이용하기도 한다. 또한 비만관리과 다리부종관리를 위해 다리에 온열관리와 냉동요법을 하기도 한다.

많은 관리실에서 발에 석고 팩을 하고 있지만 파라핀 팩의 효과가 더 우수하다.

Section 7 제 모(除毛)

제모는 미용을 목적으로 털을 제거하는 것을 말한다. 발 관리를 할 때는 제모관리도 함께 병행하여 하지를 아름답게 해준다.

제모에는 병원에서 실시하는 영구제모가 있고 일반인들이 할 수 있는 일시제모가 있다.

면도기로 밀거나 핀셋으로 뽑거나 화학적인 제품을 이용하여 털을 제거하거나 왁스를 이용하는 방법이 있는데, 관리실에서는 왁스를 이용한 제모관리를 한다.

(1) 왁스의 종류

① **쿨**(Cool) **왁스** : 주로 구레나룻이나 눈썹 및 턱수염 부위 등 좁은 부위에 시술한다. 자극이 강하고 효과가 뛰어나다. 수용성이므로 잔여물 제거가 용이하다.

② **웜**(Warm) **왁스** : 왁스를 데우기 위한 워머가 필요하며 넓은 부위에 사용한다. 웜 왁스를 사용하기 위해서는 스틱과 부직포가 필요하다.

(2) 방 법

① 스킨을 적신 솜을 이용하여 왁싱할 부위의 피부를 깨끗이 닦아 준다.
② 피부에 유분기를 제거하기 위해 탈크 파우더(Talc Powder)를 발라준다.
③ 스틱에 왁스를 묻혀 45° 각도로 기울인 상태로 털이 난 방향으로 밀착시켜 넓게 바른다.
④ 부직포를 그 위에 놓고 밀착시킨 후 털이 난 반대 방향으로 순간적으로 떼어낸다.
⑤ 1~2개 남은 털이 있으면 족집게로 제거한다.
⑥ 털을 제거한 부위의 피부를 깨끗이 닦아준 후 진정 젤을 발라준다.

(3) 제모 시 주의사항

① 제모 전과 후에는 사우나, 찜질, 선탠을 하지 않는다.
② 예민한 피부는 하지 않는다.
③ 제모 후 땀을 많이 흘리는 과도한 운동을 하지 않는다.
④ 과로했거나 극도로 피곤할 때는 하지 않는다.

Section 8 타이완의 발 관리실

우리나라에 보급된 발 관리 중 하나인 '약석 발 관리'는 스위스 천주교 신부인 죠셉신부(한문명:오약석)가 타이완(대만)으로 선교활동을 가서 중국의 관지법(족심도)을 기초로 본인의 임상과 함께 64개 반사구를 만들고 천주교 신도들의 질병 치료를 목적으로 개발한 발관리 기법이다.

타이완은 오약석 신부의 영향으로 많은 발 관리실을 운용하여 여행객들의 피로를 풀어주고 있다.

타이완의 발 관리실 간판들

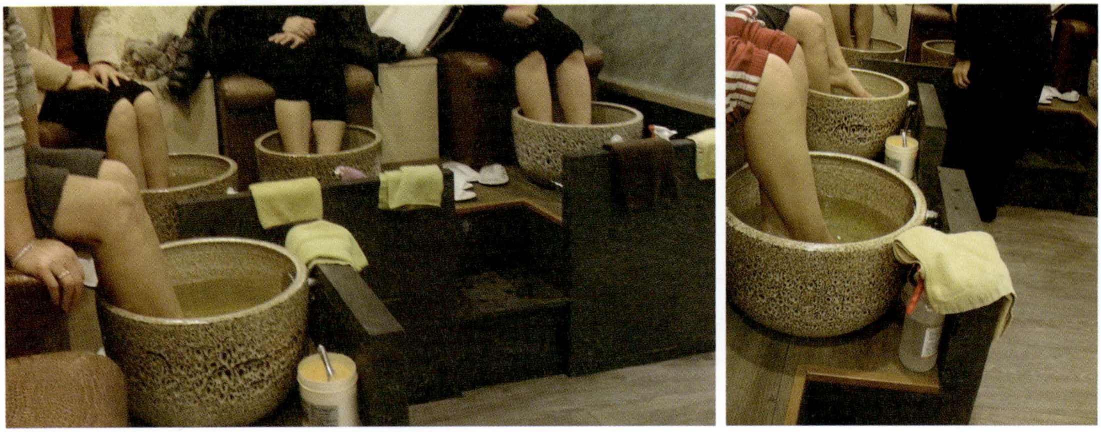

타이완의 발관리실 : 족욕하는 장면

타이완의 발관리 전용 1인 소파 겸 베드

발 관리하는 장면

Section 9 발 관리에 사용되는 족욕기기

건식 족욕기기 종류 (자료제공 : www.lavisen.co.kr)

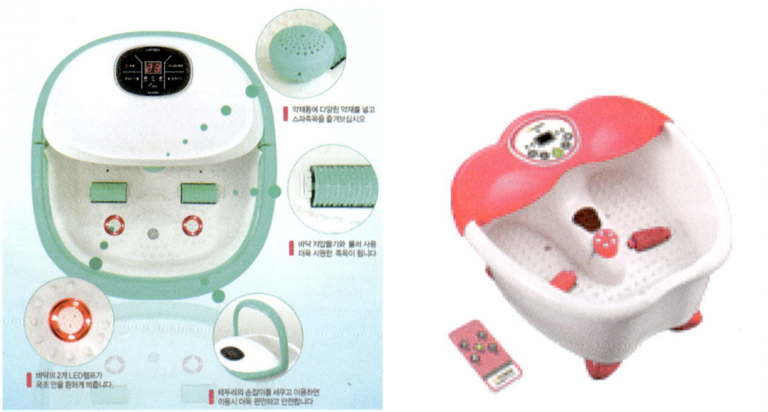

습식 족욕기(자료제공 : www.lavisen.co.kr)

Section 10 발 관리와 자원봉사 활동

(1) 발 관리와 자원봉사 활동

미용분야에서 피부미용 분야는 헤어미용과 달리 자원봉사를 하기에는 준비물도 많고 시설도 필요하여 자원봉사 활동은 미비한 상태였다. 그러나 1994년 이후 '발 관리사 직업교육'이 확산되면서 어르신이나 몸이 불편한 이들에게 발 관리 자원봉사 활동을 하기 시작하였고 현재는 전국적으로 발 관리 전문 자원봉사단이 형성되어 자원봉사 활동을 해 오고 있다. 지방자치 단체에서는 자원봉사 활동을 목적으로 하는 '발 관리사 교육과정'도 운영하고 있다.

한 예로 충주시 평생 학습관에서는 '당뇨 발 관리사' 양성 과정을 건국대 글로벌 캠퍼스 미래지식 교육원에 위탁하여 배출된 수강생들이 충주 의료원에서 당뇨 발 관리 자원봉사 활동을 하였고, 필자는 2003년부터 경기도 양주시 사회복지과에서 운영한 '여성사회교육 발 관리 강좌' 과정을 시작으로 미용봉사단를 구성하여 배출되는 수강생들과 함께 노인 요양 시설과 장애우 시설들을 정기적으로 방문하여 자원봉사 활동을 해 왔다.

그 외에도 계명대에서는 "2013년 대학생 자원봉사 활동 프로그램 지원사업"을 통해 한국 척수 장애인 협회 회원과 달서구 신당 종합 복지관 독거노인을 대상으로 교수와 학생들이 발 관리 봉사활동을 펼쳤다.

미용계열 대학교들은 이렇게 다양한 방법으로 교수와 피부미용 전공자들이 소외된 이웃을 찾아가 발 관리와 손 미용 관리를 통해 어르신들의 말 벗까지 하는 미용 자원봉사 활동을 꾸준히 펼쳐오고 있다.

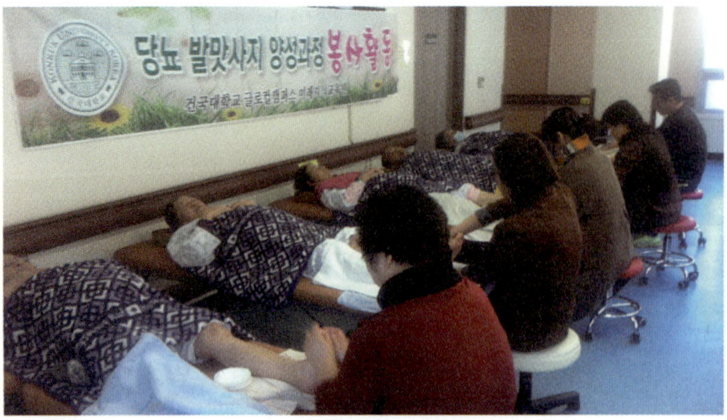

충주의료원에서 당뇨 발 관리 자원봉사활동을 하고 있는 수강생들
(자료제공 : 충주시 평생학습과)

지역 어르신 대상으로 발 관리 자원봉사 중인 "솔미용 봉사단"의 모습

(2) 장애우를 대상으로 하는 '발 관리지도사 과정'

자원봉사 활동은 그동안 소외된 이들을 대상으로 발 관리를 수행하는 방법으로 활동을 해 왔다. 그러나 장애우들이 발 관리 지도사 과정을 수료하여 본인보다 더 심한 중증 장애인을 케어하는 과정을 운영한 사례가 있다.

'대한민국 우수 숙련기술인 1호'인 복미경 원장은 공인으로서 직무를 수행하는 일환으로 충남 보령시에 위치한 정심 특수학교의 장애우를 대상으로 본인이 활동하고 있는 협회와 산학협약을 맺어 장애인 직업능력 개발과 장애인들의 사회참여 및 취업을 위한 '발 관리 지도사' 과정을 교육시키고 자격증까지 받을 수 있도록 훈련시켰다.

Chapter 8 발과 건강

- 건강한 발의 조건
- 발에 생기는 질병
- 보행
- 발과 신발과의 관계

Chapter 8

발과 건강

Section 1 건강한 발의 조건

발이 건강하기 위해서는 골격계와 근육계에 문제가 없어야 하고 굳은살이나 티눈과 같은 문제도 없어야 한다. 또한 발의 피부는 유수분의 밸런스가 맞아서 촉촉하고 탄력이 있어야 한다.

(1) 골격계

① 족아치가 잘 형성되어 걸었을 때의 충격흡수와 분산이 잘 이루어져야 한다.

② 발목관절이 유연해야 한다.

③ 외반모지나 내·외전 등의 족부기형이 없어야 한다.

(2) 근육 및 결합조직

① 아킬레스 건이 발달되어 잘 형성되어 있어야 한다.

② 족저근막이나 발가락뼈를 지지하고 있는 여러 인대와 결합조직들이 잘 형성되어 있어야 한다.

(3) 발 피부상태

① 각질이나 굳은살 또는 사마귀나 티눈 등의 피부변형 및 부종이 없어야 한다.

② 발은 항상 따뜻해야 한다.

③ 붉은 빛을 띠며 촉촉하고 매끄러우며 탄력이 있어야 한다.

Section 2 발에 생기는 질병

발에 생기는 질병은 주로 볼이 좁은 신발이나 하이힐을 오래 신어 발의 뼈에 문제가 생기기도 하고 장시간 서 있거나 잘못된 식습관과 운동부족 등 다양한 경로를 통해 발생된다.

(1) 중족골통(中足骨痛, Metalarsalgia)

중족골통은 발크기보다 작은 신발을 오랫동안 신어 제2, 제3, 제4중족골이 내려앉고 제 1중족골과 발가락뼈의 변형으로 통증을 느끼게 되는 증상이다. 족아치도 무너짐으로써 오랫동안 걸으면 중족골의 통증뿐만 아니라 보행도 틀어지게 된다. 특히 무지가 바깥방향으로 외반됨으로 말미암아 꽉 끼는 신발을 신었을 경우에는 제1중족골과 발가락뼈의 꺾여진 부위에 염증이 생기거나 피부가 두꺼워져서 굳은살 등을 만들기도 한다. 교정신발을 통해 통증을 줄여 나가야 한다.

(2) 족저근막염(足底筋膜炎, Plantar Fasciitis)

족저근막은 발바닥에 있는 근육의 막을 말하며 그 부위에 염증이 생겨 통증이 오는 경우이다. 평소에 많이 걷지 않는 사람이 많이 걷거나 오래 서있게 되면 발바닥이 당기고 통증이 오는 증상이 있다. 주로 평발인 경우가 많아 족아치부위가 올라온 깔창을 깔거나 바닥이 부드럽고 충격흡수가 잘 되는 재질로 만든 코르크 신발을 신는 것이 좋다.

(3) 하지정맥류(下肢靜脈瘤, Varicose Veins)

하지정맥류는 보통 여성들에게 많이 나타난다. 직업상의 이유로 장시간 서 있거나 임신 중에 순환이 잘 안되어 정맥에 노폐물이 정체가 되면서 정맥혈관이 늘어져서 돌출된 상태를 말한다. 증세 초기에는 정맥류용 압박스타킹을 사용하지만 심한 경우에는 병원에서 치료를 받아야 한다. 자주 움직여주고 규칙적인 운동을 해주며 저녁에 다리를 약간 높여 준다. 하지를 쓸어 올려 준다.

(4) 통풍(痛風, Gout)

통풍은 단백질의 과다섭취로 인해 인체 내에서 대사작용을 통해 배출되고 남은 찌꺼기가 요산 형태로 발에 축적되어 생긴다. 주로 발가락 사이에 쌓여 신경을 누르거나 신경을 자극하여 전기가 오듯이 찌릿찌릿한 통증을 유발시킨다. 요산이 관절 사이에 쌓이게 되면 관절마다 통증이 온다.

통풍은 발 관리로는 해결될 수 없으며 운동요법과 약물치료를 병행하여야 한다. 음식섭취에 있어서 육류 단백질을 줄이고 채소 위주의 식단으로 바꿔 주어야 한다.

(5) 당뇨병으로 인한 족부 질환

당뇨병 환자의 발은 쉽게 손상이 오고 다른 병균에 감염되기도 쉽다. 혈액순환 장애로 인해 피부가 쉽게 손상을 입기도 하며 상처가 나면 쉽게 아물지 않는다. 순환장애로 인해 발톱에도 이상이 올 수 있고 당뇨증세가 심해지면 발가락에 괴사가 올 수도 있다.

당뇨병 환자의 발은 족욕 시 따뜻한 물에 5분 정도가 적당하다. 간단하게 마사지를 할 수 있으며 절대 자극을 강하게 해서는 안 된다.

실내에서도 면양말을 신고 있어 상처가 생기지 않도록 주의하고 신발은 압박을 받지 않는 편안한 것을 신도록 한다. 기능성 신발로는 코르크 신발이 좋다.

Section 3 보 행

(1) 3-Step

몸의 체중을 받치고 있는 발의 보행은 건강과도 직결되는 부분이므로 올바른 보행법이 중요하다. 정상적인 보행법은 제일 먼저 발의 뒷꿈치가 닿게 되고, 두 번째로 발바닥 전체가 닿고, 세 번째로 발가락 끝이 밀면서 앞으로 나가게 된다. 이러한 과정을 3-스텝이라 한다. 정상적인 발의 보행은 이러한 3-스텝 과정을 반복하여 걸게 된다.

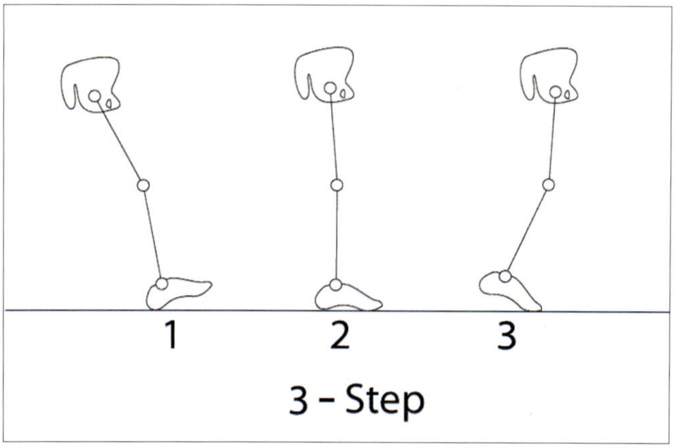

그림 8-1 보행 시 입각기의 분해도 3-Step

(2) 3 지점(3-Step)

보행 시 발이 지면에 다 닿았을 때 체중의 분산이 발뒷꿈치에 50%, 발바닥 앞면의 안쪽이 30%, 발바닥 앞면의 바깥쪽이 20%로 3지점에 체중이 분산이 되어야 올바른 보행이라고 할 수 있다.

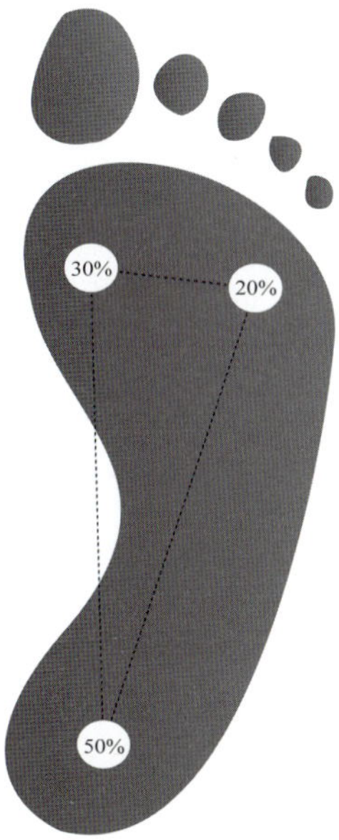

그림 8-2 체중분산 3 지점(3-Step)

Section 4 발과 신발과의 관계

인류의 문명이 발달하면서 신발은 진화를 거듭하였다. 처음에는 발을 보호하기 위하여 신기 시작한 신발은 시대가 변하면서 재료와 모양이 유행에 따라 변화하였다. 때론 카누와 같은 신발이 유행하기도 했고, 높은 통굽이 유행 하거나 볼이 좁고 굽이 뾰족하게 높은 구두 등이 유행이 될 때마다 발이 혹사당하면서 건강을 위협해 왔다. 즉, 발에 생긴 질병은 문명의 발달에 따라 가죽신을 신게 되면서부터 시작되었다고 해도 과언이 아니다.

21세기에 들어와서 발의 중요성이 인식되면서 질병예방과 건강관리를 위해 함께 부상된 것이 기능성 신발이다.

1. 올바른 신발의 선택

신발은 신었을 때 발의 움직임이 편하고 통풍이 잘되고 착용감이 좋아야 한다.

① 발가락이 구부러지는 부위와 신발의 구부러지는 부위가 같아야 한다.
② 뒷굽은 5cm 미만이 좋다.
③ 구두의 뒷굽은 충격을 흡수할 수 있도록 부드러운 재질로 되어 있는 것이 좋다.
④ 발을 구두 앞으로 바짝 밀착시킨 후, 뒤꿈치 부위에 손가락 하나가 들어가는 크기가 좋다.
⑤ 신발의 발바닥 중앙은 족아치를 잘 받쳐 주는 신발이 좋다.
⑥ 신발을 구입할 때는 발이 약간 부어 있는 오후가 좋다.
⑦ 양쪽을 다 신고 걸어 보아서 발이 편한 것을 고른다.
⑧ 신발을 신어 보았을 때 압박이나 조이는 현상이 없어야 한다.
⑨ 신발 안이 따뜻하고 습기가 차게 되면 무좀균이 번식하므로 발에 열이 나거나 땀이 많이 나는 사람은 통풍이 잘 되는 신발을 고른다.
⑩ 신발의 바닥은 딱딱하거나 일자 형태로 바닥에 닿아서는 안 된다. 걸을 때 충격흡수를 하지 못하므로 오래 걸으면 피곤하고 발의 변형이 올 수 있다.

2. 기능성 신발의 종류

(1) 코르크 신발

자기 체중에서 발바닥이 받는 압력의 충격을 코르크 자체가 흡수·분산시키는 역할을 해준다. 성인병 예방에 도움을 주는 건강 신발이다. 종래의 모양에만 치중했던 방법을 탈피하여 인체공학적으로 설계하여 만들어진 제품이다.

당뇨 환자를 위해 맞춤식 제작도 한다.

그림 8-3 코르크로 만든 신발

(2) 코르크 신발의 원리

코르크는 통풍성이 뛰어나고 걸었을 때 충격을 흡수하는 기능이 있다. 신발 바닥을 만들 때 사용하는 코르크를 발 반사구와 발바닥의 곡선에 맞게 높고 낮음이 있어 발을 다 받쳐주기 때문에 건강에 문제가 있는 사람에게 좋다.

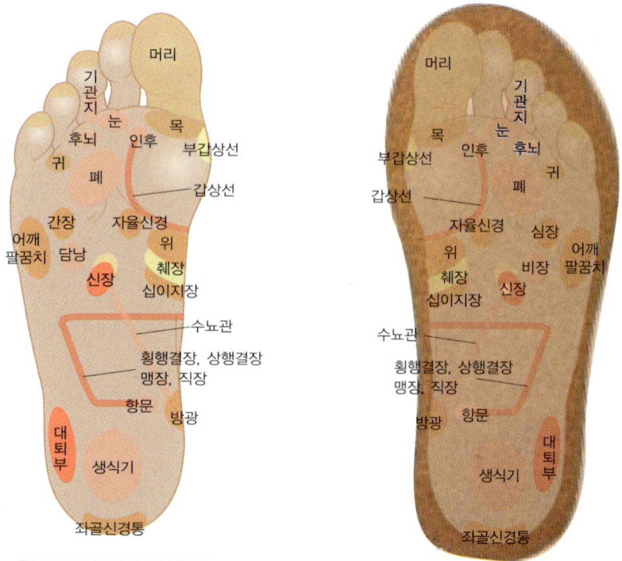

그림 8-4
발반사 원리를 이용한
코르크로 만든 Footbed

중국식 발의 반사구도

반사원리를 이용한
천연 코르크 soft Footbed

(자료제공 : www.hanyangcork.com)

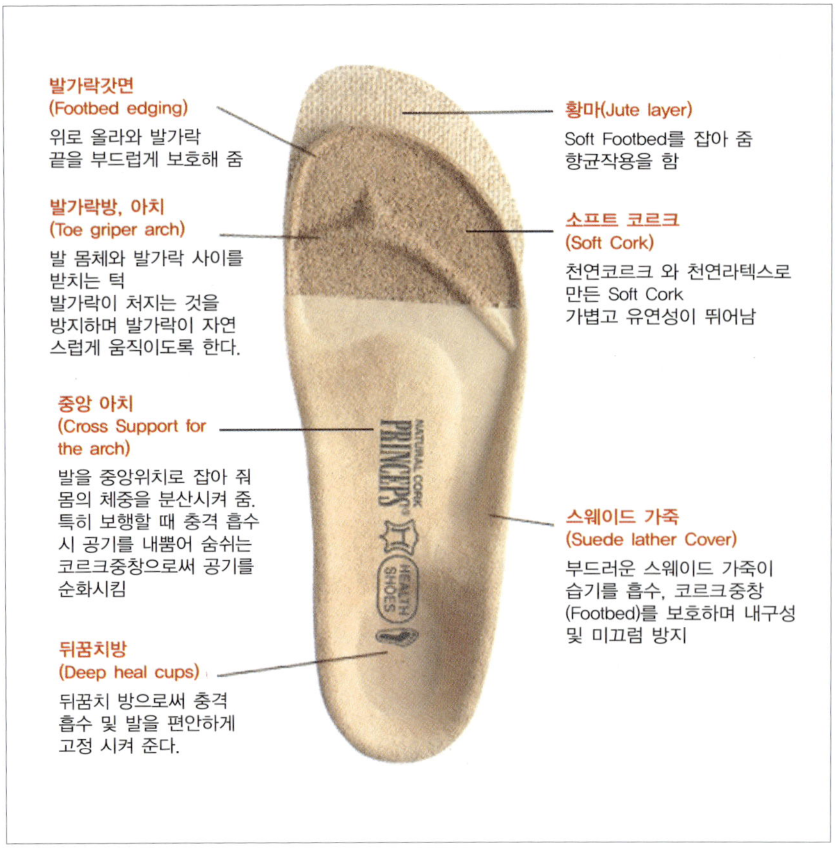

그림 8-5 코르크 Footbed의 기능

(3) 이시형 박사가 개발한 세로토닌(Serotonin) 워킹화

발의 아치를 지속적으로 자극하여 세로토닌의 분비를 촉진시켜 주는 원리이다.

① 세로토닌 워킹화의 원리

50종이 넘는 뇌 속에 있는 신경전달물질 중에 우리의 마음을 움직이게 하는 물질이 세 가지가 있다.

첫 번째, 노르아드레날린(Noradrenalin) 신경은 스트레스와 관련이 있고 두 번째, 도파민(엔도르핀)은 의욕중추를 자극한다. 세 번째로 세로토닌(Serotonin) 신경은 뇌간의 정중부에 위치하고 있어 좌우 균형을 조율하는 기능이 있으며 생명 중추에 분포되어 있다.

뇌 내에 있는 많은 물질 중에 세로토닌은 본능적인 활력의 원천이 되는 기능을 하기 때문에 신발을 신고 걸을 때 발의 아치를 높여서 이 신경물질을 자극함으로써 집중력과 기억력을 향상시키며 마음을 평안하게 하는 작용을 할 수 있고 족아치를 보호하고 걸을 때 충격을 분산시키는 원리이다.

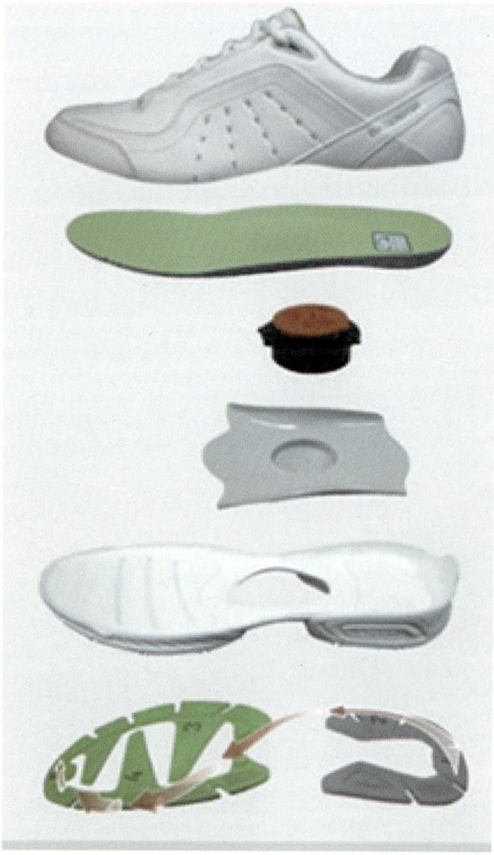

그림 8-6 세로토닌 워킹화의 원리

(자료제공 : (주)화승 www.lecaf.com)

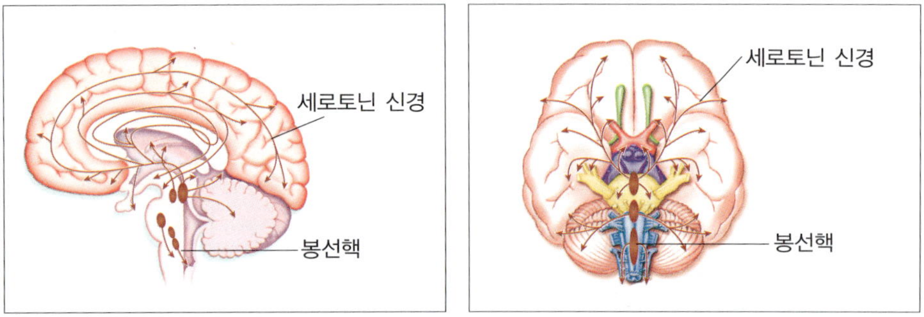

그림 8-7 뇌의 측면(좌)과 뇌의 정면(우)

(4) 마사이족 워킹화

마사이족들이 3지점, 3-step의 올바른 보행 원리로 생활을 하는 부분에 착안하여 개발된 신발이 마사이족 신발이다. 90년도 후반에 젊은 한의사가 외국에 공부하러 갔다가 들여왔으며 현재는 무겁고 모양이 없던 단점을 보완하여 현대인의 취향에 맞게 디자인되었다.

인체공학적으로 제작된 특수밑창이 전신의 부드러운 움직임을 유도함으로써 근육의 긴장을 해소하며 허리, 무릎, 발 등의 관절을 충격에서 보호하고 오래 서서 일을 할 때에도 피곤을 많이 느끼지 않도록 개발되었다.

그림 8-8 마사이족 워킹화
(자료제공 : 마사이 워킹화 www.mbtkorea.com)

(5) 안토니와 바이네르(Antoni & Vainer)

안토니와 바이네르는 '세상에서 가장 편안한 구두'를 만들기 위해 연구개발한 신발로 하이브리드(Hybrid) 제법과 웨이브 몰딩(Wave Molding) 기법으로 신발을 만들고 있다. 남성화에는 하이브리드 제법을 사용하였고 여성화에는 웨이브 몰딩 제법을 사용하였다.

안토니와 바이메르 신발은 신발창이 부드럽고 걸을 때 충격흡수를 주어 안정감이 있으며 보행 시 3-Step의 발끝이 꺾일 때 신발도 같이 꺾이는 부드러움으로 발을 편안하게 한다. 또한 발 뒤꿈치의 굴곡을 살린 미드솔(Mid sol)이 발을 감싸고 있어 착화 시 안정감이 있다.

① 하이브리드(Hybrid) 제법

보행 시 발가락쪽이 꺾여서 발가락뼈와 중족골에 무리를 주지 않으며 부드럽고 안정적이다.

그림 8-9 하이브리드 제법

(자료제공 : (주)안토니제화 www.vainer.co.kr)

② 웨이브 몰딩(Wave Molding) 제법

웨이브 몰딩 제법과 미드솔 제법으로 보행 시 발 뒤꿈치가 부드럽게 감싸여 안정감이 있고 편안하다.

그림 8-10 웨이브 몰딩 제법
(자료제공 : (주)안토니제화 www.vainer.co.kr)

(6) 깔 창(Footbed)

깔창(Footbed)은 사용하기 편하고 저렴하여 경제적인 부담이 없는 장점으로 말미암아 발에 문제가 있는 사람들이 많이 사용하였다. 많은 회사를 통해 다양한 깔창이 보급되었으며 2,000년도 초반에 한 정형외과 의사에 의해 기능성 깔창이 도입되었다.

① 기능성 깔창

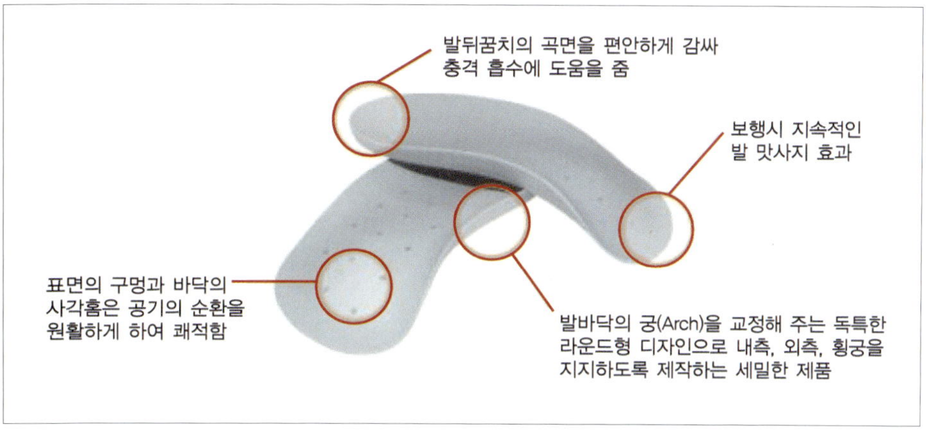

그림 8-11 교정용 깔창 (자료제공 ; 알즈너)

② 독일 헬무트 룩(Hellmut-Ruck)에서 개발한 깔창

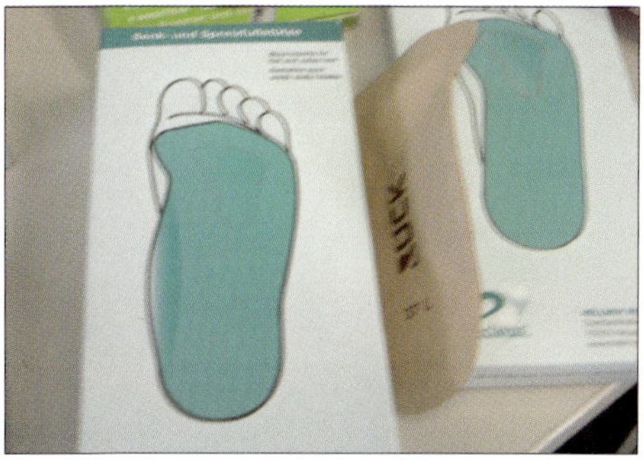

그림 8-12 문제성 발에 사용하는 깔창

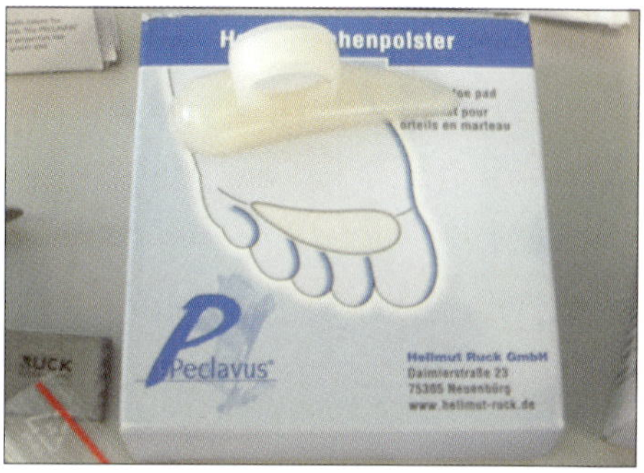

그림 8-13 충격 완화 실리콘 패드

참고문헌

강경호, "발건강관리 Fuβpflege", 청구문화사, 2007.

강신옥 외 5인, "응용에스테틱 이론과 실제", 훈민사, 2004.

김광옥 외 8인, "발관리학", 수문사, 2004.

김광옥 외 2인, "비만관리학", 동주대학출판부, 2003.

김광옥 외 15인, "최신미용경락", 청구문화사, 2005.

김기연 외 13인, "발관리학", 현문사, 2010.

김기연·장성환·조세왕, "경락미용–경락수기요법", 성보사, 2003.

김기영 외 11인, "미용인을 위한 NEW 해부생리학", 지구문화사, 2012.

김귀정 외 5인, "경락과 한방피부미용학", 수문사, 1999.

김귀정 외 13인, "미용경락", 수문사, 2007.

김남연 외 11인, "최신한방미용학개론", 청구문화사, 2007.

金明珠 · 全炫靜 편저, "한방경혈요법", 정담미디어, 2006.

김사달, "스포츠마사지", 수문사, 1978.

김선희 외 7인, "피부미용경락과 지압", 청구문화사, 2011.

김수자, "발관리 푸스플레게", 사랑의 전화 출판사, 1999.

김수자·김정혜·이수경, "발정맥마사지와 족부반사학", 청구문화사, 2010.

김여진, "마사지이론과 실제 경락", 빛살, 2006.

김애숙, "임상사례로 본 체형분석과 족문분석", 전국의학, 2004.

김은자·박영은·오정숙, "오행미용경락학 이론 및 실기", 청구문화사, 2011.

김춘자·김정혜·이수경, "발건강관리학", 청구문화사, 1999.

권태일 외 19인, "네일아트", 지구문화사, 2011.

박경희·안경민·이인희·윤천성, "발관리학", 훈민사, 2005.

박성기 외 13인, "경락원론", 정문각, 2003.

송자, "골반의 형태를 알면 휜 다리의 정체가 쉽다", 다이어트진, 2007.

안남훈, "홀리스틱경락원론", 도서출판 홀리즘, 2003.

이경미, "발", 혜성출판사, 2006.

이복동, "근육과 통증", 도서출판 정담, 2003.

이성옥 외 6인, "발관리학", 정담미디어, 2005.

이시형, "세로토닌하라", 중앙books, 2010.

잉게 도간 저, 정현모 옮김, "발반사요법", 푸른솔, 2002.

조수현, "발반사학", 정담미디어, 2009.

최영순·강경호·이인호·한말란, "발관리학", 청구문화사, 2001.

최호영, "그림으로 풀어 쓴 임상 근육학", 대성 의학사, 1999.

한국해부생리학 교수협의회, "인체해부학 개정판", 현문사, 2003.

한말란 외 4인, "미용경락학", 청구문화사, 2006.

고효정, "흡연 피부표면 수분과의 관계", 연세대학교 보건대학원 석사학위논문, 1997.

김달, "기혈순환 골반·등 마사지가 체형변화에 미치는 효과", 경기대학교 대체의학대학원 석사학위논문, 2008.

김희상 외 1인, "뇌성마비 환자의 고관절과 골반의 변형", 대한재활의학회지, 1994.

백승룡 외 2인, "근막이완술과 부항의 접목", 대한물리치료학회지, 2000.

"적용효과", 운동과학회지, 2007.

이문환 외, 근막이완술과 테이핑이 경부 손상 환자의 통증감소에 미치는 영향, 대구대학교 국제재활과학연구소 재활과학연구, 2004.

장순심, "등 마사지가 스트레스 완화에 미치는 효과", 광주여자대학교 미용과학대학원 석사학위논문, 2007.

전순양 정향미, "뇌졸중 환자의 변비 완화를 위한 복부 경락마사지의 효과", 대한간호학회지, 2005.

주동엽 외 3인, "만성요통환자에 있어서 근에너지기법과 치료 마사지의 복합 프로그램".

하명희·서의훈, "진주의 피부관리 고객의 피부건강상태에 관한 통계적 연구", 한국미용학회지, 1999.

허일웅, "마사지 요법에 따른 운동효과에 관한 연구", 명지대학교 대학원 석사학위 논문 1978.

외국서적

Francesca Gould,"홀리스틱 테라피스트를 위한 반사요법", 군자출판사, 2006.

Helmut Ruck,"Das Buch der Fuβpflege", 10.,neu bearbeitete und erweiterte Auflage, 1990.

Lehninger, A. I.,"principle of Biochemistry", New York: Worth Pub,Co, 1982.

Mann, F. Acupuncture., New York, Random House, 1973.

Mayers T.W., 근막경선해부학", 현문사, 2005.

Patoski K, "The Moire fringe technique", Amsterdam:Elsevier, 1993.

Wiseman, N., K. Boss, A. Ellis, and R. Felt. "Fundamentals of Chiness acupuncture. Brookline". MA:Paradigm. 1991.

吳若石·鄭英吉, "吳神父 新足部健康法", 2001. 文經社

자료제공

마사이워킹화 www.mbtkorea.co.kr

㈜ 안토니제화 www.vainer.co.kr

알즈너 www.alznner.co.kr

㈜ 화승 www.lecaf.co.kr

콜크신발 www.hanyangcork.com

나비센 www.lavisen.co.kr

한국관광공사 korean.visitkorea.or.kr

라온코스메틱 www.eclado.or.kr

찾아보기

산업현장 적용

Theory of Foot Care

발미용관리학

2019년 1월 5일 초판 인쇄
2019년 1월 10일 초판 발행

저 자 안선례 · 강근영 · 김영주 · 김은숙
송선영 · 엄형희 · 윤미선 · 이은우

발행인 주병오 · 주민기

발행처 메디시안

경기도 파주시 회동길 209
파주출판문화정보산업단지

영업팀 (031) 955-7566·7577
편집팀 (031) 955-7731
FAX (031) 955-7730
홈페이지 www.ji-gu.co.kr
전자우편 jigupub@hanmail.net
등록번호 2005년 2월 16일 제 406-2005-000045호

ISBN 979-11-86739-74-7 값 22,000원

총판
㈜지구문화
JIGU CULTURE Co.Ltd